Architectural Design Basics

建筑设计基础

主　编　毛利群
副主编　王　健　姚　颖

内容提要

本书是建筑设计基础教材，是总结编者近几年建筑设计基础的教学经验编写而成。本书内容包括建筑制图基础、建筑表现方法、抽象形式语言、人体尺度、环境认知、建筑测绘方法、外部空间设计、建筑设计基本原理与方法入门等，并附有设计任务书和优秀学生作业。本书适合建筑学专业的学生学习，也可供有关专业的学生及设计人员参考。

图书在版编目（CIP）数据

建筑设计基础/毛利群主编. —上海：上海交通大学出版社，2015（2017重印）
ISBN 978-7-313-13286-4

Ⅰ.①建… Ⅱ.①毛… Ⅲ.①建筑设计－高等学校－教材 Ⅳ.①TU2

中国版本图书馆CIP数据核字（2015）第200905号

建筑设计基础

主　　编：毛利群
出版发行：上海交通大学出版社　　地　　址：上海市番禺路951号
邮政编码：200030　　电　　话：021-64071208
出 版 人：郑益慧
印　　制：上海万卷印刷有限公司　　经　　销：全国新华书店
开　　本：787mm×960mm　1/16　　印　　张：20.25
字　　数：292千字
版　　次：2015年11月第1版　　印　　次：2017年8月第2次印刷
书　　号：ISBN 978-7-313-13286-4/TU
定　　价：48.00元

本书编委会

主　　编　毛利群

副 主 编　王　健　姚　颖

编　　写　第一章　姚　颖

第二章

第一节　毛利群

第二节　王　健

第三节　毛利群

第四节　姚　颖

第五节　王　健

第三章

第一节　姚　颖

第二节　王　健

第三节、第四节　毛利群

前　言

建筑学是一门综合性很强的学科，涉及自然科学、社会科学、人文科学等多方面的知识，并一定量的存在于建筑师自身的知识结构中，构成建筑师的基本素养。在建筑学教学过程中，学生学习的任务是完成基本的学习内容，教师教学的过程应把握住整体教程的科学性。在这个基础上教师才能从更加宏观的角度来深入地进行教学工作，用更加合理的学年计划来开发和提高每一位学生自身的潜在能力。

全国有建筑学专业的高校不少有自己编写的建筑学基础教育教材，各具特色。作者取其所长，并结合宁波大学的特色，编写了这一本教材。教材的内容以学年教学内容的安排为基础，增加部分理论知识的阐述及实例的分析，以方便学生在学习过程中参考。

建筑设计基础是建筑学专业的基础课程，主要是以3个大的目标为基点设置的课程。

（1）加强认知体验能力及创造性思维训练。

（2）训练一定水准的绘图表现技能。

（3）形成初步的设计观念及思想方法。

围绕这3个目标所安排的课题都有所侧重，希望通过有针对性的教学内容，由简入繁逐步解决在建筑学启蒙教育中的基本问题，为更加深入的教学工作作一个好的开端。

教材中选用了不少宁波当地建筑及世界建筑中前沿及经典的案例，以方便学生拓展知识面。也力求图文结合紧密、浅显易懂、可操作性强，为更好激发学生对专业学习的兴趣。

由于编者理论水平及实践经验的限制，书中存在的缺点差错恳请读者及相关人员给予批评指正。

该教材由“宁波大学教材建设项目”资助，在此深表谢意。

编　者

2015年5月

目 录

前 言 / 001

第1章 绘图基础 / 001

003 ………… 1.1 建筑制图
1.1.1 建筑制图的意义 / 003
1.1.2 建筑制图的常用工具及性能介绍 / 003
1.1.3 建筑制图的图幅与图框尺寸 / 007
1.1.4 建筑制图的线条与线型 / 007
1.1.5 建筑制图的方法与过程 / 012
1.1.6 建筑制图的字体——工程字与美术字 / 012
017 ………… 1.2 建筑表现
1.2.1 徒手铅笔、钢笔表现 / 020
1.2.2 水墨渲染与水彩渲染表现 / 038
1.2.3 模型制作 / 045
1.2.4 电脑表现 / 051

第2章 认知体验 / 055

057 ············ 2.1 抽象形式语言

2.1.1 基本要素和基本形 / 057

2.1.2 要素之间的关系 / 059

2.1.3 要素的变化 / 062

2.1.4 基本操作——积聚、切割和变形 / 068

2.1.5 形态构成中的几个关键因素 / 074

078 ············ 2.2 人体尺度

2.2.1 尺寸的分类 / 078

2.2.2 人体尺寸的差异 / 081

2.2.3 常用的人体、家具和建筑有关的尺寸 / 082

2.2.4 比例及比例系统 / 085

2.2.5 尺度 / 095

100 ············ 2.3 环境认知

2.3.1 环境的分类 / 100

2.3.2 环境的主题 / 102

2.3.3 环境的形态 / 103

2.3.4 设计思维的点、线、面 / 105

2.3.5 环境认知的内容 / 107

2.3.6 两种典型的城市结构 / 109

2.3.7 基于图形背景的研究 / 111

2.3.8 空间表现方法的探索 / 112

2.3.9 环境认知过程及步骤举例 / 114

115 ············ 2.4 建筑测绘

2.4.1 建筑的平、立、剖面图 / 115

2.4.2 测绘的意义 / 123

2.4.3 测绘工具 / 126

2.4.4 测绘的方法和步骤 / 126

2.4.5 图纸的绘制 / 128

135 ············ 2.5 建筑先例分析

2.5.1 建筑的要素 / 135

2.5.2 建筑的分析方法 / 139

第3章　设计基础 / 157

159 ………… 3.1　外部空间设计
3.1.1　外部空间的形成 / 159
3.1.2　外部空间的构成要素 / 161
3.1.3　空间性质与序列 / 162
3.1.4　外部空间的设计手法 / 168
181 ………… 3.2　材料　结构　空间
3.2.1　如何开辟空间 / 183
3.2.2　结构体系 / 186
3.2.3　几种常用的建筑材料简介 / 193
3.2.4　结构体系与空间形态 / 205
211 ………… 3.3　建筑设计基本原理
3.3.1　设计的基本认识 / 211
3.3.2　基本的环境观念 / 211
3.3.3　建筑空间 / 221
3.3.4　建筑的外部造型 / 242
247 ………… 3.4　建筑设计方法入门
3.4.1　设计的起点：分析与调查 / 249
3.4.2　设计的立意——意在笔先 / 255
3.4.3　从设计构思到方案设计 / 259
3.4.4　方案成形 / 271

参考文献 / 276

附录一　设计任务书 / 279

附录二　优秀学生作业 / 295

后记 / 306

第 1 章
绘图基础

1.1 建筑制图

1.1.1 建筑制图的意义

建筑制图是建筑设计过程中的信息传递手段之一，是建筑师表述设计意图的语言，也是建筑设计的表现方式之一。它要求严格地表达出建筑的尺度、材料、功能、空间、环境关系等技术性问题。建筑制图是建筑施工操作的依据，也是作为建筑师所必须具备的基本技能。

1.1.2 建筑制图的常用工具及性能介绍

使用绘图工具（图板、丁字尺、三角板、圆规、比例尺、绘图笔等）工整地绘制出来的图样称为工具线条图，它又可以分为铅笔线条图和墨线线条图两种，主要是根据使用不同绘图工具而区分。

1）常用绘图工具（见图1–1）

2）丁字尺和三角板（见图1–2）

丁字尺和三角板是最常用的工具线条图绘图的工具，使用前必须擦干净，使用的要领是：

① 丁字尺尺头要紧靠图板左侧，它不可以在图板的其他侧向使用；

② 三角板必须紧靠丁字尺尺边，角向应在画线的右侧；

③ 作水平线要用丁字尺自上而下移动，笔道由左向右；

④ 作垂直线要用三角板由左向右移动，笔道自下而上。

3）圆规和分规（见图1–3）

4）铅笔（见图1–4）

铅笔线条是一切建筑画的基础，通常多用于起稿和作方案草图。

5）针管笔（见图1–5）

针管笔可用于墨线线条图的绘制。针管笔有不同粗细，针管管径的大小决定了所绘线条的宽窄。其针管管径有从0.1～2.0 mm的各种不同规格，在建筑制图中至少应备有细、中、粗3种不同粗细的针管笔。在使用针管笔时要注意：

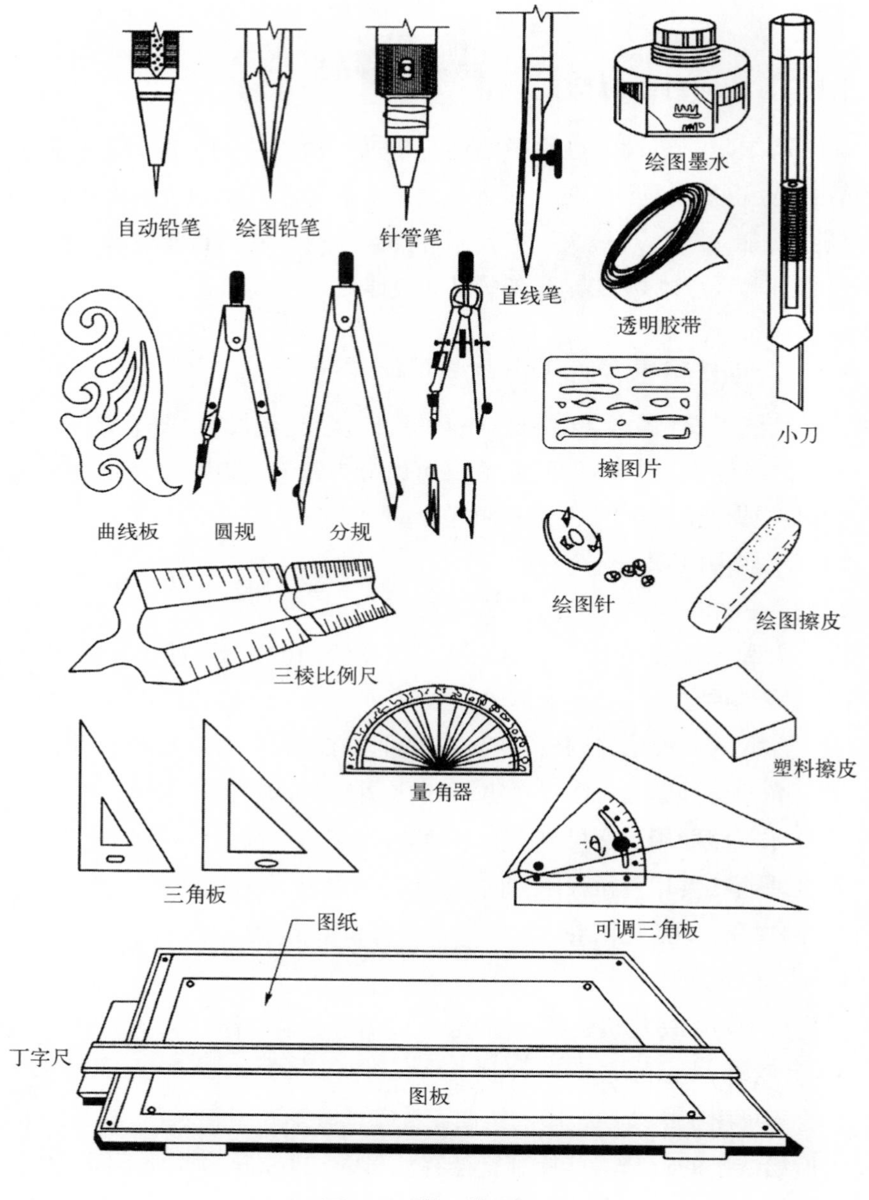
自动铅笔
绘图铅笔
针管笔
直线笔
绘图墨水
透明胶带
小刀
曲线板
圆规
分规
擦图片
绘图针
绘图擦皮
三棱比例尺
塑料擦皮
量角器
三角板
可调三角板
图纸
丁字尺
图板

图 1–1　常用绘图工具

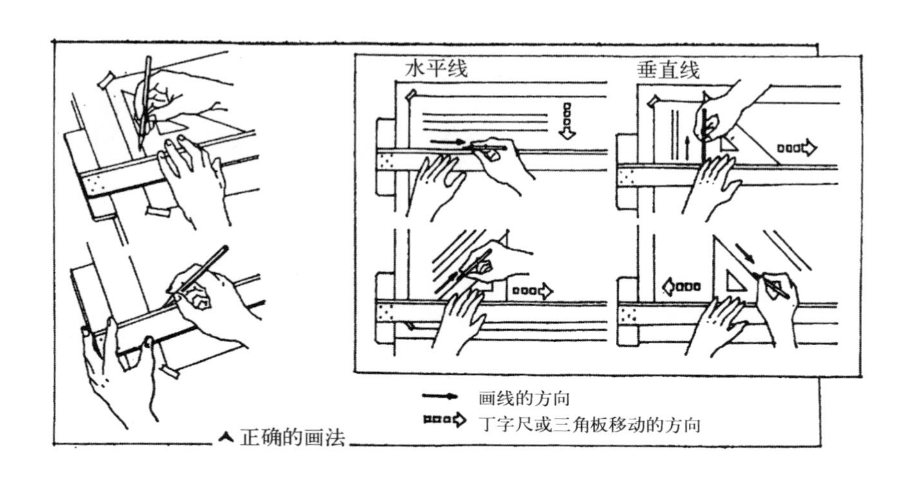

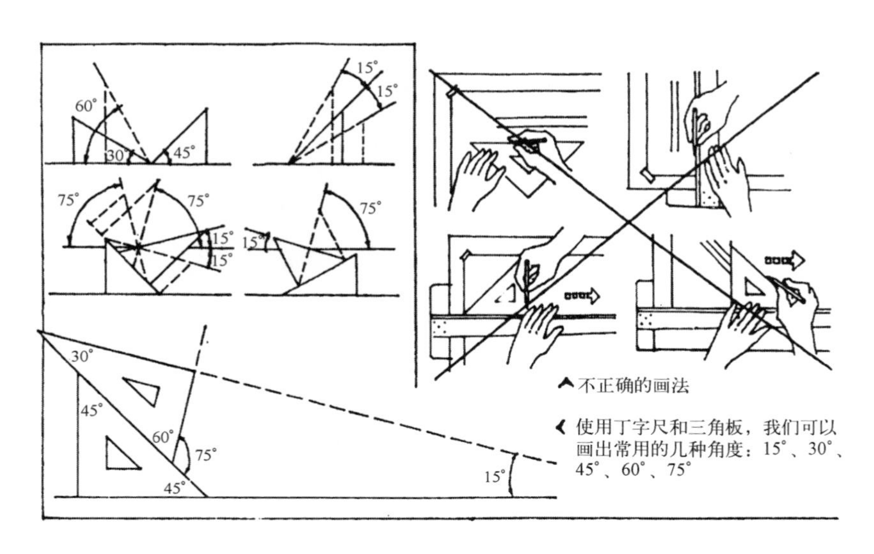

图1–2　丁字尺和三角板的基本用法

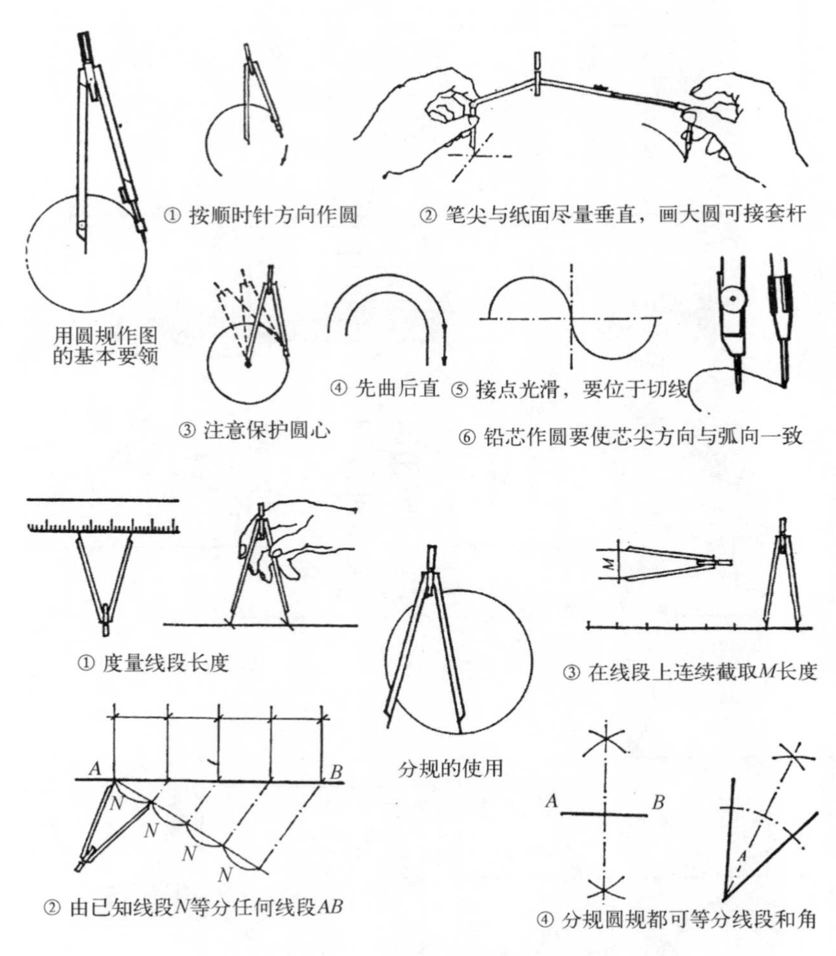
① 按顺时针方向作圆
② 笔尖与纸面尽量垂直，画大圆可接套杆
用圆规作图
的基本要领
④ 先曲后直
⑤ 接点光滑，要位于切线
③ 注意保护圆心
⑥ 铅芯作圆要使芯尖方向与弧向一致
M
① 度量线段长度
③ 在线段上连续截取M长度
A
B
N
N
N
N
分规的使用
A
B
A
② 由已知线段N等分任何线段AB
④ 分规圆规都可等分线段和角

图 1–3　圆规和分规的基本用法

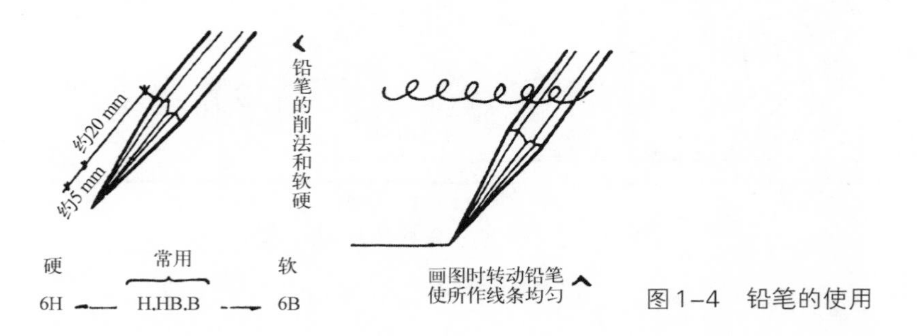
约20 mm
约5 mm
铅笔的削法和软硬
硬
常用
软
6H
H,HB,B
6B
画图时转动铅笔
使所作线条均匀

图 1–4　铅笔的使用

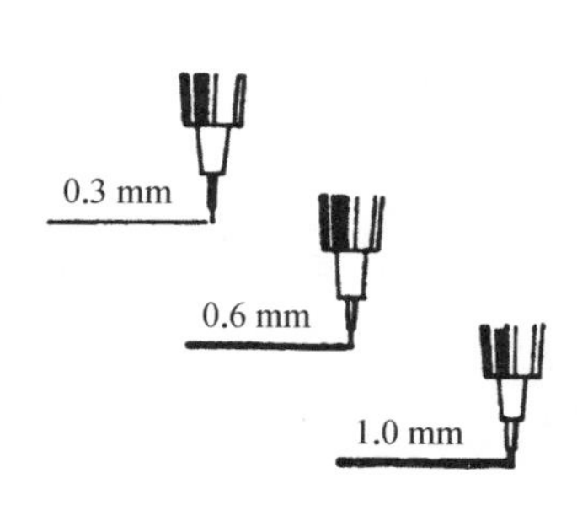

图1–5　不同粗细的针管笔

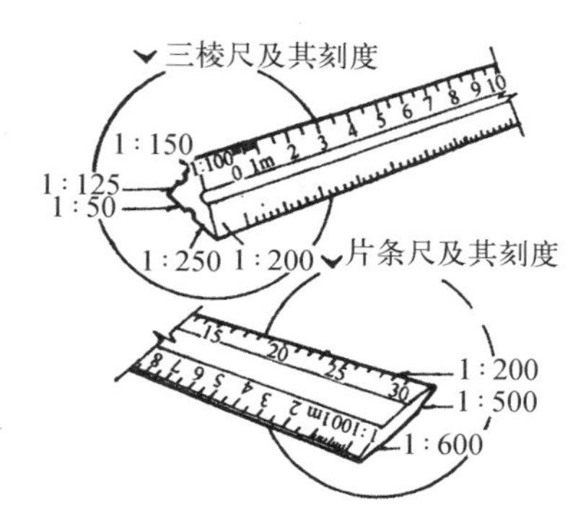

图1–6　不同类型的比例尺

（1）绘制线条时，针管笔身应尽量保持与纸面垂直，以保证画出粗细均匀一致的线条；

（2）针管笔作图顺序应依照先上后下、先左后右、先曲后直、先细后粗的原则，运笔速度及用力应均匀、平稳；

（3）用较粗的针管笔作图时，落笔及收笔均不应有停顿。

6）比例尺（见图1–6和图1–7）

三棱尺有6种比例刻度，片条尺有4种，它们还可以彼此换算。

比例尺上刻度所注的长度，就代表了要度量的实物长度，如1∶100比例尺上1 m的刻度，就代表了1 m长的实物。因为实际尺上的长度只有10 mm，即1 cm，所以用这种比例尺画出的图形上的尺寸是实物的1/100，它们之间的比例关系是1∶100。

1.1.3　建筑制图的图幅与图框尺寸

所有建筑图纸的幅面，应符合图1–8的规定（以mm为单位）。

允许加长0～3号图纸的长边：加长部分的尺寸应为长边的1/8及其倍数。

1.1.4　建筑制图的线条与线型

1）线条种类

实　线：表示建筑物形体的轮廓线；

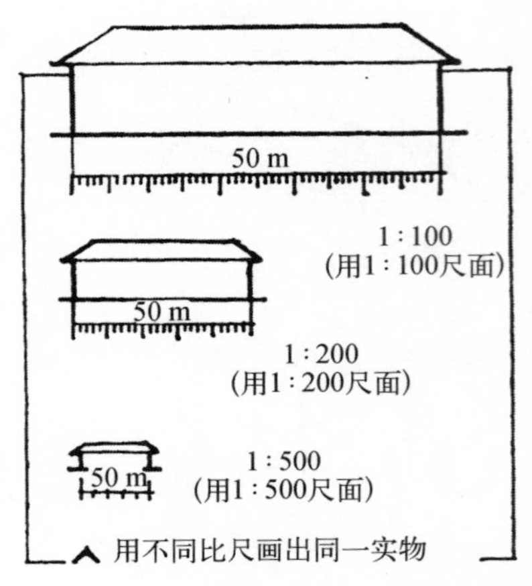

各类建筑图样常用比例尺举例

图样名称	比例尺	代表实物长度/m	图面上线段长度/mm
总平面或地段图	1∶1 000 1∶2 000 1∶5 000	100 500 2 000	100 250 400
平面、立面、剖面图	1∶50 1∶100 1∶200	10 20 40	200 200 200
细部大样图	1∶20 1∶10 1∶5	2 3 1	100 300 200

比例尺尺面换算举例

比例尺	比例尺上读数	代表实物长度/m	换算比例尺	比例尺上读数/m	代表实物长度/m
1∶100	1 m尺面读数实际长度10 mm	1	1∶1 000	1	10
			1∶500	1	5
			1∶200	1	2
1∶500	10 m尺面读数实际长度20 mm	10	1∶250	10	5
1∶1 500	10 m尺面读数实际长度6.6 mm	10	1∶3 000	10	20

图1–7　建筑图样常用比例和尺面换算

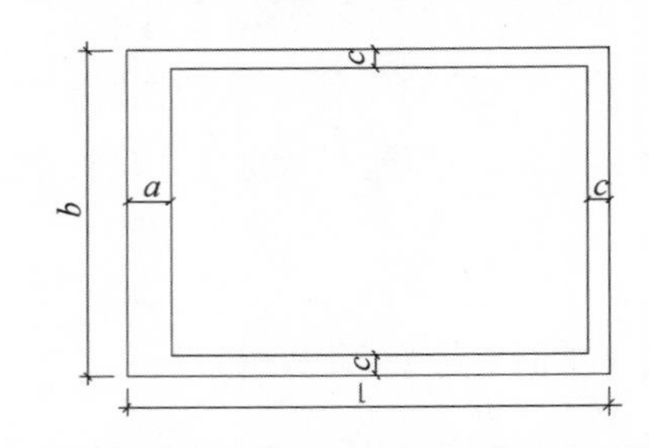

图幅	A0	A1	A2	A3	A4
*b**l	841*1 189	594*841	420*594	297*420	210*297
c	10	10	10	5	5
a	25				

图1–8　建筑制图的图幅和图框尺寸（单位：mm）

细实线：表示形体尺寸和标高的引线；
中心线：表示形体的中轴位置；
轮廓线：表示形体外形的边缘轮廓线；
剖切线：表示被剖切部分的轮廓线；
虚　线：表示物体被遮挡部分的轮廓线；
折断线：表示形体在图面上被断开的部分。

线型	宽度	用途
标准实线	b	立面图的外轮廓线；平面图中被切到的墙身或柱子的图线
中实线	$0.5b$	立面图各种部分（门、窗、台阶、檐口）的轮廓线；平面、剖面图上的轮廓线
细实线	$0.35b$	平面图、剖面图中的材料、图例线；引线；表格的分格线
粗实线	$\geqslant b$	剖面图被剖切部分的轮廓线；图框线
折断线	$0.35b$	图面上构件、墙身等的断开线
点划线	$0.35b$	中心线；定位轴线
虚线	$0.35b$	被遮挡住的轮廓线

2）线条宽度

图面的各种线条，应按表1–1的规定采用。

表1–1　常用线条宽度组合表

b/mm	2.0	1.4	1.0	0.7	0.5	0.35
$0.5b$	1.0	0.7	0.5	0.35	0.25	0.18
$0.35b$	0.7	0.5	0.35	0.25	0.18	0.12

注：常用的b值为0.35～1 mm。

3）线条画法（见图1–9～图1–11）

一旦建筑方案基本确定下来，需要准确地将建筑的尺度、建筑的形态表达出来时，我们会选择工具线条图。工具线条图的精准有助于我们把握建筑

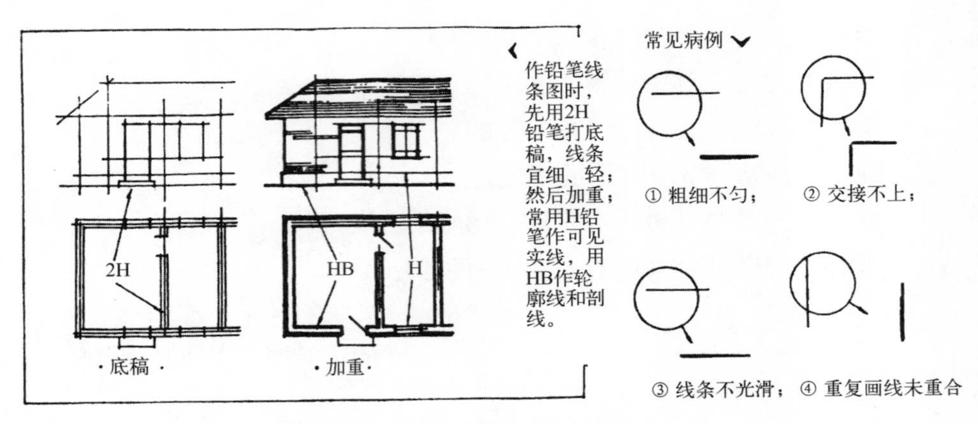

2H
HB
H
·底稿·
·加重·
作铅笔线条图时，先用2H铅笔打底稿，线条宜细、轻；然后加重；常用H铅笔作可见实线，用HB作轮廓线和剖线。
常见病例
① 粗细不匀；
② 交接不上；
③ 线条不光滑；
④ 重复画线未重合

图1–9　线条的不正确画法

	正确	不正确		正确	不正确
两直线相交			粗线与稿线的关系：稿线应为粗线的中心线。		
两线相切处不应使线加粗			两稿线距离较近时可沿稿线向外加粗。		
相交时不应有空隙			粗线的搭头。		
实线与虚线相接			□画线的顺序 1. 铅笔画稿线应较为细。 2. 先画细线，后画粗线，因为铅笔线容易被尺面磨擦弄脏图面，粗的墨线不易干燥，易被尺面涂开。 3. 在各种线形相接时应先画圆线和曲线，再接直线，因为用直线去接圆或曲线容易使线条交接。 4. 先画上，后画下，先画左，后画右。这样不易弄脏画。 5. 画完线条后再注尺寸与文字说明，最后写标题及画框。		
圆的中心线应出头，中心线与虚线圆的相交处不应有空隙					

图1–10　工具线条的画法

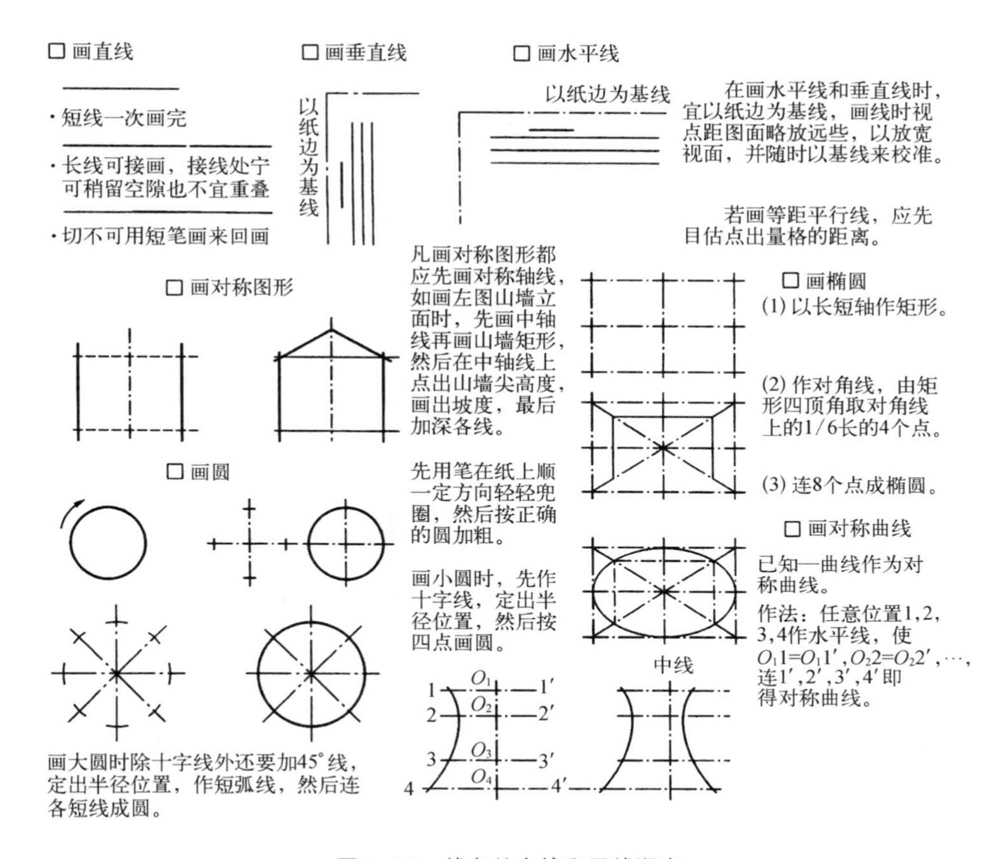

图1–11　线条的交接和画线顺序

中的尺度关系，明确建筑的轮廓线。一般对工具线条图的要求是线条光滑、粗细均匀、交接清楚。

为提高工具线条图（包括铅笔和墨线）制图效率，减少差错，可参考下列作图顺序：

（1）先上后下，丁字尺一次平移而下；

（2）先左后右，三角板一次平移而成；

（3）先曲后直，用直线易准确地连接曲线；

（4）先细后粗，铅笔粗线易污图面，墨线粗线不容易干，先画细线不影响制图进度。

1.1.5 建筑制图的方法与过程

（1）打轻稿线：用铅笔轻轻地在图纸上打稿，将图纸的所有内容都详尽地画出。

要求：准确、详细，尽量少用橡皮或不用橡皮，交接准确清晰，两线交接圆滑、平直，曲线与直线相切、相接、相交时先曲后直。

（2）描粗：用铅笔线或墨线描粗时，要线型明确，粗细比例正确。相切、相接、相交时要准确、清晰、图面整洁。

（3）整理、检查是否有漏画、错画的地方加以修改补充。

1.1.6 建筑制图的字体——工程字与美术字

所谓工程字，就是工程图纸上的用字，它用于书写与工程有关的文字说明、目录等。标题可用正楷、隶书或美术字，一般中文字应采用仿宋体书写，并应采用国家公布实施的简化汉字，所以仿宋字是工程用字的主要字体。

1）汉字结构与组合规律

中国的汉字无论是何种字体在组合规律上都有着共同点。平时称的间架、结构，就是指要写好汉字首先要了解字在组合规律上的特点，并且能灵活地运用。

常用汉字有独体字和由偏旁构成的合体字两大类。

独体字：如中、上、下、女、木、火等。

合体字就比较复杂一些，从它的组合来讲可分为：

（1）左右结构，如：胡、朋、填等。

（2）上下结构，如：音、录等。

（3）左中右结构，如：撇、例、倒等。

（4）上中下结构，如：意、复等。

（5）围合结构：围合结构有全围合结构和半围合结构，如国、自、匡、周、凶、习等。

了解字的结构是为了总结出字的一般规律。不论什么结构什么字体在写的时候都要做到均衡、稳定、整体布局合理。

在书写的时候无论是什么结构的字应遵循主副笔画、上紧下松、横轻直重，穿插呼应这几个基本规律，才能保证均衡、稳定、整体布局合理（见图1–12）。

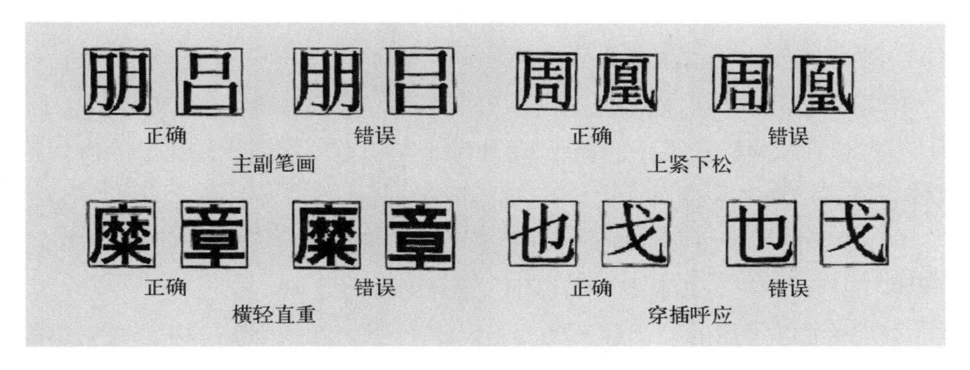

图1–12　汉字书写基本规律

主副笔画：一个字写的端正，字的重心是非常重要的。在每一个字的笔画中都有体量比较大的笔画和体量比较小的笔画。一般构成主笔的笔画体量较大些，副笔体量较小些。处理好主副笔画的关系并且主笔位置是否合适对于一个字来说是起着重要作用的，尤其是独体字。

上紧下松：汉字的特点是方块字，在人的心理体验上，上部紧凑一些会更加合适。如果字写得过于向下，整体就会显得体量不均。但是在处理这个问题的时候要变化得非常微妙，不能过于强求，同时也要注意每个字的特点。

横轻直重：在书写的时候大部分的字都是横划的比重比较大，相对来说竖划的笔画比较少，要使字体稳定端庄，在处理笔画的时候竖划就要比横划略重一些。

穿插呼应：书写汉字不论是个体的字，还是一组字，笔画的穿插呼应是非常重要的，它能使一组字有机地联系起来，使每个字在整体结构上产生对话。在处理撇、捺、挑、钩时就要注意这点。

2）仿宋字

来源于宋版书的一种字体。仿宋字有方、扁、长3种。我们的工程用仿宋字是采用长仿宋。长仿宋字的高大于宽，体型略长，结构严谨，既清秀美观又易认读。对于广大的设计人员来说也是相对容易掌握的一种字体。

仿宋字具有规范化的形体，每个人写的字都必须用出于同一种规范的写法。不能依个人的喜好而随意的发挥和加工，所以这种字体具有广泛的实用性。

图1–13给出了仿宋字的基本笔画及书写特征。

汉字的笔画可分为八类：点、横、竖、撇、捺、折、挑、钩。

仿宋字的整体特征是字身略长，笔画粗细均匀，起笔落笔有笔顿、横划向右上方略有倾斜。点、撇、捺、折、挑、钩，尖锋清晰略长。

用这样的顺口溜形象地说明仿宋字的特征：起笔顿、落笔顿，粗细一律，间隔均匀，上下顶格、左右碰壁，横斜竖直，笔画挺拔。

仿宋字以字高的毫米数定为号数。工程字一般采用20、14、10、7、5和3.5等字号。字的宽度为字高的2/3，分别为14、10、7.5、3.5和2.5 mm。字的间距为字高的1/4，行距一般为字高的1/3（见图1–14）。

3）美术字

美术字是一种经过艺术加工，进行了刻意装饰的字，主要运用在一些需要着重强调的部分，如说明的题头，在图纸中的项目名称、标题等，在图纸中

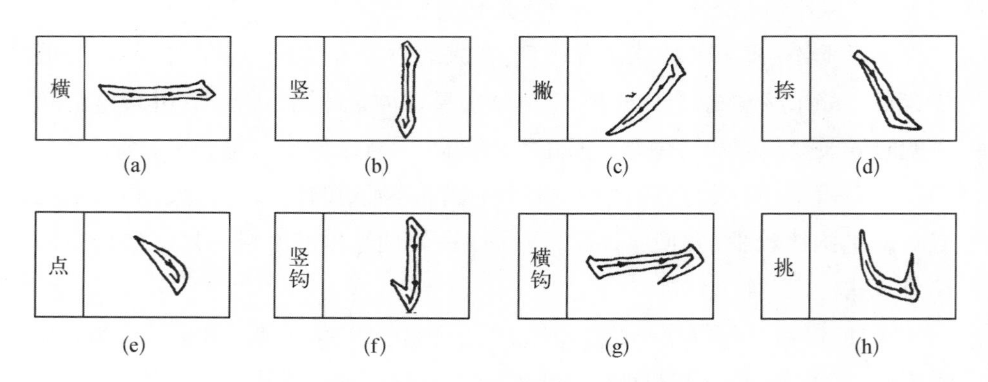

图1–13　仿宋字主要笔画的运笔特征

（a）横可略斜，运笔起落略顿，使尽端成三角形，但应一笔完成。（b）竖要垂直，有时可向左略斜，运笔同横。（c）撇的起笔同竖，但是随斜向逐渐变细，而运笔也由重到轻。（d）捺与撇相反，起笔轻而落笔重，终端稍顿再向右尖挑。（e）点笔起笔轻而落笔重，形成上尖下圆的光滑形象。（f）竖钩的竖同竖笔，但要挺直，稍顿后向左上尖挑。（g）横钩由两笔组成，横同横笔，末笔应起重落轻，钩尖如针。（h）运笔由轻到重再轻，由直转弯，过渡要圆滑，转折有棱角。

虽然运用的地方不是很多，但是都是在比较醒目的地方。

美术字的变化是多种多样的，但是无论什么样的美术字，首先要先写好宋体字和黑体字这两种比较基本的美术字。

（1）宋体字，也叫老宋体：由北宋刻书体发展而来，字体风格典雅端庄，严肃大方，使用范围最广。书写特点：横细竖粗撇如刀，点如瓜子捺如扫（见图1–15）。

（2）黑体字，也叫黑方头：为正方形粗体字，字体浑厚有力，古朴雄健，严肃大方。书写结构严谨，笔画单纯。一般在工程图中常用作标题和加重部分的字体。书写特点：横竖笔画较粗，且粗细均匀一致，方头方尾（见图1–16）。

（3）变体美术字：变体美术字是在标准字体之上根据具体的使用要求，夸张和改变字体的某一部分，使之在特定的环境和内容之中更加美观和醒目，但是这种字体在运用时一定要恰如其分，否则会起到相反的作用（见图1–17）。

4）英文字母、数字

英文字母和数字是在工程字体中比较特殊的字体，同时也是极其重要的。

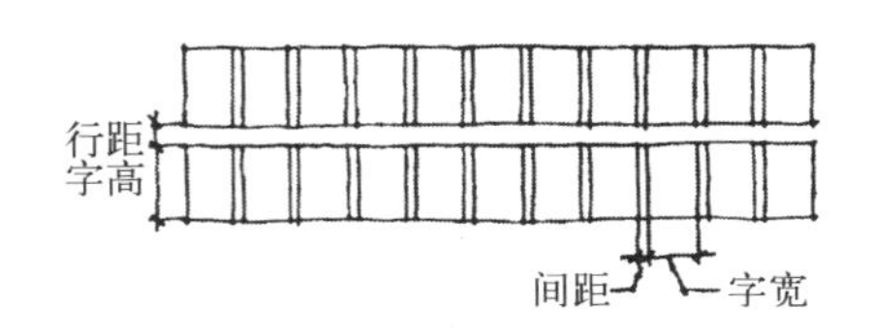

图1–14　仿宋字的间距和行高

峰回路转

一丿丶丷八儿乚

图1–15　宋体字

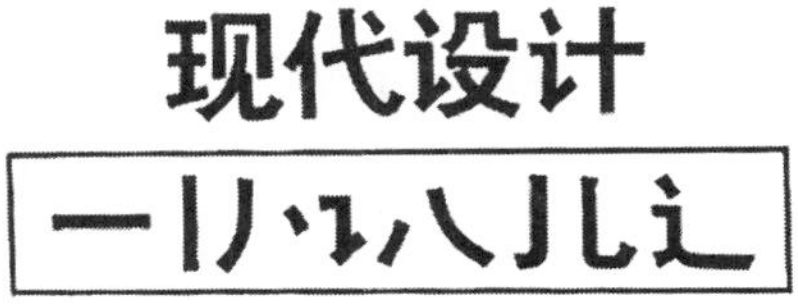

现代设计

一丿丶丷八儿辶

图1–16　黑体字

民間玩具

图1–17　变体美术字

字母、阿拉伯数字的书写规律：写字母和数字的时候同样要注意笔画和书写的规律，但是由于曲线比较多，所以在书写的时候如何把字写得光滑圆润是很重要的。数字在工程图纸里面可以写成直体也可写成略有斜度的字体，但是由于1～9字体的宽度有别，所以无论是字母还是数字在书写的时都要注意字与字之间的谐调关系（见图1–18和图1–19）。

5）书写方法（见图1–20）

图1–18　英文字母

1234567890

1 2 3 4 5 6 7 8 9 0　　*1 2 3 4 5 6 7 8 9 0*　　**1234567890**

图1–19　数字

九十甲乙丙丁戊己庚辛东西南北内外
正背平立剖面总图灰沙泥瓦石木混凝
造施工放样电力照明分配排水卫生供
暖通风消防声比例公尺分厘毫米直半
料表格单元管道断裂吊装标号强度孔
置梁板柱框基础屋架坡度墙身抹灰修
漆毡垫层护脊天沟雨落漏斗挑檐台阶
扶手踏楼梯玻璃厚刷压光色彩剔除凿
填挖支撑杆件体系炉鼓风气煤泵套筒

图1–20　工程图常用字

（1）打格，依照文字的空间和位置，满足字体的要求，用铅笔轻轻地打好格子。

（2）书写时注意字形、字距、行距的合理安排。

（3）写美术字首先写好轻稿，然后逐步描出。

1.2　建筑表现

所谓建筑表现就是建筑师在设计的过程中要运用的一种语言手段，掌握和运用这种手段对于建筑师来说是至关重要的。这是建筑师的思考与“物象”之间的媒介，建筑师通过手脑之间的“合用”表述自己的设计意图。之所以称之为建筑表现，因为其区别于纯粹的绘画。建筑表现的画面效果不是终极反映，只是一个思考的过程。对于建筑师来说更加深刻的一面反映在设计作品里。建筑表现不能流于画面的表象，它的表现形式、表现风格是基于满足表现建筑的量感、尺度和建筑的形式、环境关系等这些建筑内涵的。可以这样认为，即便是对初学者来说他的表现手段很稚拙，表现方法也不尽熟练，但是作品里面反映了一定的关于建筑的问题，从建筑师角度来评价就是有价值的。

建筑表现与建筑设计的每一个环节都是相关的。从设计的过程来看可以把表现分为草图表现、资料的搜集与记录、成图表现这样几个大类。建筑师的学习不仅是书本里面的知识，也不仅用文字就能把所有相关建筑的理解表达出来，建筑还要由“形”这个最基本的形式来表达。不同的文化、地域和风俗习惯，在建筑上都是由形所表达和传递的，能够准确地记录“形”是建筑师最基本的素质和修养。

草图表现：所谓的草图表现是指建筑设计过程中建筑师运用一种方法表述自己的思考，把头脑中的“物象”与“计划”做一直观表述的过程。在设计过程中图形与设想中的形体之间的反馈使得设计结果更加完善，这个过程是一种“图式语言”，也是建筑师的基本能力。

任何人都会画草图，在纸上不停地画线条很容易，关键是线条背后所要表达的思想和绝妙的创作灵感。草图为灵感的爆发提供了可能性。草图的功能很强大，它紧密联系着建筑设计理念和二维表现的图纸。它虽然不够细致和准确，但这也正是其魅力所在。草图在设计的各个阶段都会被用到，在构思阶段用得最多，此时方案的细部还没有被充分考虑，这也意味着方案还有提升的空间。

1）概念草图（见图1–21）

从一个建筑方案被构思的那一刻起，它的概念草图也随之而来。这些草图与建筑设计相互联系，它们可以是抽象的、隐晦的，甚至可以是天马行空地在纸上乱画。

2）分析草图（见图1–22和图1–23）

分析草图可以让人产生灵感并且可以在细节上进行推敲，它通常用来解释这个方案为什么是这个样子的，或者最终它会是什么样子的。分析草图让设计思想得以实现。它根据人的活动对空间进行分析，然后赋予空间功能，或者根据亲身经历和旅行经历对城市进行分析，再根据城市规模进行城市设计等。

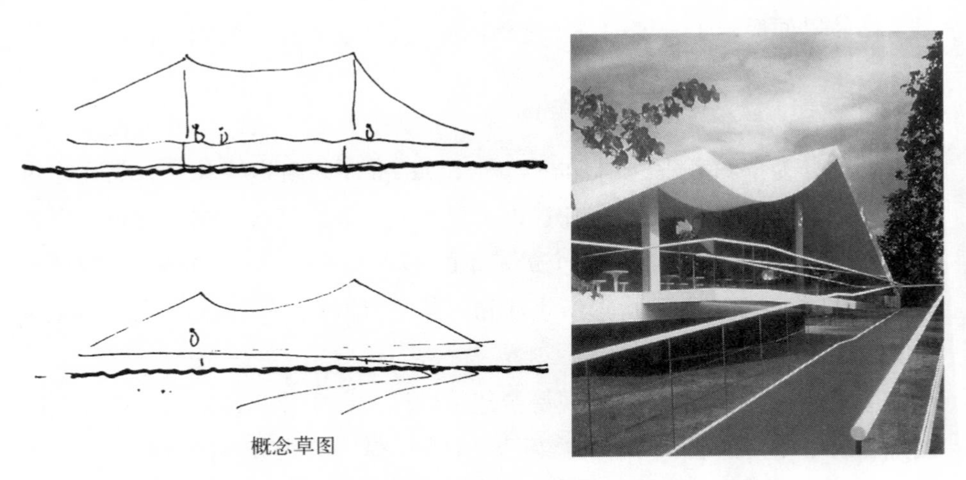
概念草图

图1–21　奥斯卡 · 尼迈耶的蛇形画廊展区及概念草图

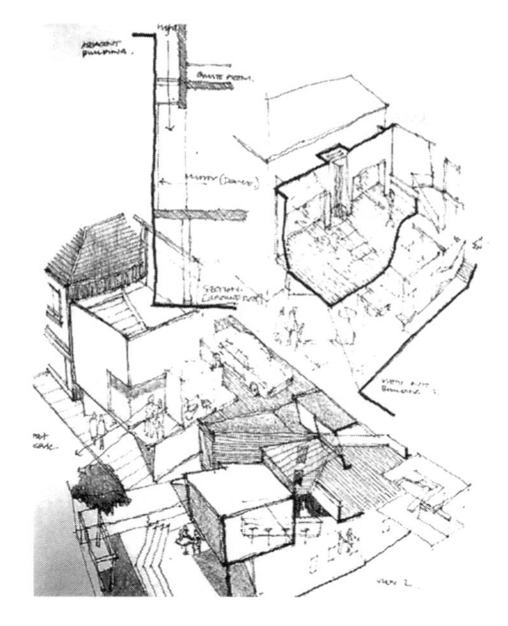

图 1–22　分析草图

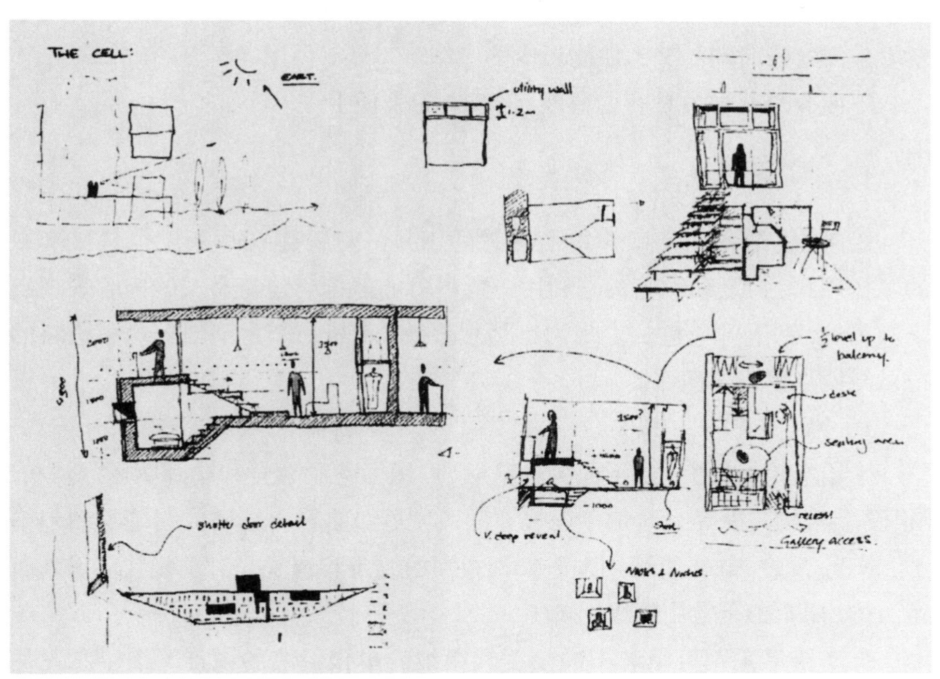

图 1–23　分析草图

3）透视草图（见图1–24）

一些完美的构思源于对某些现状的完美理解。通过透视草图可以发现形式和结构上的小细节，从而让我们对设计的理解更加深入。通过透视草图，可以探究建筑自身的各部分组成，并且可以弄清楚它们是怎样与建筑整体联系在一起的。

成图表现：成图表现是建筑设计在进入实施之前的一种表现形式，是完整地反映建筑设计形象的手段。它要用一种基本上真实的表现形式来把与设计有关的真实形象传达给更多的与建设项目有关的人员，如项目决策人员、城市规划部门等，这是建筑师把自己设计的建筑形象完整地表现出来的方法，也是建筑师自身检查设计的整体造型，建筑与环境之间的关系等设计因素的基本方法（见图1–25和图1–26）。

无论是草图表现、成图表现，还是资料的记录与搜集，任何性质的建筑表现都必须具备造型准确、图像清晰、表达明确的特点，否则的话可能"艺术性"很强，但是对于建筑师来说是不适宜的。所以对更多的同学来说能在一定训练过程后掌握一定的造型能力，并逐步地运用自如是非常重要的。这项学习是需要长时间的努力才能形成的。

下面介绍几种最具有普遍性、最基本的表现手法。

1.2.1 徒手铅笔、钢笔表现

铅笔、钢笔是我们工作中最熟悉的工具。对于建筑师来说也是最基本的工作用具，铅笔和钢笔都是利用单色尽可能地把与建筑有关的内容表现出来。铅笔、钢笔等单色的表现力也是很强的，尤其是作为草图表现和资料的记录与搜集更为方便快捷。

1）铅笔（见图1–27）

木铅笔价格便宜，能形成各种笔触，可用做色调融合和暗部阴影。从9H（很硬）到HB（中等）到6B（很软），深浅度等级多样。越硬的铅笔绘图越精细、越浅；反之，软铅笔可用来渲染密且深的线条和调子。对于多数徒手画而言，HB、B和2B是常用的级别。

自动铅笔采用可填装不同硬度和粗细的单根铅芯的设计。细铅芯无须像粗铅芯那样削尖处理，但太过用力会折断。

图1–24　彼得·卒姆托的圣·本尼迪克教堂及透视草图

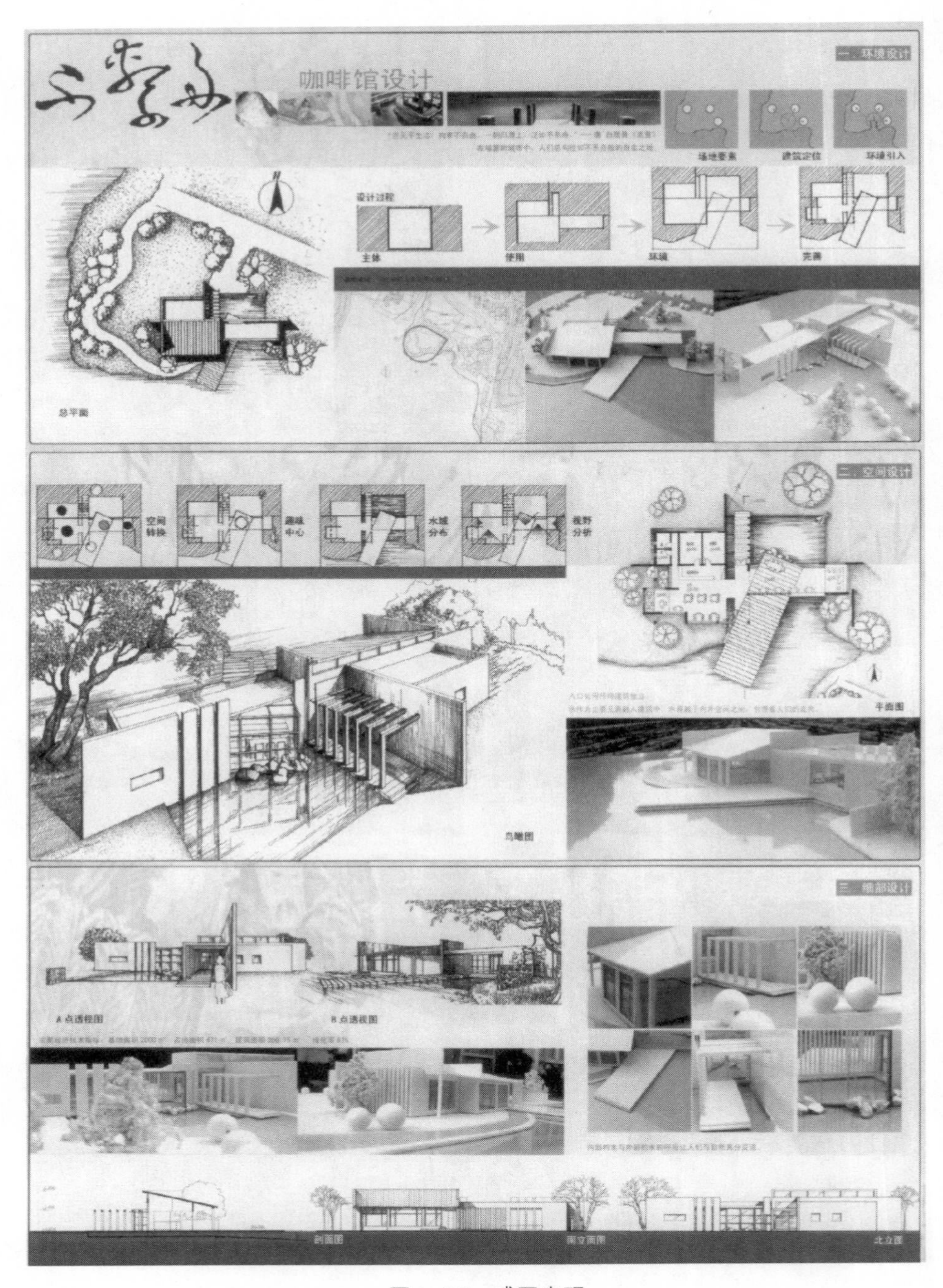
咖啡馆设计
一、环境设计
场地要素
建筑定位
环境引入
设计过程
主体
使用
环境
完善
总平面
二、空间设计
空间转换
趣味中心
水域分布
视野分析
平面图
鸟瞰图
三、细部设计
A点透视图
B点透视图
剖面图
南立面图
北立面

图1–25　成图表现

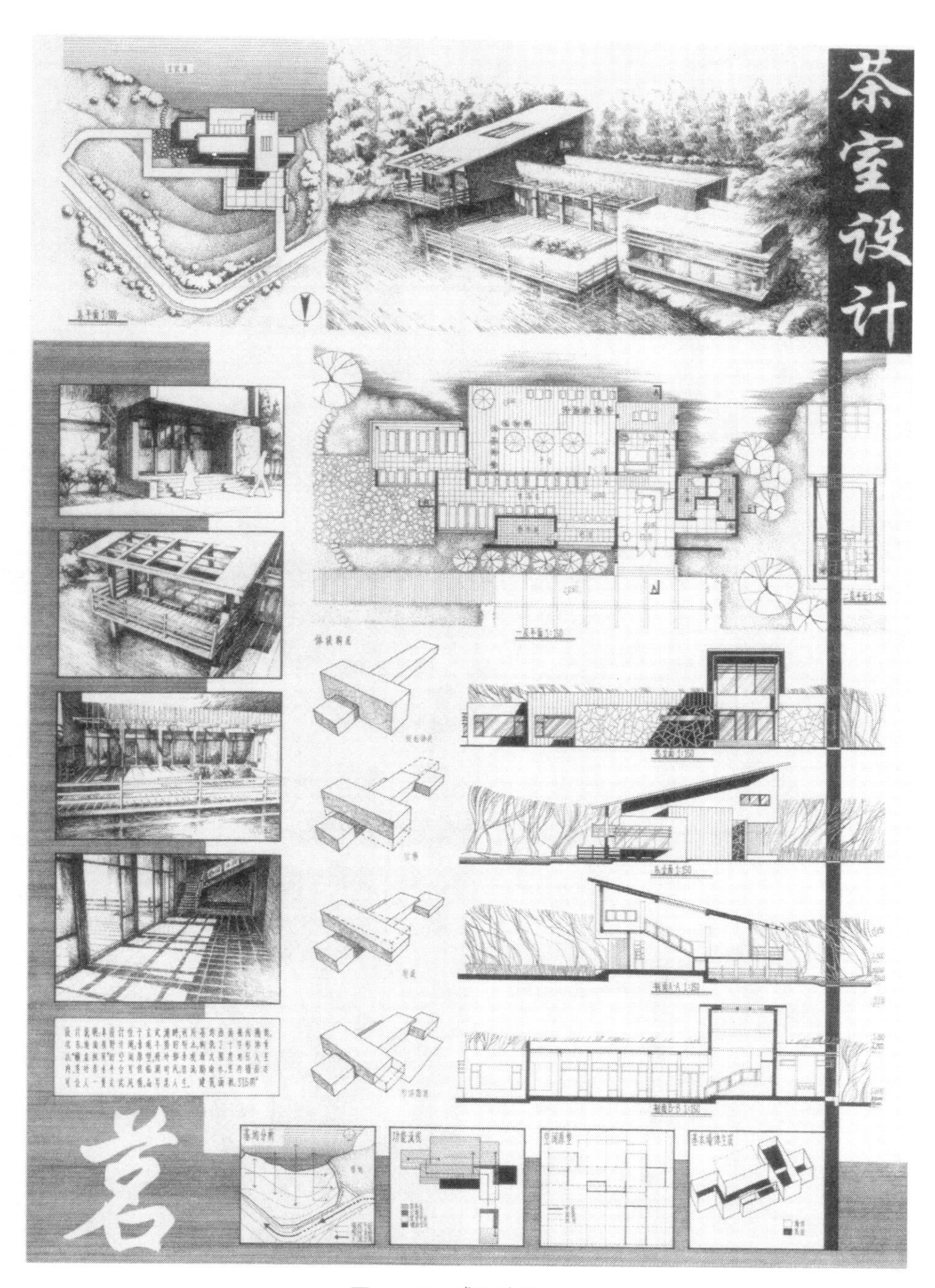

图1–26 成图表现

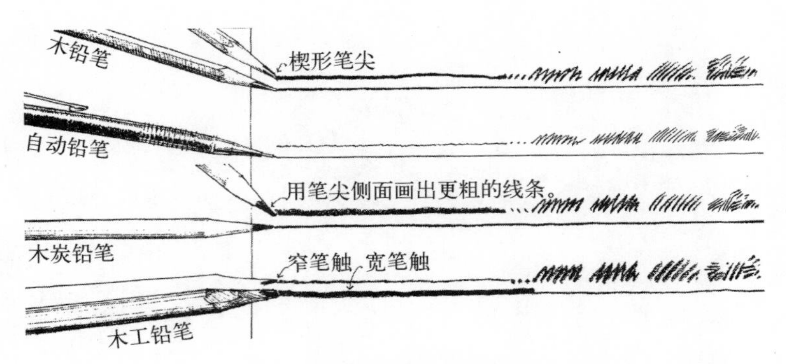

图1–27　铅笔的不同笔触

炭铅笔和黑檀木铅笔有又粗又软的黑色铅芯，其粗犷的笔触有助于形成快速、具表现性的草图。木工铅笔与普通铅笔一样，可以绘制出各种宽度的笔触。

2）钢笔（见图1–28）

钢笔能画出流畅的、不透明而持久的线条。有多种类型的钢笔适于绘

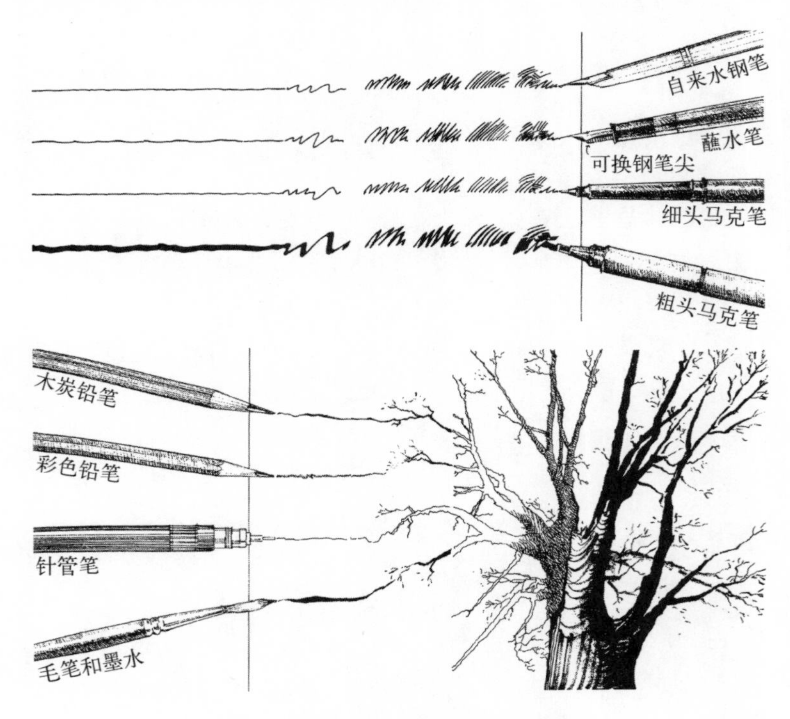

图1–28　铅笔、钢笔的不同笔触

图，毡头笔、纤维笔或尼龙头的绘图笔、马克笔有各种的型号和笔头。细头马克笔能绘制出尖锐有力的线条，适合精确的细部描绘。宽头马克笔以其粗犷的线条，给人快速的视觉感受，会省略一些细节。钢笔画有流畅、挺秀的感受。

3）线条

徒手线条画的技法要领：

学习徒手画的初始阶段，要作大量各种线条的徒手练习，这样熟能生巧。建筑学专业的学生应该经常利用一些零碎时间来做线条练习，这也就是所谓练手（见图1–29和图1–30）。

（1）轮廓线。作为一个图形元素，轮廓线是绘制在二维平面上的一维线条。然而，它却是表现空间中三维形式最有效的手段。轮廓线首先区分了物体之间形态的差异并赋予了事物外形。除了用来描述物体的形状之外，它还能清晰地表现其形状特征。

画轮廓线最好使用削尖的软铅笔或细腻的粗头水笔，以便绘出尖锐挺拔的线条。你可以从认为合适的任意一点开始画。让笔尖跟随你的视线来描绘物体跌宕起伏的边缘，表现平面的裂缝、质地、色调与色彩的变化。无论何时，运笔都要平稳匀速。随着审视物体对象，在作画过程中你可能要周期性地停顿一下，但不要让停顿点太过明显，保证笔尖一直接触纸面。作画时要缓慢谨慎，想象每一笔都是紧贴物体描出来的。不能反复修改或擦涂画过的

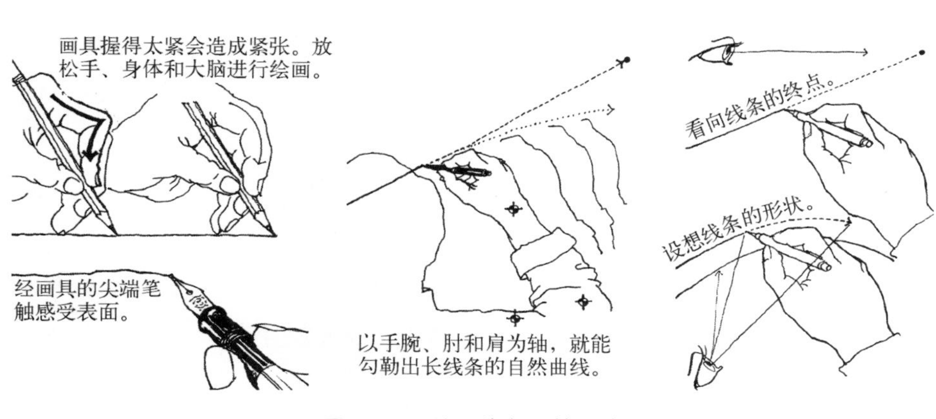

图1–29　徒手线条运笔方法

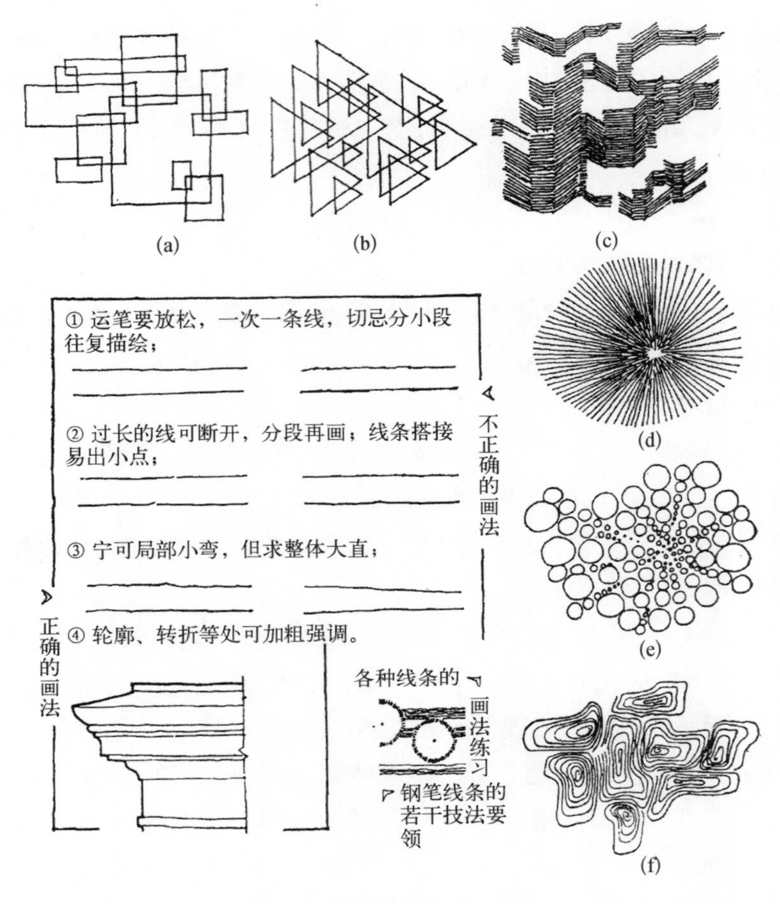

图 1–30　徒手线条练习方法

线条。更重要的是，要保持眼、手节奏一致，手下移动需与眼睛的仔细观察保持同步。

缓慢谨慎的轮廓线绘画过程推动我们清晰准确地观察。为了绘制一幅只有轮廓线的表现图，我们必须充分理解对象的形状特性、结构及几何特点，还有其重量、密度、材质和纹理。当然，观察越仔细，就越能发现更多的事物细节——材料的厚度以及在墙角处如何弯曲，如何相互穿插、拼接。当遇到众多需要处理的细节的时候，必须对它们之间的相对关系进行判断并画出有助于理解和表现形状的轮廓线（见图 1–31 ～图 1–33）。

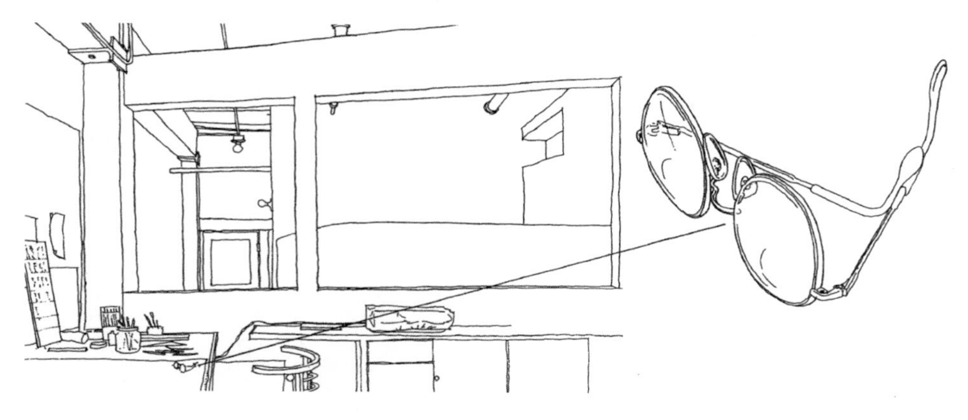

图 1–31　细部轮廓线

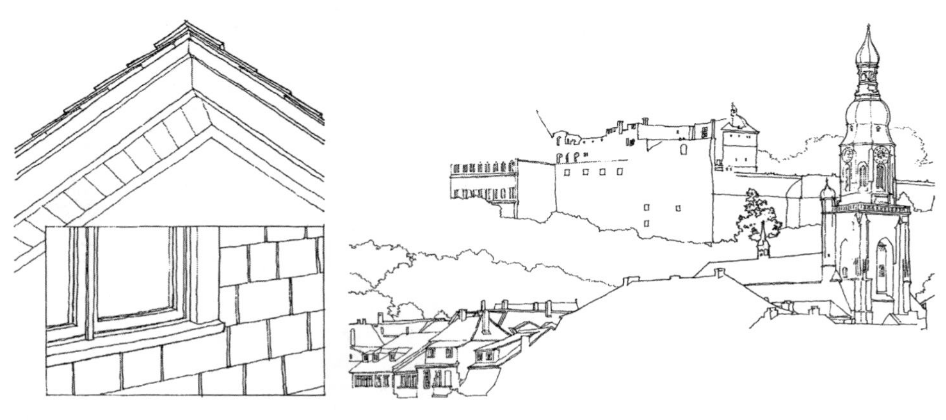

图 1–32　结构轮廓线

图 1–33　外形轮廓线

（2）表现性线条。由于线条的曲直、长短、方向、组合的疏密、叠加的方式都各不相同，各种线条通过组合和排列可以产生不同的效果，线条方向造成的方向感和线条组合后残留的小块白色底面给人以丰富的视觉印象。因此，可以选择合适的线条来表现建筑及其环境的明暗光影和材料质感（见图 1–34 和图 1–35）。

明暗色调用不同密度的或者交错组合的阴影线表示。线条必须平行，间距均匀。交错线条的主要用途是表示中间色调和暗色调的不同层次（见图 1–36）。

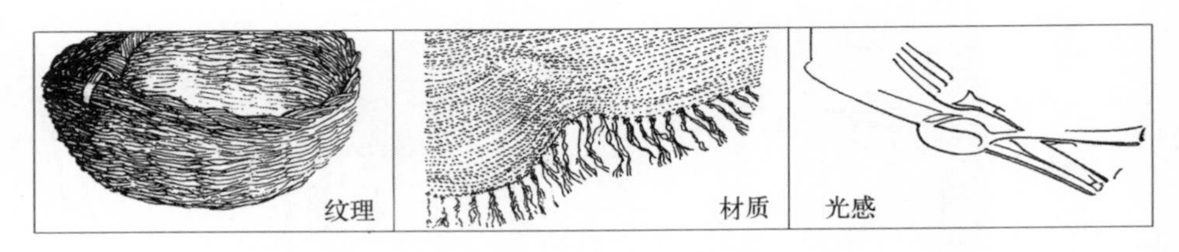

图1-34　表现性线条

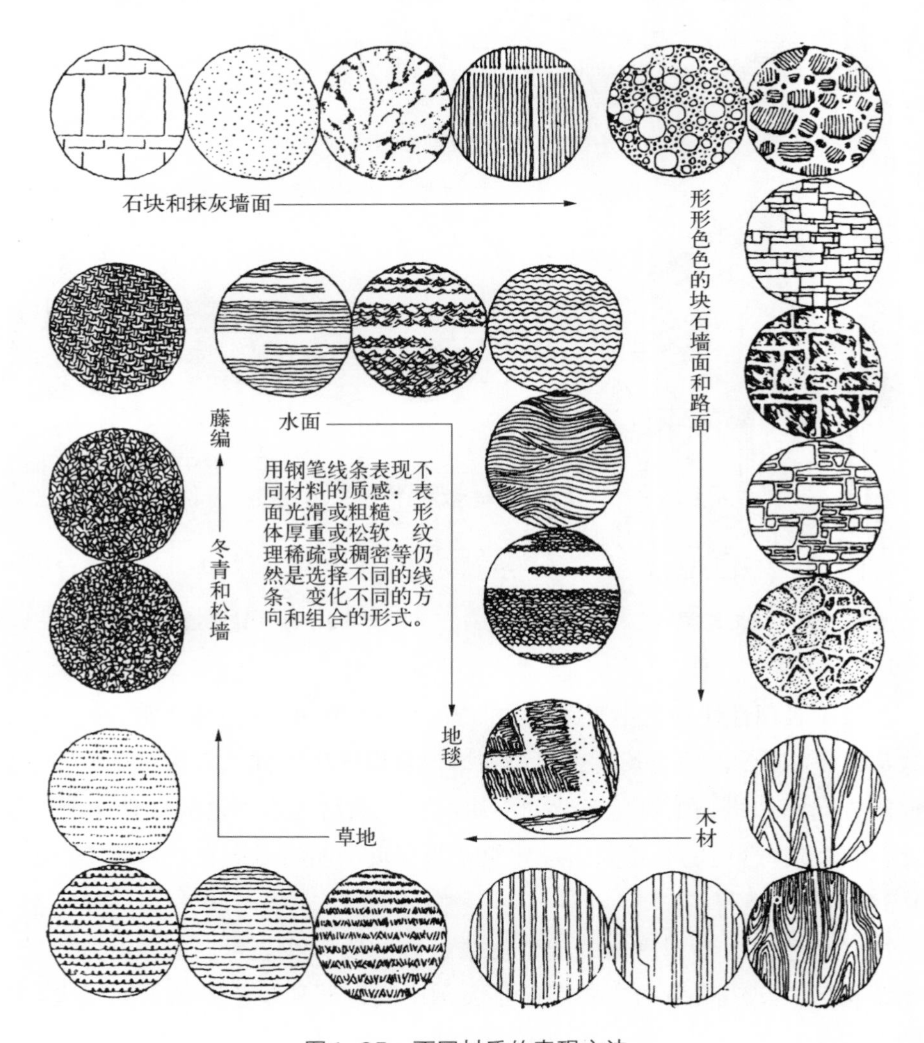

图1-35　不同材质的表现方法

图 1–36 表现性线条

（3）控制线。在绘图中，还存在这样一些线条，我们能够感知其存在却看不见它们。在绘制所见景物时，我们使用这些控制线来探索、量度并构成感知（见图 1–37）。

控制线用来测量物体的大小、形状及尺度以及由此来控制形体和空间的整体比例关系。这些笔直、醒目的线条不受物体边界线的制约。它们穿插、延伸于形体之间，连接、组织起各类绘画元素，并规定了各种元素的尺寸。控制线常常只是试探性的，轻轻画在纸面上。它们代表了已明确的或已经过调整的视觉判断，在完成绘图之后它们会被擦涂掉，或把它们保留在画面当中，成为最终作品

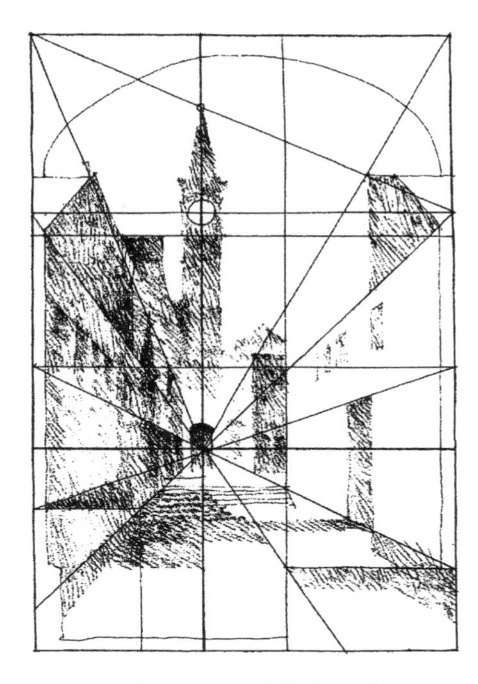

图 1–37 一点透视控制线

的一部分，以此体现出作画步骤（见图1–38和图1–39）。

控制线可以表现绘图构成中组成要素之间的空间关系。在这种情况下，这些线可能不为我们所见，而是由它们提供的视觉框架显现出来，画面的基本构成得以塑造或组织。这些空间的控制线代表了感知力的方向，能够引导人的视线观察一幅画面。它们为平衡构图中的重点确定了一个结构组织，发挥了“可视地图”的作用（见图1–40和图1–41）。

4）建筑配景图

现代建筑极其重视建筑物与环境的有机结合，两者相辅相成，建筑物总是依据环境的特定条件而设计的，周围的一景一物都与之息息相关。因此在画面上，建筑与其周围的树木、房屋、街景、道路等都必须忠实地反映出来。一般作画者往往缺乏建筑配景图中的“词汇”，这些“词汇”指的是建筑配景图中的诸要素，如树木、人物、各种交通工具等。有了这些“词汇”作参考资料，相信对作画会带来极大的便利。“词汇”之中，最主要和最难掌握的是树木和人物。树木加强了建筑物与大自然的联系，可柔化建筑物生硬的、过于人工化的体、面和线。对建筑物而言，树木比例尺度的恰当和形态的优美可

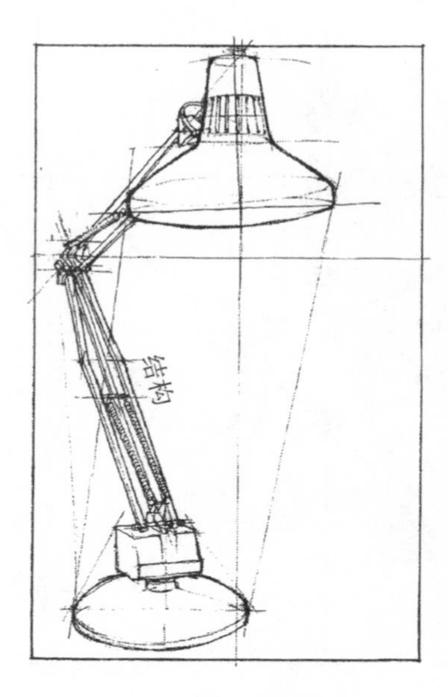

图1–38　结构控制线

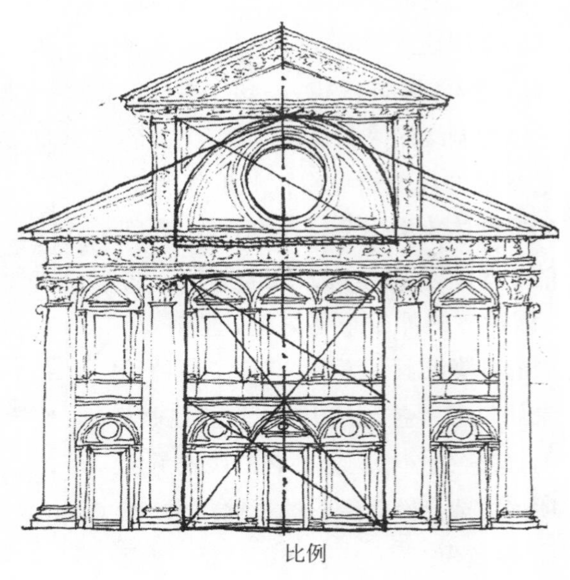

图1–39　比例控制线

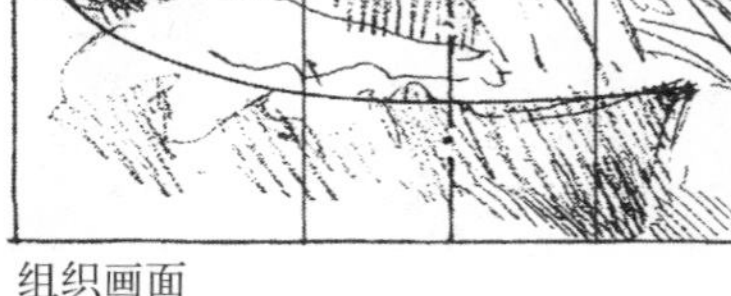

组织画面

图1–40　组织画面的控制线

确定一条视觉路径

图1–41　确定视觉路径的控制线

使画面更为生动。人物能增进画面的生活气息，可启示建筑的性质和性格，突出画面的重点，加深环境空间的景深，明确建筑物的尺度。总之人物的配置适当可使画面生趣盎然。

建筑画的表现形式是多种多样的，有写实的、装饰性的、细腻的、简略的、抽象的等。为适应这些表现形式，“词汇”也需要多样化，作画者可根据建筑形式、画的格调和构图手法等适当地采取相应的“词汇”。

下面对树木、人物及交通工具的画法等作些介绍：

（1）树木（见图1–42和图1–43）。树木是以叶丛的形和枝干的结构形式为其特征的。尤其在建筑物前，为了减少对建筑物的遮挡，常以枝干的表现为主。

树的生长方式是向外伸展的，因此它的外轮廓的基本形体按其最概括的形式来分有：球或多球体的组合、圆锥、圆柱、卵圆体等。除非经过人工的修整，否则树木在自然界中很少呈完整的几何形，其形态都是比较丰富多姿和灵活的。如果按完整的几何形体来画，往往不免流于呆板，但是在带有

图1–42　树的平面

图1–43　树的平面、立面和透视

装饰性的画面中，也可允许树木呈简单的几何形。因此在作画时应注意与整体格调相一致，可以在细部（枝叶的疏密分布及纹理组织）上作一定的变化处理。

树木作为建筑配景的一部分，通常采用一般的树种和常规的表现方法，不宜过多地强调其趣味性。

在画面中，树木对建筑物的主要部分不应有遮挡。作为中景的树木，可在建筑物的两侧或前面。当其在建筑物的前面时，应布置在既不挡住重点部分又不影响建筑物完整性的部位。远景的树木往往在建筑物的后面，起烘托建筑物和增加画面空间感的作用，色调和明暗与建筑物要有对比。近景的树为了不挡住建筑物，同时也由于透视的关系，一般只画树干和少量的枝叶，使其起“框”的作用，而不宜画全貌。

下面介绍画树的明暗时应注意的几点：

① 概括简单几何形体，按球形的明暗分析来画。

② 树丛可看成是多个球体的组合。

③ 自然界中的树木明暗很丰富，可概括为黑灰白三色。在建筑配景图中，树木只作为配景，明暗不宜变化过多，不然会喧宾夺主。

（2）人物（见图1–44和图1–45）。人物各部分的比例关系一般以头长为单位，我国大多数人的高度比例是7～7.5头长。

建筑表现图上的人物尺度较小，一般只要比例大致正确的一个轮廓就行了。画人物时人头总有偏大的倾向，但头大的人物有侏儒感，宁可修长一点。

在建筑配景图中画人物可达到以下目的：

① 可显示建筑物的尺度。

② 可增加画面的气氛和生活气息。

③ 通过人物的动态可使重点更为突出。

④ 远近各点适当地配置人物可增进空间感。

建筑表现图上的人一般宜用走路、坐、站等较安静稳重的姿态。人物的动向应该有向心的“聚”的效果，不宜过分分散。建筑表现图上的人较小，用色不妨鲜艳一点，可增加画面的生动感。近景中的人物可能较大，不一定画全，不宜画得须眉毕露，应简略概括一点，有时只要剪影效果就行了。

图1–44 人物

图1–45　人物

（3）交通工具（见图1–46和图1–47）。交通工具包括车辆、船舶和飞机等，下面是一组有关这方面的图，以供参考。

在建筑配景图中画交通工具还应注意以下几点：

① 注意车、船等交通工具与建筑风格的关系。

② 考虑交通工具与建筑之间的比例、均衡关系。

③ 以建筑为主，交通工具为辅，主次分明。

形是表现的主要内容，其他的一切都是在“形”准这个前提之上的。这对于初学者来说也是必须掌握的，所以如何训练“形”准的表现技能是第一位的。

学习的途径：

（1）从临画成熟的作品入手：通过临画锻炼造型能力，使得手脑之间

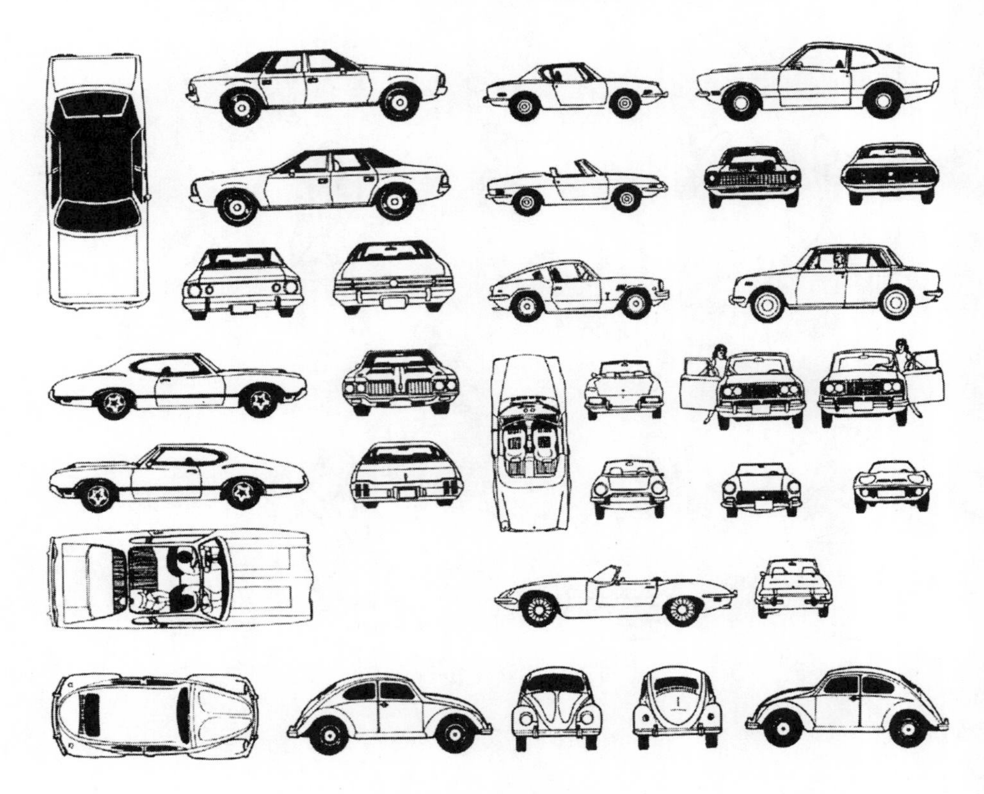

图1–46　交通工具

图1–47　交通工具

能够协调起来，在临画的同时也吸收别人的表现技巧。作为入门的学习，摹仿是非常重要的。在临画的过程中也可以体验到建筑师们对建筑的认识与理解。临画的作品在造型上由简到繁，在临画的时候要充分注意到各个构件之间的关系，做到先理解后临画。配景对于更多的同学来说非常难表现，在临摹的过程中细心地思考别人是如何表现的，在线条的运用上要做到肯定、自信，在画面的整体关系上要注意尺度、环境、气氛等诸多因素的表达。

（2）临画照片：通过临画照片锻炼自己画面的组织能力、概括、提炼、构图等因素，同时在表现能力上借鉴前面临摹作品的表现方法使之融汇于自己的画面中，然后通过反复地临画作品与照片，在造型、构图、画面的整体组织上得到综合的提高。

（3）实物写生：通过大量的实物写生，提高表现实际建筑的能力。对于建筑师来说搜集与记录是主要的工作之一，也是完善自身知识结构的主要途径。实物写生需要一定的表现能力与素质。对于初学者来说不要图快，要从慢到快，由简到繁逐步地提高。并且在画的时候要严谨，在概括、提炼的过程中要明确其结构关系。在表现上有所侧重，主次分明，层次清楚。

（4）设计构思与图式语言：建筑师做一项设计的过程一直是“想”与“画”的过程，手与脑之间的协调。把设想的“形”与表现出来的“形”协调，才能正确地体现建筑师的设计思想，否则表现出来的“形”就容易误导了正确的构思。这就是“图式语言”的作用。所以在草图表现中所表现出来的“形象”应该是一种计划与构思的忠实“物象”。这样才能给大脑提供正确的反馈信息从而使得设计得以深入地进行。

（5）画面风格：所有的表现其实目的是一致的，但是反映在画面上就形成了很多不同的风格。这种风格的形成是经过长时期探索逐渐自然形成的。对于建筑师，尤其是广大的同学们来说，刻意追求某种风格是非常有害的，着重点应该始终放在如何反映出准确表现与建筑相关的因素上。风格是一种自然的流露，是个性的自然体现，刻意追求难免有轻浮、造作之感，更重要的一点是使自己工作偏离了正确的目的，所以风格是在严谨治学的态度下的一种个性反映。

1.2.2 水墨渲染与水彩渲染表现

这是在建筑表现技法中最古老，最具传统特色的表现技法，采取一种细腻的手法把建筑的表现提高到一个很高的层次，是最经久不衰的表现形式之一，这种表现形式适合于在建筑设计的后期趋于完善的阶段来反映建筑的实际形象。在反映建筑设计的局部上更独具特色。在历史上留下了很多用此手法表现建筑的精彩作品。

虽然在表现的程序上是非常复杂的，但是也是最易学和掌握的一种方法。同时，在学习的过程中也是培养自身的静心、默想的习惯，克服轻浮、焦躁性格的一个很好的过程，所以在学习的时候无论是技法还是对心智的锻炼都是非常有益的。

无论是水墨渲染还是水彩渲染，要想画好首先要选好纸，并且严格遵循程序把纸裱好。

1）选纸与裱纸

渲染用的纸张要求比较严格，纹理要细密略有颗粒，且有一定的吸水性。纸面太光，墨不易在纸面停留。吸水性太强，墨和水也不能在纸面停留很快就吸入纸质里面，造成不了渲染的细密效果。无论是怎样的纸，遇水浸透以后会有不同程度的膨胀，渲染的过程中始终要保证纸面的平整，所以首先要把纸按照一定的程序裱在图板上。

裱纸过程（见图1–48）：

（1）折纸盒：沿纸一边折1.5～2 cm的边，纸正面向上。在折边时注意不要过于用力，防止把纸面破坏，裱的时候破裂。

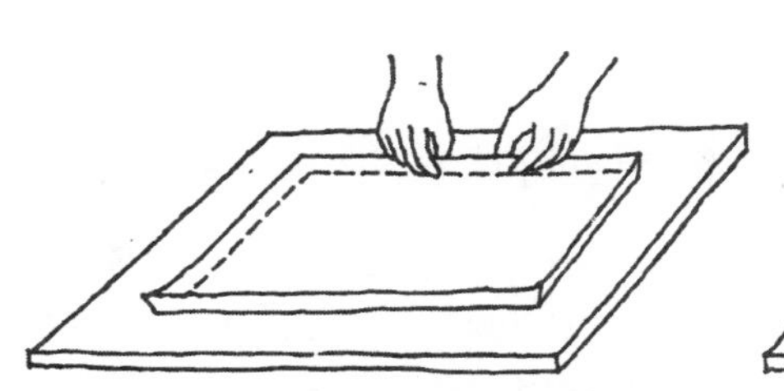

① 沿纸面四周折边2 cm，折向是图纸正面向上；注意勿使折线过重造成纸面破裂。

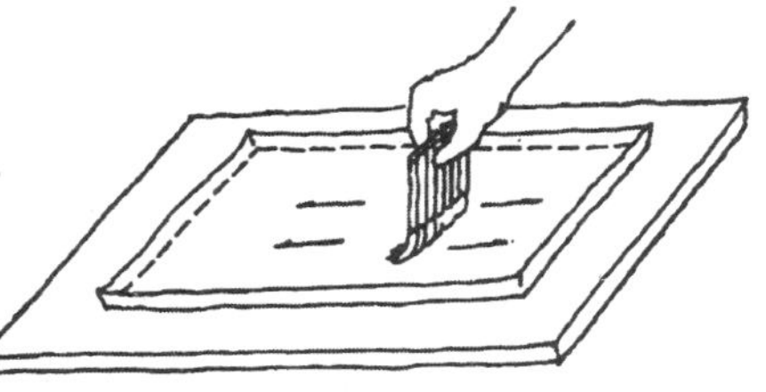

② 使用干净排笔或大号毛笔蘸清水将图面折纸内均匀涂抹，注意勿使纸面起毛受损。

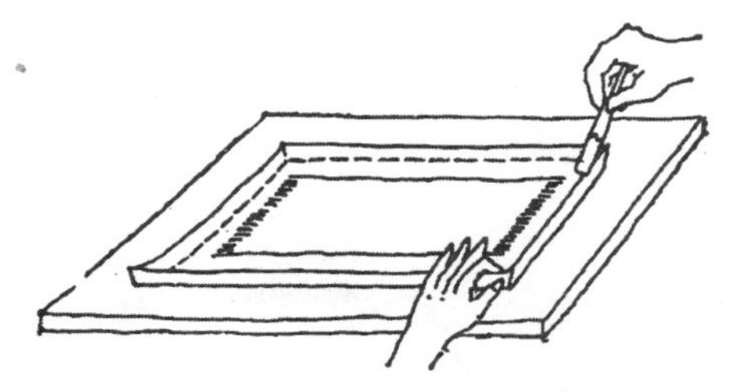

③ 用湿毛巾平敷图面保持湿润，同时在折边四周薄而又匀地抹上一层浆糊。

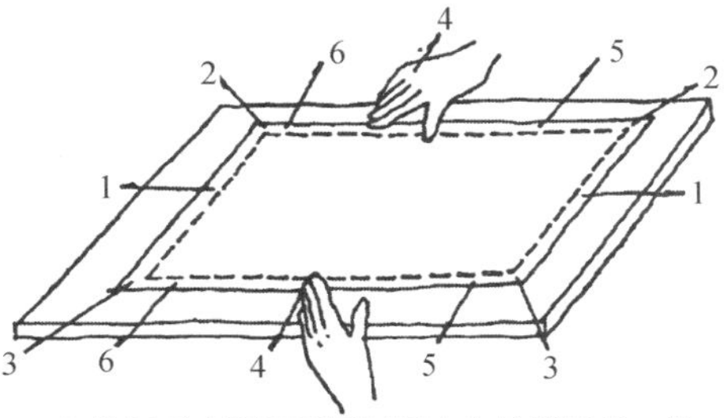

④ 按图示序列双手同时固定和拉撑图纸，注意用力不可过猛，注意图纸与图板的相对位置。

图1–48　裱纸的方法和步骤

（2）洒水：在纸面上均匀地涂上水，在涂水时注意不要将纸面破坏，涂水后放一段时间使水浸透，让纸充分膨胀。

（3）抹浆糊：用干净的白毛巾浸湿后平敷于纸面，然后在折起的纸边上均匀地抹上浆糊，注意不要将浆糊渗到里面和纸面。

（4）贴裱：用双手同时向两个方向拉撑，使纸裱糊得尽量整齐，注意图纸在图板的相对位置，在贴裱的时候不要用力过猛。

（5）养护：整个贴裱的过程完成后养护是非常关键的。养护的时候注意以下事项：

- 检查四周的浆糊是否抹匀：如有开裂处再涂些浆糊，重新粘牢。
- 检查图纸中间是否有水存留，如有水用毛笔将水吸干。
- 检查图纸是否有裂痕，如有严重裂痕揭下图纸重新粘裱。
- 把图板置于阴凉干燥处、慢干。

图纸彻底干燥后我们就可在图纸上定出绘图范围。图纸绘制完成后，要等图纸完全干燥后，才能下板，用锋利的小刀沿着裁纸边切割，为避免纸张骤然收缩扯坏图纸，应按切口顺序依次切割，最后取下图纸（见图1–49）。

2）墨与颜色

水墨渲染对墨的要求相对来说是比较严格的，最重要的一点是不能用有油分的墨，有条件的最好用墨锭，但现在有的墨汁质量很好，如一得阁墨汁使用起来更加方便些。无论是墨锭砚磨的还是现成的墨汁均需过滤，以除去原墨中的粗糙颗粒及少量的油分与杂质，使墨变得清纯。滤墨的过程是这样的：准备两个碗，一个置于另一个略高处，高处碗中放入原墨，用一棉线滤于下方的碗中，滤过的墨放入瓶中保存好以备常用（见图1–50）。

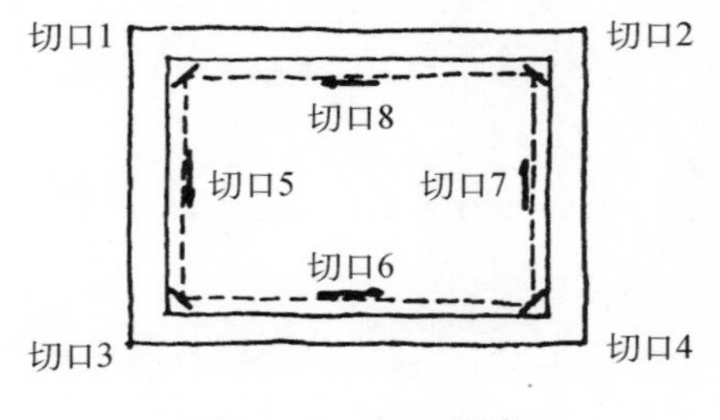

图1–49　切口顺序

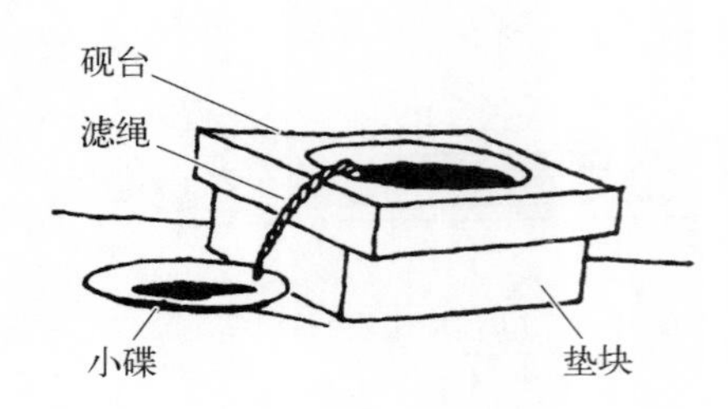

图1–50　滤墨

渲染所用的水彩颜色，化学成分很多，而且颜色管里的胶有时也没有很好地与颜料混合，所以在调颜色的时候要注意把胶调开。由于不同颜色的原料不同，所以有的颜色透明，颗粒细腻，如柠檬黄、群青等；有的颜色颗粒粗，相互混合产生沉淀，如土黄、赭石等。熟悉颜色的特性并恰当地利用对于增加表现力是非常有益的。使用前要先用大量的清水稀释，然后略放一会儿把上面的颜水用来渲染。

3）毛笔（见图1–51）

渲染所用毛笔常要准备3支以上。

（1）排笔：笔毛为羊毛有一定的含水性，用于大面积的平涂渲染。

（2）白云笔：白云笔也为羊毫笔，有一定的含水性，是渲染时的必备用具。

（3）狼毫笔：（羽剪）笔锋有弹性，是守边画细部的必备用具。

可以准备几种不同型号的笔，使用起来能更加灵活。

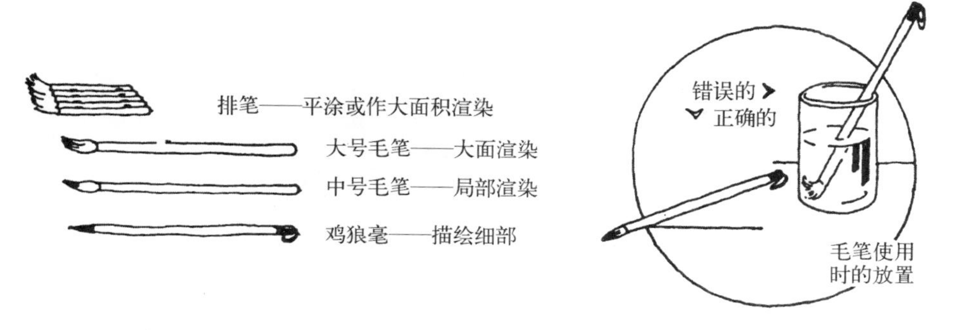

图1–51　不同型号的毛笔

4）渲染方法

无论是水墨渲染还是水彩渲染在用笔及程序上是一致的，所以只有先练好基本功才能灵活地运用。

运笔：水墨渲染的运笔是要有一定的方法的。掌握正确的方法才能有很好的效果。当然，无论怎样的运笔都是为了能够达到一定效果的表现力，所以不一定要拘于课堂上所学的方法。如有更加适合的方法也不妨一试，但是下面所教是几种最基本的运笔方法（见图1–52和图1–53）。

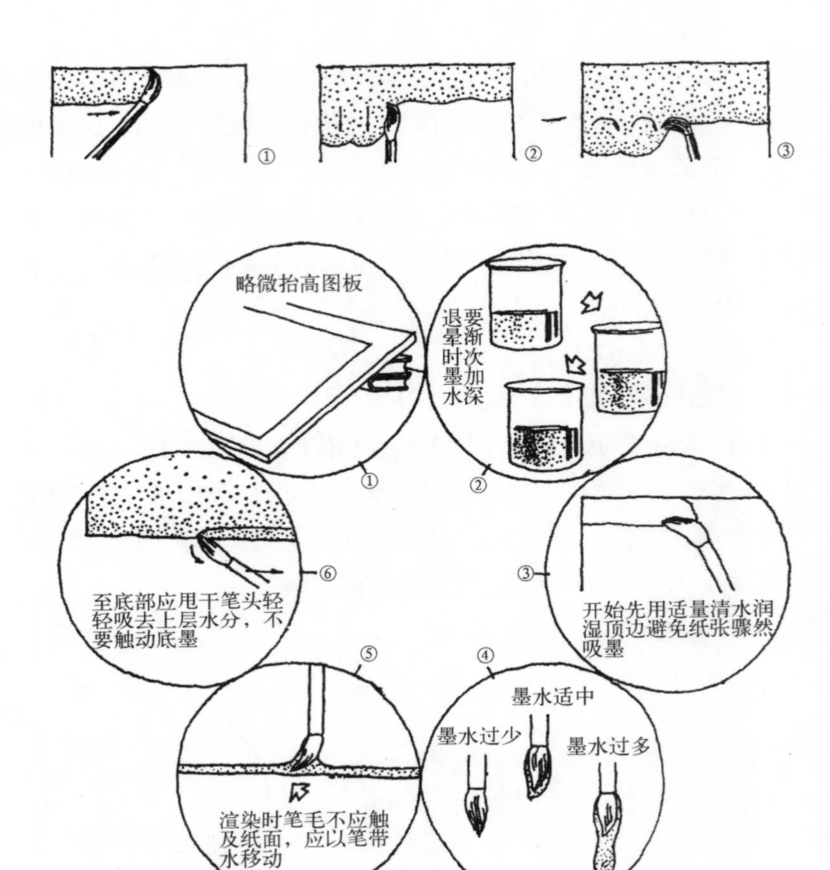

图 1–52　渲染用笔和渲染过程中的注意事项

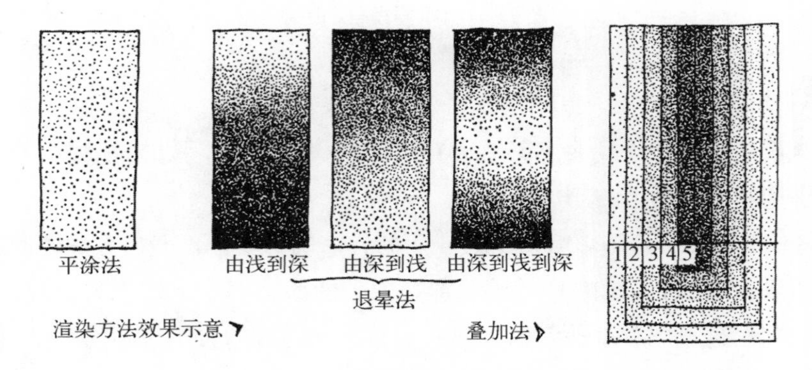

图 1–53　渲染方法

（1）平涂运笔法：这种运笔方法适合用排笔或大号笔渲染大面积的地方和图形变化比较简单的地方。在运笔的时候首先要注意掌握好水在毛笔中的含量，水过多容易流淌不易控制，水过少在运笔的过程中易留下笔痕，以笔端饱含墨水且不立即滴下为合适。运笔是自上而下地画，笔端作环状运行或做垂直运行，在运行过程中，每一个中间过程的时间要尽量一致。

（2）叠加法：叠加法是利用平涂法的重复。在每一次平涂的时候都向后退一个距离，这样几遍的重复就会出现深浅的退晕变化。这种方法在画的时候要注意这样几点：① 墨要尽量的淡；② 每次后退的距离要均匀；③ 每次后退的距离要小，叠加的次数越多，表现效果就越好。

（3）加墨法与加水法：这种退晕方法在表现上更加细腻，是表现过渡性明暗变化的最适合的技法。所谓的加墨就是由浅颜色开始，通过均匀地加墨而显现出层次的技法；加水法正好与之相反，通过均匀地加水由深调子向浅调子过渡。这种技法的技术性要求很高，要做很多次才能熟练地运用。

退晕的表现：退晕是通过墨的深浅变化来反映层次的一种技法，这种技法能使画面层次丰富起来，使得图面富有表现力。尤其是圆柱的画法、平面上光影的微妙变化等。

（4）擦洗法：通过擦洗法的运用，能够使一些在画的过程中不易表现的细微变化反映出来，如反光等。擦洗法利用干净的海绵轻轻擦拭，但是在擦拭的时候要尽量的轻柔，色调的过渡要均匀平滑。

以上介绍的渲染技法是比较一般性的方法，在运用的时候要灵活，也可以自己根据不同质感和不同表现内容来选择合适的技法。在技法上不论是水墨还是水彩，运用原理是一致的。

5）渲染过程中出现的弊病及注意事项

（1）绘画之前的准备工作是非常重要的，水彩、水墨对于裱纸的要求是很高的，所以要非常认真地做好裱纸这项工作。

（2）水墨、水彩颜料在调和的时候要细致、调匀，墨要认真过滤。

（3）在绘图过程中由于渲染技巧不熟练和其他方面的原因造成的错误如图1-54所示：

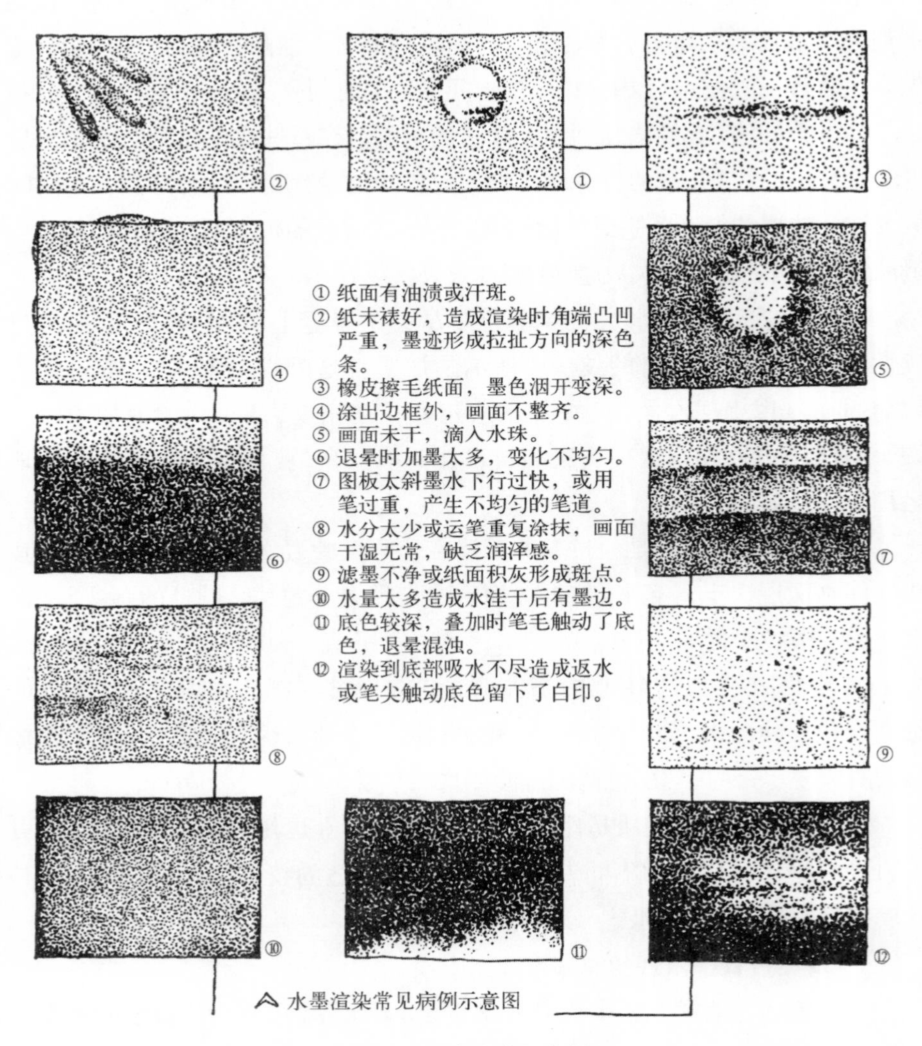
① 纸面有油渍或汗斑。
② 纸未裱好，造成渲染时角端凸凹严重，墨迹形成拉扯方向的深色条。
③ 橡皮擦毛纸面，墨色洇开变深。
④ 涂出边框外，画面不整齐。
⑤ 画面未干，滴入水珠。
⑥ 退晕时加墨太多，变化不均匀。
⑦ 图板太斜墨水下行过快，或用笔过重，产生不均匀的笔道。
⑧ 水分太少或运笔重复涂抹，画面干湿无常，缺乏润泽感。
⑨ 滤墨不净或纸面积灰形成斑点。
⑩ 水量太多造成水洼干后有墨边。
⑪ 底色较深，叠加时笔毛触动了底色，退晕混浊。
⑫ 渲染到底部吸水不尽造成返水或笔尖触动底色留下了白印。
①
②
③
④
⑤
⑥
⑦
⑧
⑨
⑩
⑪
⑫
水墨渲染常见病例示意图

图1–54　渲染常见病例

下面这两幅图分别是水墨渲染（见图1–55）和水彩渲染（见图1–56）。

1.2.3　模型制作

1）模型表现的含义和目的

模型表现是基于各种材料、工艺、制作手段和技巧，进一步完善设计思路、深入表达和协调整体创意的重要环节。思路的细化深入，形体结构的精细刻画，人与空间关系的实体体验，综合功能的全面验证，表现风格的优化比较等，都在这一环节中体现出来。设计中的表现内涵在这一阶段反映得也更有力。

图1–55　水墨渲染

建筑模型非常直观，是按照一定比例缩微的形体，以其真实性和完整性展示一个多维空间的视觉形象，并且以色彩、质感、空间、体量、肌理等表达设计的意图，建筑模型和建筑实体是一种准确的比例关系。建筑模型能以三维空间来表现一项设计内容，也可以培养建筑设计人员的想象力和创造力。

2）模型表现分类

（1）工作模型：

工作模型的目的是帮助研究设计构思，起到立体草图的作用，是在设计的过程中制作的。因此一般来说，制作上比较简单、快捷，对精度和材质的要求不高，只要能大体表现出建筑的结

图1–56　水彩渲染

构、功能、造型特点、空间变化以及与周围环境的尺度与呼应关系即可，它不要求很详细的立面分割，只要求整体的基本效果，是设计过程中推敲方案的一种辅助手段（见图1–57和图1–58）。

（2）概念模型：

概念模型是表达心理空间为主的模型，它可以是工作模型，不强调对结构空间和功能空间表达的真实性，但是应清晰完整地呈现设计的意图和概念，并力求与观众达到互动。概念的纯粹性应当是重要的评判标准。制作材料和色彩应当尽量简洁。概念模型常常简化一些对概念表达不重要的环节，从而突出概念本身，它的出现常常也是伴随着概念性比较强的设计，当模型表现和设计意图相得益彰，并共同表达和强化了设计概念时，就会给人一种无尽的感染力（见图1–59～图1–62）。

图1–57　工作模型

图1–58　工作模型

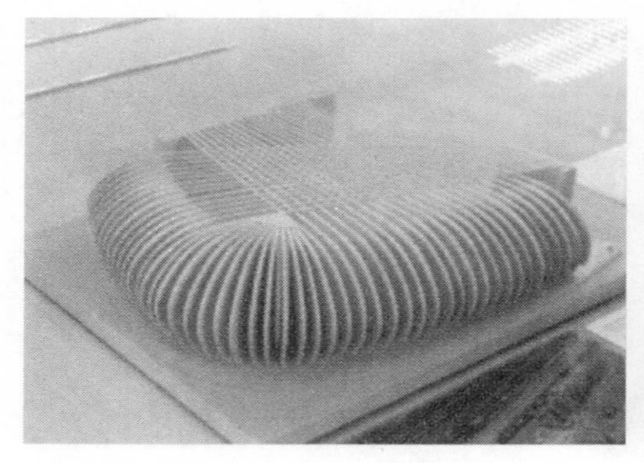

图1–59　概念模型

图1–60　概念模型

（3）成果模型：

成果模型是表达结构、功能和装饰空间的模型，它是设计完成之后用来展示和表达的最终模型，应当尽可能真实地表达最终建筑空间的实际效果，操作上可以运用多种材料和表达方式。成果模型常常用来作为设计完善的终极表达，力图从材料、色彩、环境和细节对设计作品作全面的交代（见图1–63和图1–64）。

3）模型制作

模型制作的工具主要有：各种刀具（手术刀、刻刀、裁纸刀等）、量尺、制图工具及各种黏结剂（乳白胶、胶水、502胶、801胶、氯仿等）。

模型材料主要有：油泥（橡皮泥）、石膏条块、卡纸、泡沫塑料、吹塑纸、硬纸、木材、有机玻璃等。

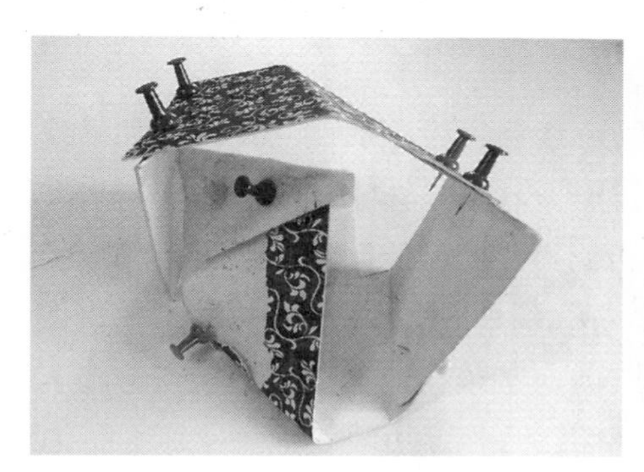

图1–61　概念模型

图1–62　概念模型

图1–63　成果模型

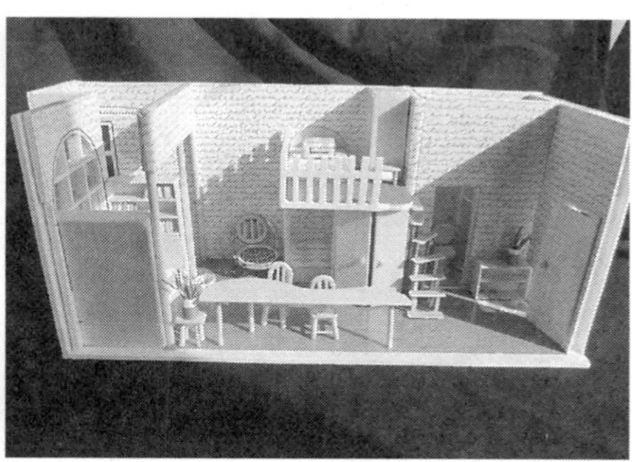

图1–64　成果模型

模型制作的流程通常分为这些步骤：

（1）计划。

在着手制作模型时，首先必须考虑的恐怕是模型的“表现方法”问题，按照“表现方法”便可确定方针、比例等。城市规划、住宅区规划等大范围的模型，比例一般为1∶3 000～1∶500，楼房等建筑物则常为1∶200～1∶50，通常是采用与设计图相同的比例者居多。另外，若是住宅模型，则与其他建筑物的情况稍有不同，如果建筑物不是很大，则采用1∶50，才可能让人看得清楚。有的时候为了仔细地研究和表达一个结构或者建筑细节，常常会把局部做成1∶5，甚至更大的建筑模型。总之，模型比例的选择是从设计出发，具体情况具体分析（见图1–65）。一般情况下，制作顺序是先确定比例，再做出建筑用的场地模型，模型的制作者也必须清楚地形高差、景观印象等，通过大脑进行计划立意处理，然后再多做几次研究分析，就可以着手制作模型了。

（2）底座与建筑场地。

比例决定之后，就可着手做模型了，一般先做模型底座与基地。如果建筑场地是平坦的，则制作模型也简单易行。若场地高低不平，且表现上也要求有周围邻近的建筑物，则依测量方法的不同，模型的制作方法也有相应的区别。尤其是针对复杂地形和城市规划等大场地时，常常是先将地形模型做成，再一边看着模型一边进行方案设计，因而必须在地形模型的制作上多下些功夫，但也不需把地形做得过细。

① 等高线做法（多层粘贴法）：如果场地高差较大，就应采用等高线做

1∶2 000　　1∶200　　1∶20

图1–65　比例模型

法。在用等高线制作模型时，要事先按比例做成与等高线符合的板材，沿等高线之曲线切割，粘贴成梯田形式的地形。在这种情况下，所选用的材料以软木板和苯乙烯纸最为方便，尤其方便的是苯乙烯吹塑纸板，做法可用电池火热切割器切割成流畅的曲线（见图1–66）。

图1–66　场地高差较大的建筑模型

② 草地：如果面积不大，可以选用色纸，面积稍大可以选用草皮或草屑（见图1–67）。用草皮时，直接粘在基地表面即可，如果用草屑，就要事先在基地表面涂一层白乳胶，然后再把草屑均匀洒在有草的地方，等乳胶干了即可。如果是表现整个大规模区域的较大型模型，则需要根据地形切割一块表现大片植被的材料，然后着色，干后涂一层薄薄的粘贴剂，洒上形成地面的材料和彩色粉之后，再栽上一些用灌木丛做的小树堆。最后，可利用细锯末创造出一种像草丛的肌理。

图1–67　用草皮制作的草地

③ 水面：如果水面不大，则可用简单着色法处理。若面积较大，则多用玻璃板或丙烯之类的透明板，在其下面可贴色纸，也可直接着色，表示出水面的感觉。若希望水面有动感，则可利用一些反光纹材料做表面，下面同样着色，看起来给人一种水流动的感觉（见图1–68）。

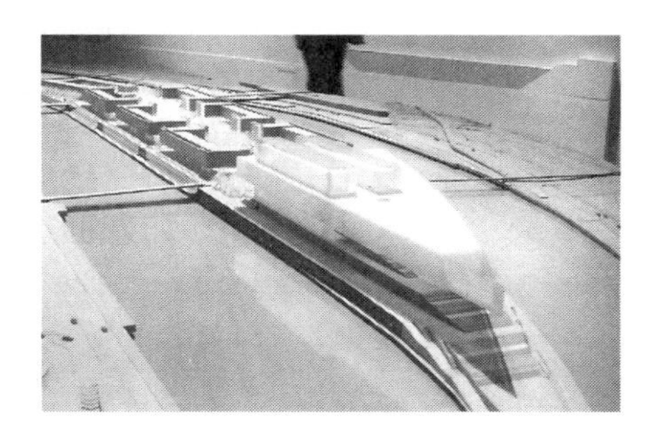

图1–68　用透明板制作的水面

（3）建筑模型。

卡纸是最常用的模型材料，可以根据你的需要选择不同的卡纸，如：白卡、灰卡、色卡。单层白卡通常用来做草模型，双层白卡一般用来做正模型，灰卡可以用来表现素混凝土的材质，色卡则用来表现不同饰面。表现混凝土的办法也很多，除了灰卡纸，还可利用软质木板所具有的粗糙特性，上色后，可制成纹理粗糙的模型，来表现平面的混凝土；也可用泡沫苯乙烯的板面上所固有的粗糙麻面，来表现混凝土。此外，还有一些材料如树皮和胶合板等，其表面看上去像混凝土的材料，也可用来表现混凝土。用卡纸做模型要想做得比较好看，墙与墙的交接很关键。一般我们都直接把墙垂直粘在一起，那样外立面会看到其中一面墙，所以，在粘合之前，先把两片墙要粘合的地方切成45°，用界刀直接切出45°角，也可以用45°切割器，那样交接缝会好看很多。切圆、切弧线时，逆时针来切会比较好，用拇指、食指、中指夹刀，以小指做支点，切的时候刀绕小指指尖旋转，用无名指控制刀锋走向，就可切出比较圆滑的弧线（见图1–69和图1–70）。

灵活运用轻木料木材所具有的柔软而粗糙的材料质感及加工方便的特点，可以做出各种不同的表现效果来。切割薄而细的软木材板料时，要尽可能使用薄形刀具，细小的软木在切割时，应使用安全刀片的刃口精心切下，切割范围很小时，应在木材下面贴上一层赛璐珞透明纸带，这样可以增加其强度，使切割不受影响。建议大家选用0.7～2 mm的航模木板。不过要注意的是垂直于木纹切割时不要太用力，否则很容易切坏（见图1–71）。

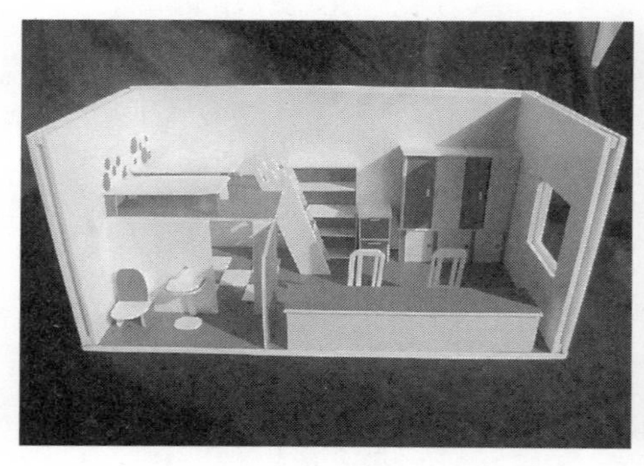

图1–69　用卡纸制作的模型

图1–70　用雪弗板制作的模型

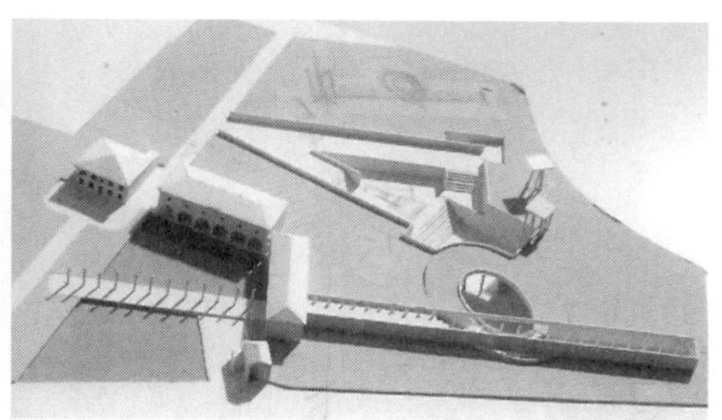

图1–71 用木材制作的模型

图1–72 用泡沫材料制作的模型

另外还可以用泡沫苯乙烯纸做，这种材料最适合做一些草模型和研究模型，非常便于加工（见图1–72）。至于有机玻璃，由于这种材料很难切割，要用专门的刀才能切开。有机玻璃可用来做一些研究性模型。对于塑料板这种材料，模型公司用的多，非常正式的模型才会用，加工起来比较麻烦。

1.2.4 电脑表现

电脑表现图（见图1–73和图1–74）是随着计算机辅助设计（CAD）应用到建筑领域而出现的。CAD在建筑界的应用始于20世纪80年代，为建筑

图1–73 编者设计项目

图1–74　办公楼

师摆脱图板提供了可能。这种表现方法速度快，形象逼真，修改灵活，易于复制和保存，因而被大量使用。随着计算机辅助设计技术的发展，从二维绘图、三维绘图（包括三维模型制作和动画）到后期处理，出现了许多适用于不同阶段和要求的绘图软件。这些基本软件包括：

（1）二维平面软件。AutoCAD是最常用的平面制图软件，有很多公司利用AutoCAD二次开发出建筑设计用的软件，如天正等；Microstation是一套可执行多种软件硬体平台的通用电脑辅助绘图及设计软件，可支持多种操作系统；Adobe Photoshop是一款专长于图像处理，而不是图形创作的软件，它所提供的绘图工具能让外来图像与创意很好地融合。

（2）三维几何建模软件。Sketchup是一种3D模型设计工具，可以让建筑师直接在电脑上进行十分直观的构思，可以方便地生成任何方向上的剖面，并可供演示动画；3D MAX是一款三维制作软件，用于制作效果图的三维模型及动画；犀牛（Rhino）是一款三维建模工具，对硬件要求较低，建模后导出的高精度模型可以给其他软件使用。

（3）Revit：是完整的、针对特定专业的建筑设计和文档系统，支持所有阶段的设计和施工图纸，包括从概念性研究到最详细的施工图纸和明细表。Revit 平台的核心是参数化更改引擎，它可以自动协调在任何位置（例如在模型视图或图纸、明细表、剖面、平面图中）所做的更改。

（4）BIM的英文全称是building information modeling，国内较为一致的中文翻译为“建筑信息模型”。BIM技术是一种应用于工程设计、建造、管理的数据化工具，通过参数模型整合各种项目的相关信息，在项目策划、运行和维护的全生命周期过程中进行共享和传递，使工程技术人员对各种建筑信息做出正确理解和高效应对，为设计团队以及包括建筑、运营单位在内的各方建设主体提供协同工作的基础，BIM不是软件，也不是三维模型，而是一个数据中心。更好地利用这些数据，是BIM的中心思想，也就是我们常说的BIM应用。

其他还有对建筑的节能、通风、日照、阴影、建筑声环境、热环境等性能进行分析的软件等，如EnergyPlus模拟建筑的供暖供冷、采光、通风以及能耗和水资源状况。这些软件可用于建筑设计初期阶段以及现有建筑改造阶段，可以使设计者更好的理解不同的节能设计方案对建筑性能的影响。

在前面的章节里介绍了几种最基本的建筑表现方法，建筑表现的方法是多种多样的，但无论怎样的方法，建筑表现是深化建筑设计的一个环节，中心目的是反映和表达建筑设计的问题。

第 2 章
认知体验

2.1 抽象形式语言

建筑设计的重要内容之一是造型，作为一门研究造型设计的学问，形态构成则是在近代工业革命的背景下，通过西方现代艺术的发展，最终在著名的包豪斯建筑学院孕育出来。在建筑设计领域内，我们主要关注的是形态构成中高度抽象的形与形的构造规律，这将有助于形体设计以及围合空间的界面设计。

形态的形成和变化依靠各种基本的要素构成。在基础训练的开始阶段，作为构成要素的是抹掉了时代性和地方性意义的形体、色彩和肌理等形象要素，它们被纯粹化、抽象化。这种训练是实用的、唯美的。这种纯粹化的要素构成训练与现实设计的范围相比较，其内容是狭窄的，但便于认识和进行训练。

2.1.1 基本要素和基本形

1）点、线、面、块——概念元素

任何形态都可以看成由点、线、面、块构成（见图2–1）。我们可以将点、线、面、块进行运动来形成多种多样的形态（见图2–2）。但是点、线、面、块只存在于我们的概念之中，我们称其为概念元素。用概念元素解释形态的形成，排除了实际材料的特征，而任何点、线、面、块在实际形态中都必须具有一定的形状、大小、色彩、肌理、位置和方向。

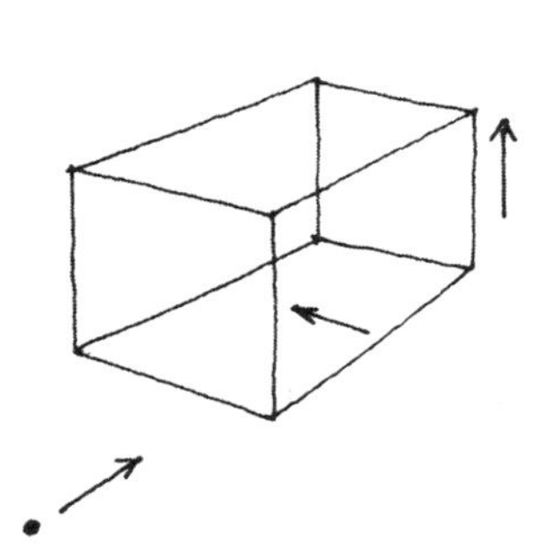

图2–1 点连成线、线铺成面、面形成块

2）形状、色彩、肌理、大小、位置、方向——视觉元素

我们把这些组成形态的可见要素称为视觉元素。概念元素点、线、面、块，视觉元素形状、色彩、肌理、大小、位置、方向，这是形态形成的要素，也是形态设计借以进行变化和组织的要素，做任何设计，无非就是变化这些要素，从而形成多种多样的形态。我们通常用一组在形状、大小、色彩、肌理、位置、

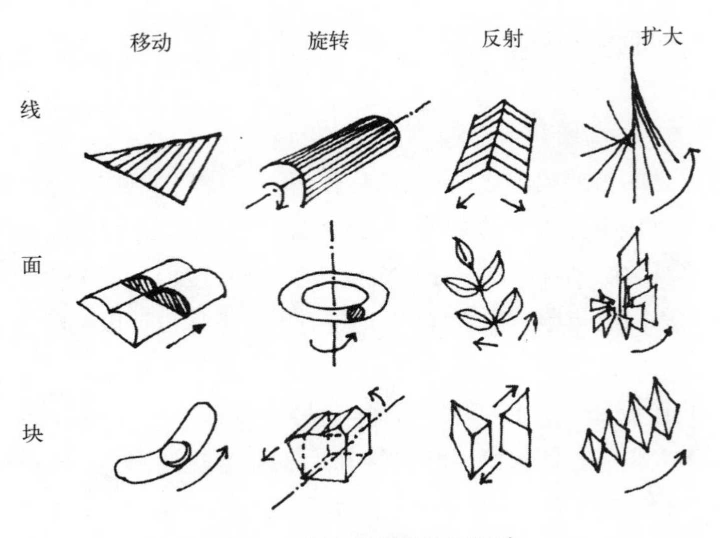

图 2–2 基本要素的空间运动

方向上重复相同的，或者彼此有一定关联的点、线、面、块集合在一起，形成我们的设计形态。这就牵涉到基本形的概念。

3）基本形

如果设计只包括一个主体的形，或包括几个彼此不同、自成一体的形，这些形称为单形。一个设计中如果包含过多的单形，构成就容易涣散，而如果由一组彼此重复或有关联的形组成，就容易使设计形态获得统一感（见图 2–3）。我们称这组彼此有关联的形为基本形。基本形的存在有助于增强设计的内部联系。一些优秀的设计虽然具有丰富的形态，但包含的基本形

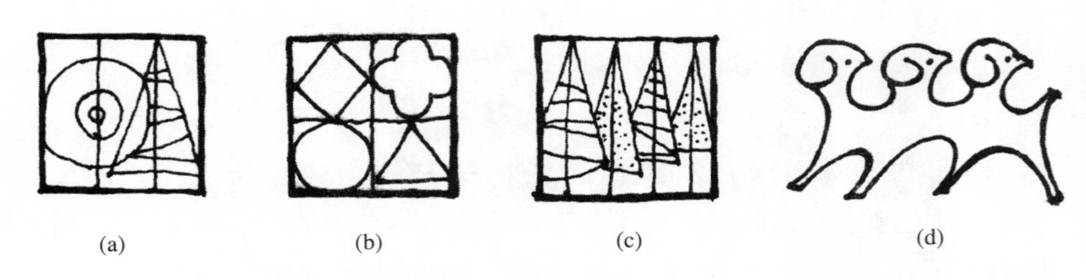

图 2–3 单形和基本形

（a）单形自成一体 （b）过多的单形、构成涣散 （c）彼此有关联的形—基本形 （d）设计得好的形态，可以分解为基本形，基本形又可以由更小的基本形构成

(a)

(b)

图2–4

（a）王澍　杭州南宋御街遗址陈列馆墙体以方形为基本形　（b）杭州南宋御街一建筑墙体

是非常简单的，一个基本形又可以由更小的基本形构成（见图2–4）。由此可见，基本形以简单为宜，复杂的基本形因为过于突出而有自成一体的感觉，形态的整体构成效果不佳。

2.1.2　要素之间的关系

1）形与形的关系

在基本形的集合中，形与形之间大致有如下8种关系：分离、接触、复叠（一形覆盖在另一形上造成前后关系）、透叠（两形交叠部分变为新的形）、联合、减缺（剩下的部分）、差叠（共有的部分）、重合等（见图2–5）。

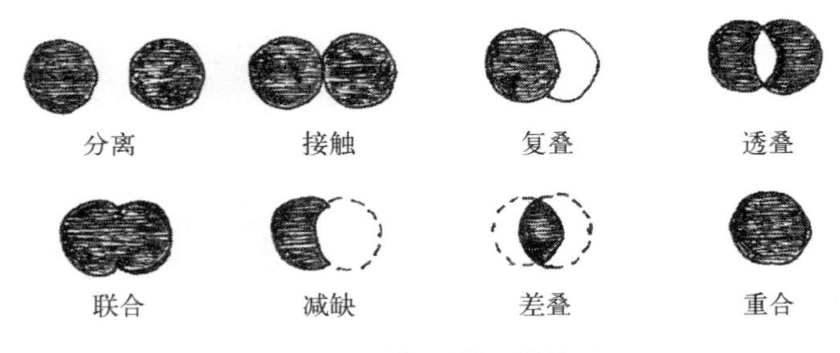

图2–5　形与形的8种关系

2）形与底的关系

设计要表达的图像，我们称之为形，周围的背景空间，我们称之为底。形与底的关系并非总是清楚的，因为人们一般习惯认为图像在前、背景在后，而如果形与底的特征相接近时，形与底的关系则容易产生互相交换（见图2–6）。形底互换现象往往是感知心理学研究的对象，可以从图2–6（b）、（d）和（e）中感到空间的模棱两可性，形与底在显著地波动涨落，一会儿黑色的图像浮现在白色的背景上，一会儿白色的图像浮现在黑色的背景上。在视觉领域中没有什么东西是负的，图像内部及周围的空白对于图像来讲也可以作为正的图像，它们之间充满着矛盾的对立统一。

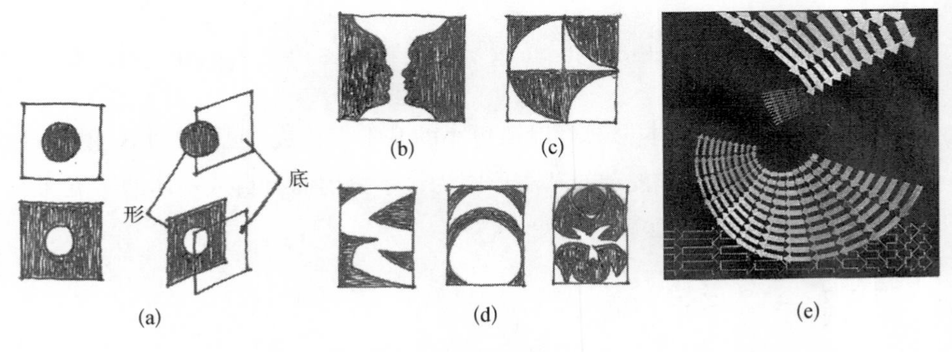

图2–6　形底互换

（a）、（b）形底互换　（c）基本形的形底互换　（d）60年代的造型艺术作品—图底在显著地波动和涨落　（e）形底互换加强了运动感

3）基本形与骨骼的关系

基本形在空间的聚集编排必须建立明确的行伍关系，我们将这种行伍关系称为骨骼。骨骼由概念的线要素组成，包括骨骼线、交点、框内空间，将一系列基本形安放在骨骼的框内空间或交点上，就形成了最简单的构成设计。骨骼起到的作用是组织基本形和划分背景空间，作为关系元素，骨骼是看不见的，完成了上述作用后，骨骼便隐去了。基本形的积聚和骨骼的组织，是构成一个形态的基本条件（见图2–7～图2–9）。

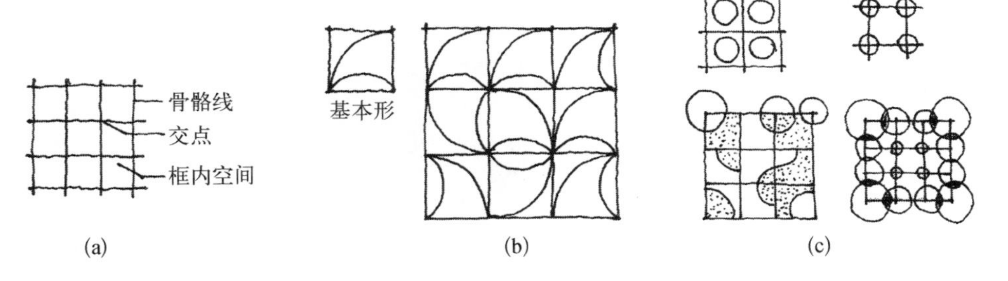

图2-7　骨骼与基本形的关系

（a）骨骼的组成要素　（b）骨骼组织基本形　（c）骨骼划分背景空间

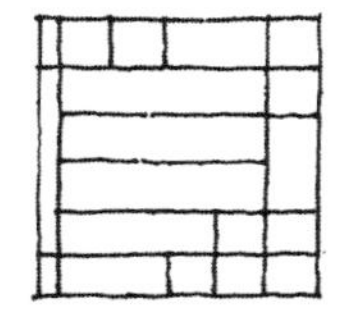

格网原形

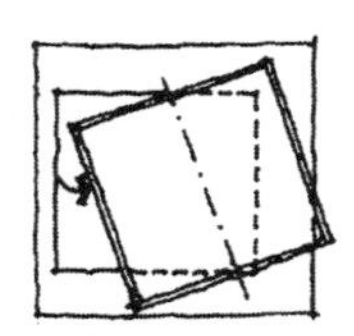

格网变异

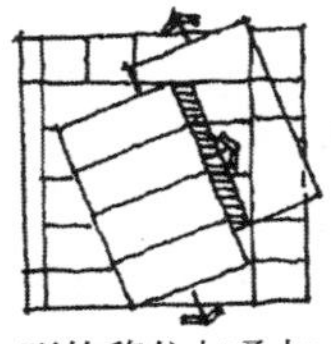

形的偏转与分割

形的移位与叠加

图2-8　平面构成中的骨骼和基本形

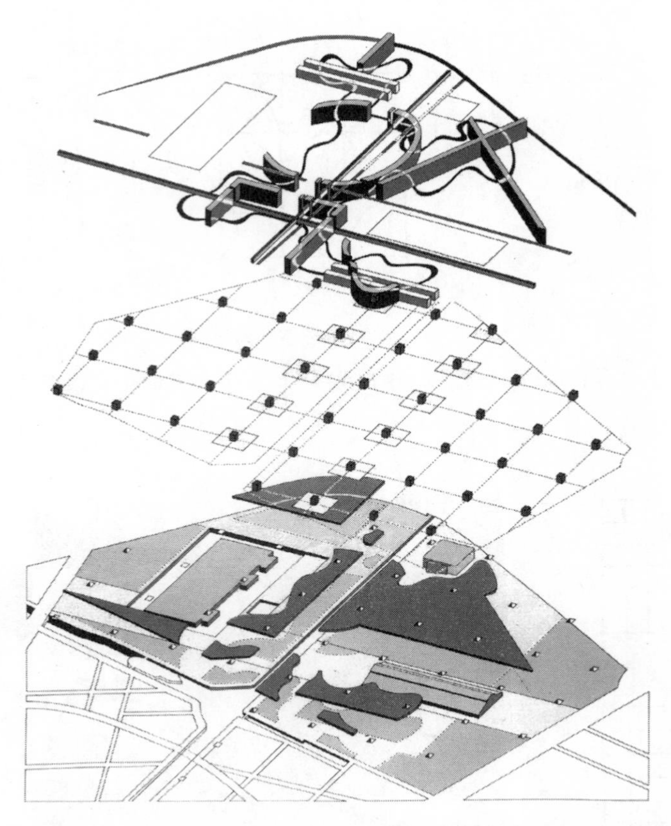

图2–9　拉维莱特公园——点、线、面形成的空间骨骼系统

2.1.3　要素的变化

1）基本形和骨骼有序的变化

为了使设计形态趋向于丰富，我们可以进一步变化基本形和骨骼。基本形的6个视觉元素都可以有不同程度的变化，或者采取不同的变化过程，按要素的变化过程不同可分为重复和渐变，按要素变化的程序不同可分为近似和对比（见表2–1）。

骨骼是关系元素，在构成中起很大作用，同样这些基本形，由于骨骼的变化，构成的结果是不同的。骨骼网可以变化的要素是间距、方向和线型（见表2–2）。

表 2-1　基本形的变化

变化形式 要素	重　复			渐　变			近　似		对　比	
形　状										
大　小										
色　彩	红	红	红	红	黄	绿	橙	黄	红	绿
肌　理										
位　置										
方　向										

表 2-2　骨骼的变化

	重　复	渐　变	近　似
间　距			
方　向			
线　型			

“空山鸟飞绝”这种对超安静环境的描写只能出现在诗句之中，而在现实生活中，远处的松涛、嗒嗒的滴水、一二声鸟鸣反能衬托出环境的安宁；火车有节奏的噪音能催人入眠，弯道桥梁引起节奏变化却使人振奋。这是因为人们心理的本质是追求变化的，单调无变化的环境（包括视觉环境）会造成心理压力。形态设计要求变化，可以说，所谓设计的能力便是变化的能力。根据骨骼和基本形的基本变化规律，我们可以派生出千变万化的形态来，帮助实际设计创造出千姿百态的新形态。

但是周围环境的变化过于杂乱，也破坏人的生理、心理节奏。所以形态设计不仅要善于变化要素，造成丰富感，而且要注意要素的变化过程和整体组织建立起秩序关系，使要素的变化有序，形态统一，有协调感和统一感。这儿所指的协调感和统一感是一种修养，变化的能力较易培养，而统一的修养更难训练。

2）重复

"重复"是指同一基本要素反复出现，同一条件继续下去便称为"重复"。"柳州柳刺史，种柳柳江边"，"柳"字的反复出现，产生一种积极有生气的节奏和韵律感；"重复"又是一种强调，街上出现一条黄裙子，并不一定引起你强烈的印象（虽然黄色在大街上显得强烈），然而同时有两三条黄裙子在一起便能产生强烈的视觉刺激。

重复构成是最简单的构成。建筑上门窗阳台的排列，墙地面的铺贴，多幢建筑的排列等，往往采用重复构成。由于骨骼的重复和基本形形状大小的相同，很容易取得统一效果，显示简洁、平缓和混同的情态特征。但也因此容易造成过于统一而缺乏变化的特点，使简洁成为简陋，平缓成为平庸，混同成为单调。因此重复构成的着力点在于变化，将各种视觉要素及形底关系等进行变化，创造丰富感（见图2–10）。

(a)

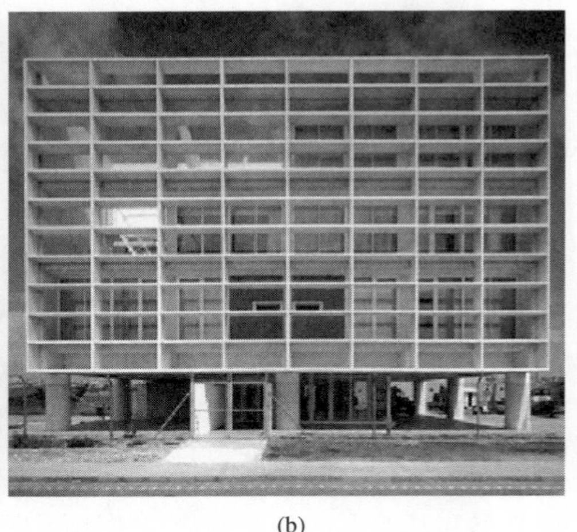

(b)

图2–10　重复构成

3）渐变

骨骼或基本形逐渐地、顺序无限地作有规律的变化，可以使构成产生自然有韵律的节奏感。骨骼渐变的关键是线间距的逐渐变化，渐变骨骼使构成形成焦点和高潮，利用这个特点，经过精密编排可造成起伏感、进深感和空间运动感等视觉效果。基本形的各视觉元素均可以作为形态渐变构成的基础，例如一个形的分裂或移入，两形复叠或减缺的过程等均可以视为渐变构成（见图2-11）。

渐变是无限的，可以从任何形状变为任何形状，关键是渐变的过程应有严格的数学逻辑性：明确始末两个基本形的关系；明确渐变方法及逻辑程序；根据渐变程序，确定演变的大小比率；注意把握渐变效果的整体连续性。

重复构成和渐变构成的变化过程是以明显的严谨的数学关系进行的，构成要素是在大的统一关系中求小的变化，相互之间有很强的联系，显得有

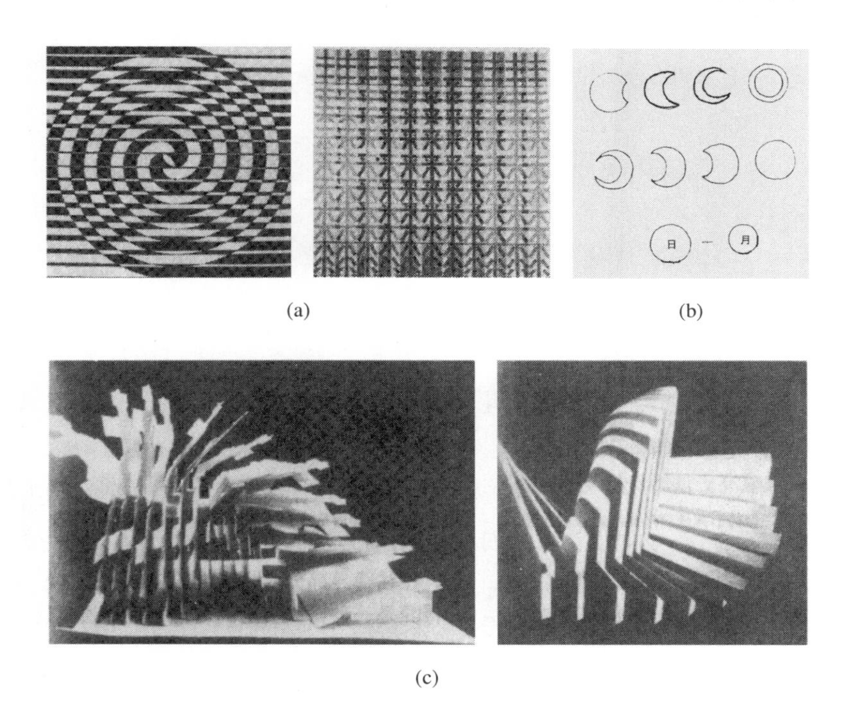

(a) (b)

(c)

图2-11　渐变构成

（a）渐变骨骼中的基本形　（b）日食—两形减缺的渐变过程　（c）基本形形状随方向的变化而渐变

规律，我们称其为规律性构成。规律性构成容易建立秩序关系，在变化和统一这对矛盾中，统一占据了主导因素，所以规律构成的主要工作在于追求变化。但有时设计需要追求更刺激的效果，需要构成的变化更丰富一些，这就要使用非规律性构成的方法。非规律性构成是对规律的突破，基本要素以对比强烈的变化形成视觉上的张力，激起兴奋，从而形成醒目效果，这种没有明显变化规律的构成称为非规律性构成。获得非规律性构成的手段主要有近似和对比。

4）近似

当形态各部分之间要素变化缺少规律性时，形态整体容易显得涣散，变化占据了主导方面，便应努力寻求规律。如果找不到严格的数学逻辑，那么能找到相似性的规律也好，这就是近似构成。一组形状、大小、色彩、肌理近似的形象组合在一起，虽然相互间的变化过程并没有严格的规律，但因其有同种同属的特征，造成很强烈的系列感，使构成趋向统一（见图2–12）。近似构成是趋向于某种规律。

5）对比

对比构成是破坏规律。最常用的方法是在整体有规律时，局部破坏规律，造成对比。比如墙上的窗户全关闭，而其中某一扇窗打开着，并放上一盆花，这是特异的局部与规律的整体之间的对比。这种对比形成主从关系，往往特异部分成为强调的主体，整体形态成为从属的背景。我们将这种方法称为特异。特异是一种比较安全的对比手段，通过破坏规律，转移规律来解除单调，既有醒目的效果，又能整体统一（见图2–13）。

基本形的形状大小可以形成对比，色彩的强弱、肌理的粗细可以形成对比，位置的疏密、方向的不同可以形成对比，形态的6个视觉要素都可以形成对比。但当基本形的数量较少，而对比的双方在面积、体量上变得势均力敌，任何一方都不能取得统领地位时，整体形态就容易涣散，丧失统一协调感。构成的过程就需要更多地注意形态力的概念，在形态的操作过程中组织好形态的整体效果。

非规律性构成是相对于规律性构成而言的。非规律性构成并非不要规律，相反，正是因为在达到对比的效果时破坏了明显的规律，所以非规律性

(a)

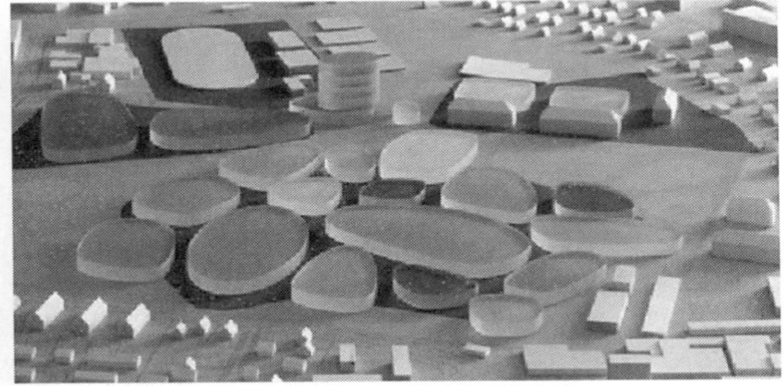

(b)

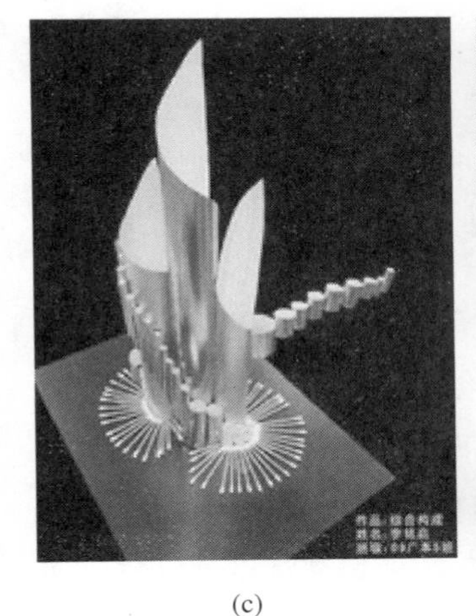

(c)

(d)

图2–12　近似构成

（a）黑白圆形图案近似构成

（b）色彩圆形图案近似构成

（c）柱状组合

（d）某建筑外立面折板近似构成

(a)

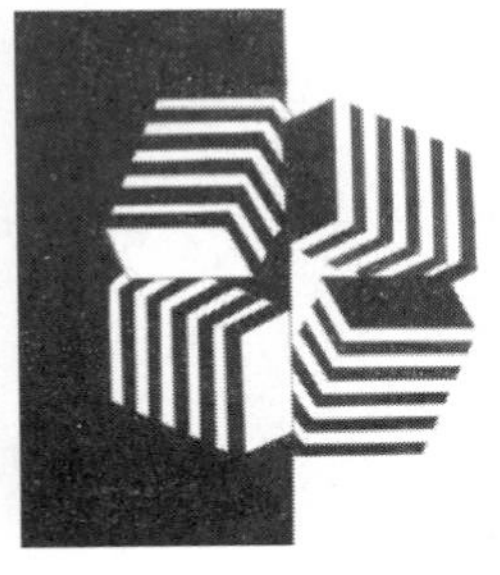

(b)

(c)

图2–13　对比构成

（a）特异是一种安全的对比手段　（b）黑白及方位对比　（c）色彩对比

(a)

(b)

图2–14

（a）MIT信息中心，弗朗克·盖里设计，美国 （b）室内景观

构成的主要工作是寻求一种特殊的规律，从而获得视觉形态变化统一的紧张感。在视觉形态的领域内，对立统一的规律是永恒的。虽然在艺术（包括建筑）发展的长河中，理性和情感是一对矛盾，在不同的发展阶段有不同的侧重点，在侧重情感的一些发展阶段，也许时尚更强调变化，甚至宣称"宁要杂乱无章"，然而这种"杂乱无章"仅仅是呼唤各种风格时尚的并存（见图2–14）。各种精神要素的罗列，与形态构成的杂乱无章是处于不同思维层次的两种概念。强调变化、宣泄情感，并不是真正意义的杂乱无章。因此基本训练中的杂乱无章是没有意义的，是不可取的。

2.1.4 基本操作——积聚、切割和变形

设计中对形态要素进行操作的基本手法无外乎积聚、切割和变形三种，或者是两者、三者的综合操作。

1）积聚

所谓积聚指一些形态要素的积集聚合。积聚是一种"加法"的操作，用很多最基本的要素、基本形在空间汇集、群化，便能造成各种力感和动感，构成各种形态的雏形。许多基本形态向某些位置聚集（趋近于某些点、某些线，

或形成某种结构），或者由某些位置扩散，造成方向趋势上的规律和疏密、虚实上的对比，称为积聚（见图2–15）。

在积聚的操作过程中，要素之间和基本形之间的接近性是重要的。星座是在群星中以比较靠近的关系稳定的一些星组成，我们感到连续的点连成了线，密集的点汇成了面，积聚的线、面、块构成各种立体形态，因为群化的形态从繁杂的背景中被分离出来。由于形态之间张力的存在，那些较大较粗的形往往成为较小较细的形积聚的中心。积聚而形成的形态成为基调，而聚集形成的中心位置和方向便成为强调。

在基本形的积聚过程中，它们的视觉要素，可以作各种规律和非规律的变化。它们的形状、大小、色彩、肌理，以及它们在空间中编排的位置，可以按重复或渐变的方式进行。同质单体积聚产生近似构成，异质单体积聚形成对比（见图2–16）。

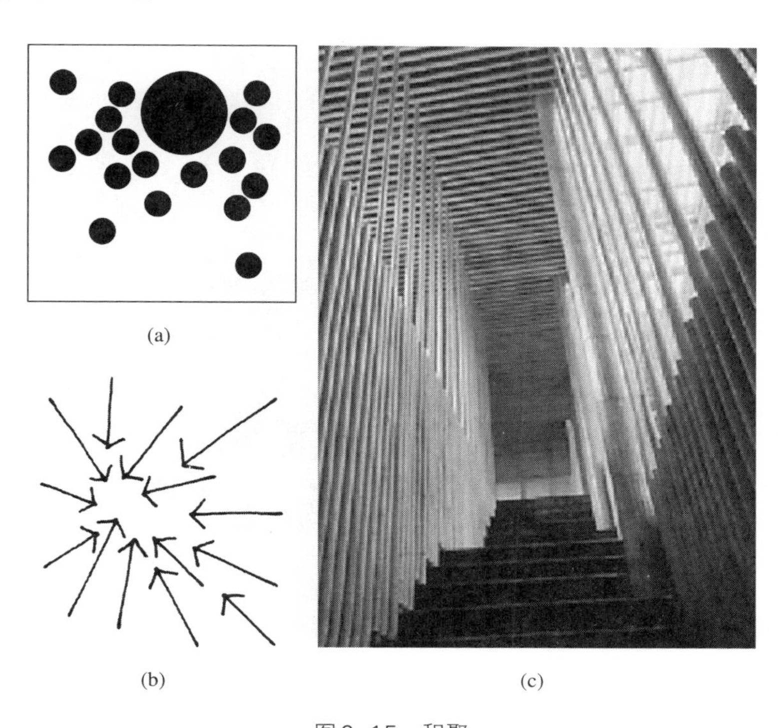

(a) (b) (c)

图2–15　积聚

（a）小圆向大圆聚集　（b）方向性聚集　（c）线要素的积聚

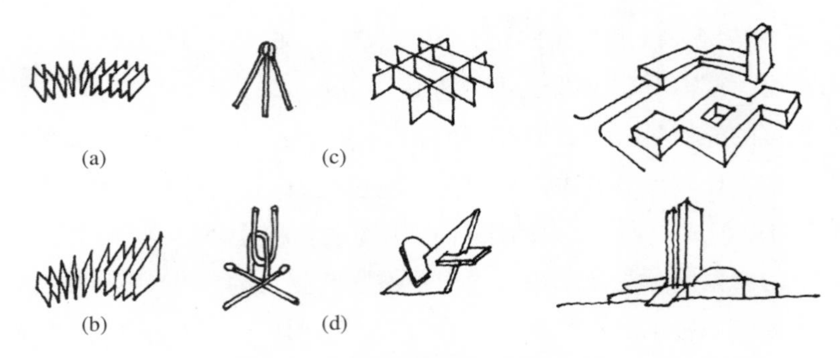

图 2–16　要素在积聚过程中的变化

（a）重复　（b）渐变　（c）同质单体——近似　（d）异质单体——对比

积聚是以单体的形态为前提的，积聚中单体的数量越多，密集的程度越高，那积聚的操作特征越强，而由积聚产生的新形态的积极性越高，但是，单体的个性和独立性则越少，趋向消失。反之亦然。在建筑等一类设计中，积聚的特征一般是较强的，单体数量多时，基本单体以简单为宜，注意力放在总体的操作上；相反，当单体数量少时，对单体的推敲是极重要的（见图 2–17）。

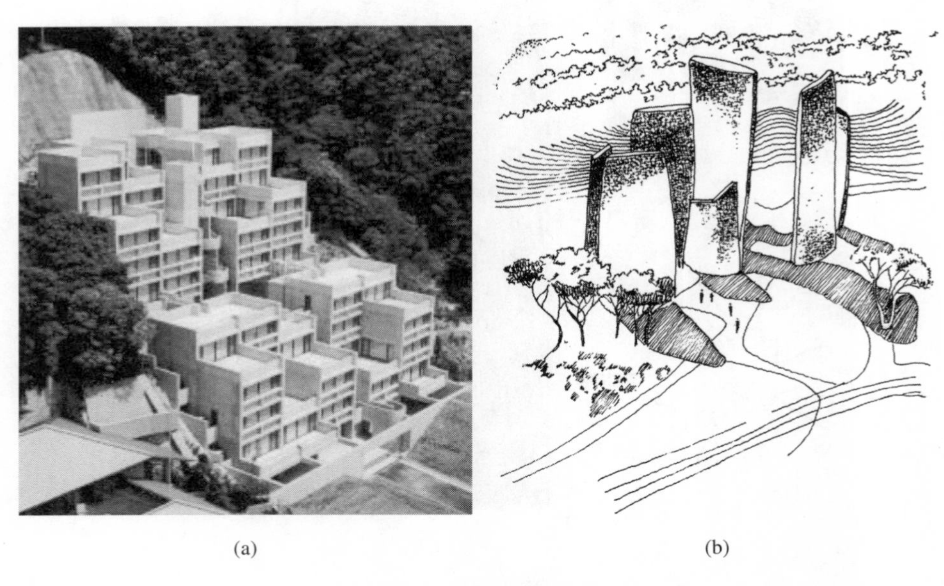

图 2–17　积聚的操作特性

（a）积聚特性强时，基本形简单为宜　（b）单体数量少时，对单体的推敲是重要的

2）切割

积聚是把基本形态作空间运动，按骨骼系统积集起来成为整体。相反，切割是把一个整体形态分割成一些基本形进行再构成。相应来讲，切割是一种“减法”的操作过程。可以将一个形象或者一个块体作各种不同的分割，从而赋予形态不同的新的性格。进一步可以去掉一部分基本形，形成减缺、穿孔或消减。也可以把切割出来的基本形作各种位置的变化，加以滑动、拉开、错落等位移操作（见图2–18）。因为原本是一个整体，经过切割位移操作的形态，如果其变化尚能看出原形，那么各局部之间的形态张力会造成一种复归的力量，使整体形态具有统一的效果（见图2–19）。

3）变形

将基本素材进行变形，是形态设计中另一种操作手段。将形态进行变形的操作，主要指对基本形态线、面、块进行卷曲、扭弯、折叠、挤压、生长、膨

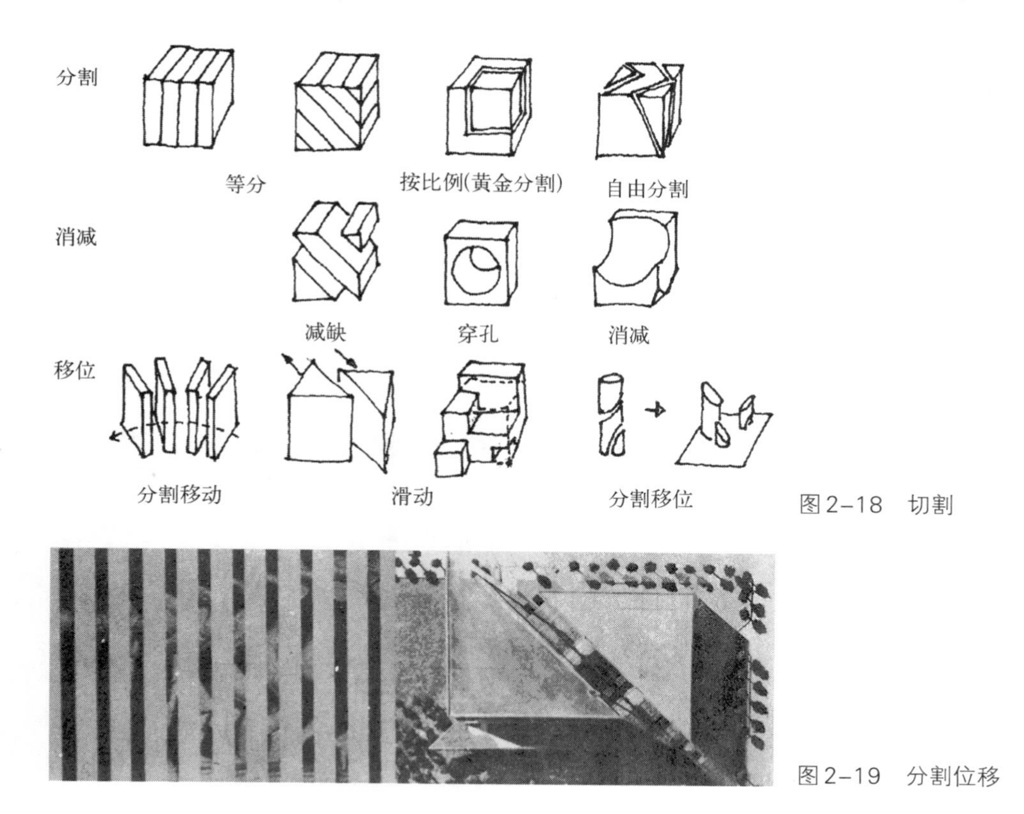

图2–18　切割

图2–19　分割位移

胀等各种操作，使形态力发生变化，产生紧张感，从而形成各种新形态（见图2–20）。变异的结果称为写形，写形依附原形，但与原形不同。可以认为在变形的过程中原形有着逐渐膨胀、分散的倾向，从主观的、机械的操作到无意识的、情感的创作的倾向。这种变形的形态操作过程（同样也适合于积聚和切割的操作过程，如果把变形的概念扩大的话，积聚和切割也是一种变异）使形态设计中逻辑与情感这两种思维元素结合。用积聚、切割和变形这些形态操作的概念来分析既成的建筑作品，我们会发现一些好的形态设计往往自觉地运用了这些现代的操作手段，创造出美好的形象来。应该说掌握这些形态操作方法是学习现代设计的基本功（见图2–21 ～ 图2–23）。

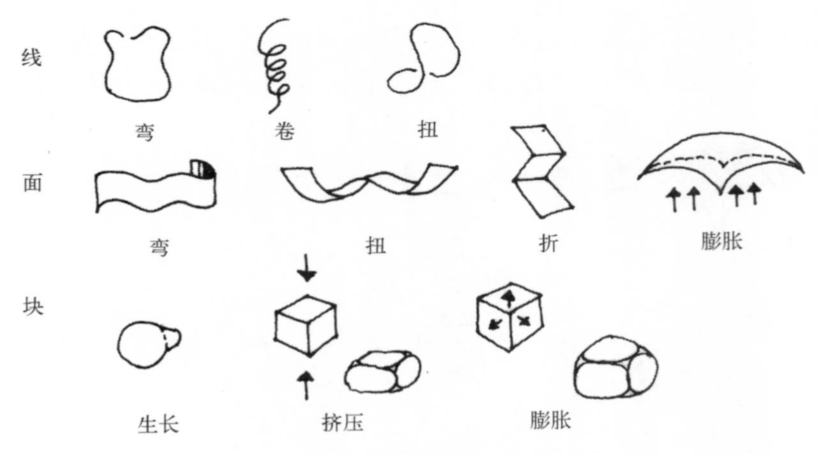

图2–20　基本要素的空间变形

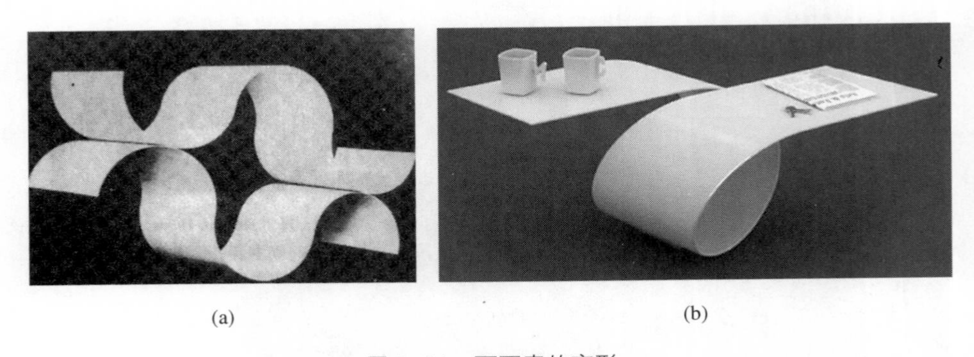

(a)　　(b)

图2–21　面要素的变形

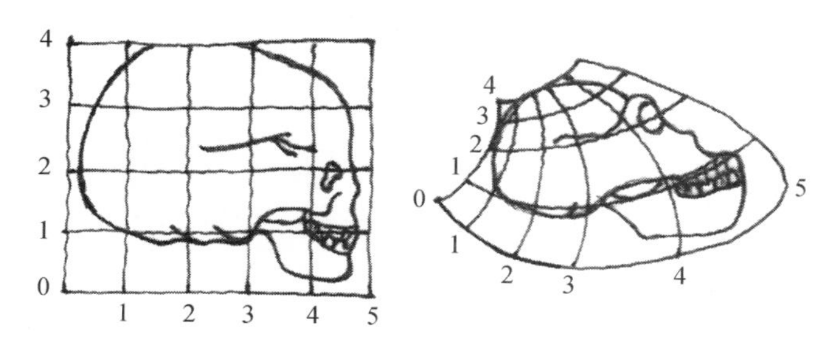

图2-22 人头像在不同坐标系中的变形

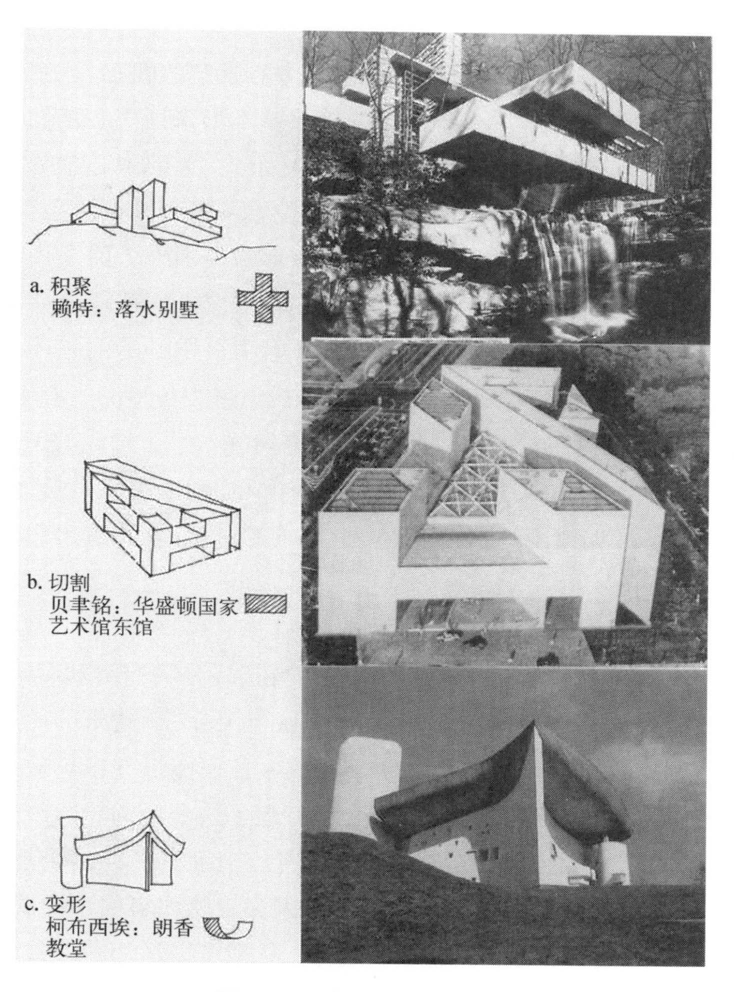

a. 积聚
赖特：落水别墅
b. 切割
贝聿铭：华盛顿国家
艺术馆东馆
c. 变形
柯布西埃：朗香
教堂

图2-23 积聚、切割和变形

2.1.5 形态构成中的几个关键因素

尽管形态构成中涉及的问题很多，但是下面的三个因素却是在几乎每一个形态构成中无法回避的。中心、边界、衔接这三个形的部位，一方面是形自身的客观存在，另一方面也是人观察形时的焦点所在，因而是造型的关键部位，是形态构成过程中重点处理的地方。通过这些部位的强调、夸张、充分利用，能有效地表达形态构成的意义。

1）中心

一条线段的中心是它的中点，一个圆的中心是它的圆心，一个矩形的中心是它的对角线的交点等。对于单个的简单基本形来说中心是比较容易确定的，但对于数个形的组合时，情况变得就复杂些，形的中心意味着它是形的各部分平衡的支点，所以考虑到各个形的位置及各自体量的大小，中心的位置可能在某个形的范围内，也可能在所有形的范围外。前一种情况意味着包含中心的形必然是人关注的重点，后一种情况人们往往会期待着有形的中心出现，形态构成空间法中利用了这种魅力。中心的问题还涉及均衡的概念，前面已经讲述过这个问题。当形的视觉重心与形的中心不重合时，会给人造成不平衡的感觉，或者是运动感、方向感。形态构成的中心并不仅仅指一个点，一个形的轴线也可以视为它的中心，它还可以是具体的形体。通过对比的手法，如尺度、方位、颜色、形状等的对比，能强调出中心的意义（见图2–24）。

2）边界

边界的意义是很重要的。边界确定形的轮廓，是我们辨别形体的依据，也是划分形的界线。我们平常谈论的优美城市天际线、建筑的轮廓线指的都是边界，可见边界对于造型是非常重要的。任何图形在把它放在一个轮廓线内考察时，其自身形态的意义就会因为有了这个新的轮廓线边界而降低，我们会将主要的注意力放在这个轮廓线上。比如，在半山腰建一座寺院就不如在山顶上建一座塔明显。这并不是因为寺院比塔的形象弱，而是塔占据了山顶轮廓线的缘故。利用这个原理，我们可以运用轮廓线使凌乱的图形得以规整，使形更加明确。前面曾提到的“骨架”，也可以视为一种边

图2–24　日本建筑师矶崎新迪斯尼大楼　中部特异的形体处理与两边简单的方块相互对照，使整个建筑的中心十分突出

界。几何形体边界的端部、转折处、顶点等是较特殊的部位，也往往是形态构成中处理的重点。例如：中国古代建筑中方柱的转角就常采用所谓“海棠角”的方式处理，使方柱显得更挺拔。处理边界的方法大致有三类：第一种是在轮廓部分不作特殊处理；第二种是用特异的形来做轮廓线；第三种是渐变法，就是从形的内部逐渐过渡到异质的边界。自然界中许多物体的边界常常是形变异的地方，建筑设计中常利用特异的形、颜色来处理边界，比如，窗户的窗套、立面的檐部、建筑中的角窗等，都是运用边界处理形的例子（见图2–25）。

3）衔接

衔接是形的边相遇时的情形，是边界的特殊形式，形与形碰撞的冲突集中反映在衔接处理上。前面在基本关系中曾提到形相遇时的八种关系，在理论上也是衔接的基本关系。在进行体形衔接时主要考虑以下几个方面的内容：

体形的状态（如方、圆、直、曲等），尤其是体形的边缘不同部位的形态（如一般部位、端部、转折处、顶点等）是我们进行衔接处理的重要依据。体形的位置关系有分离、接触、咬合三种状态，这是我们进行衔接处理的前提。根据形体之间的位置关系和边界状态的不同组合，会产生不同的衔接条件。体形的衔接方式大致分为两类：一是仅根据进行衔接的基本体形的自身条件

图2–25　马来西亚建筑师T.R.Hamzah和K.Yeang设计的Roof–Roof Home。以弧形廊架作为边界，使下面凌乱的多种形体得到整合，建筑的形象由此变得十分明确

处理体形衔接。主要适用于体形的“咬合”状态。二是在进行衔接的基本体形之间，通过增加新形并加以处理而实现衔接。主要适用于体形的“分离”和“接触”状态。实际上我们常遇见的两类衔接方法并用的情况。在衔接时对待基本体形的态度是两者平等看待，还是强化一方弱化另一方，或是模糊二者关系，将导致不同的衔接效果（见图2–26）。

处理衔接的具体方法是丰富的，可以从形的各种因素，如轮廓、方位、部位、角度、结构方式、颜色等出发，解决衔接的问题。通过形体的变异、色彩的过渡等方式处理衔接是形态构成中常用的手法。衔接的特殊形态应该是我们熟知的：比如动物骨骼的关节的变化，建筑中柱式的柱头和柱础的特殊处理等，都是衔接的表现。形态构成的衔接概念排除了实际生活中衔接的功能、结构意义，而是从纯粹形态的角度来理解、处理衔接问题（见图2–27）。

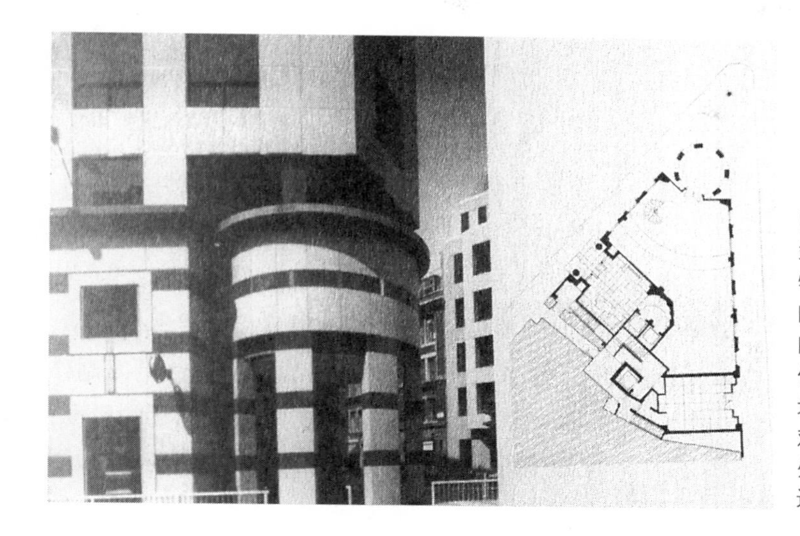

图2-26
端部是边界的特殊部位，Terry Farrell设计的Midland Bank，位于一块三角形地段。采用圆形对角部进行特殊处理，成为整个造型的点睛之笔

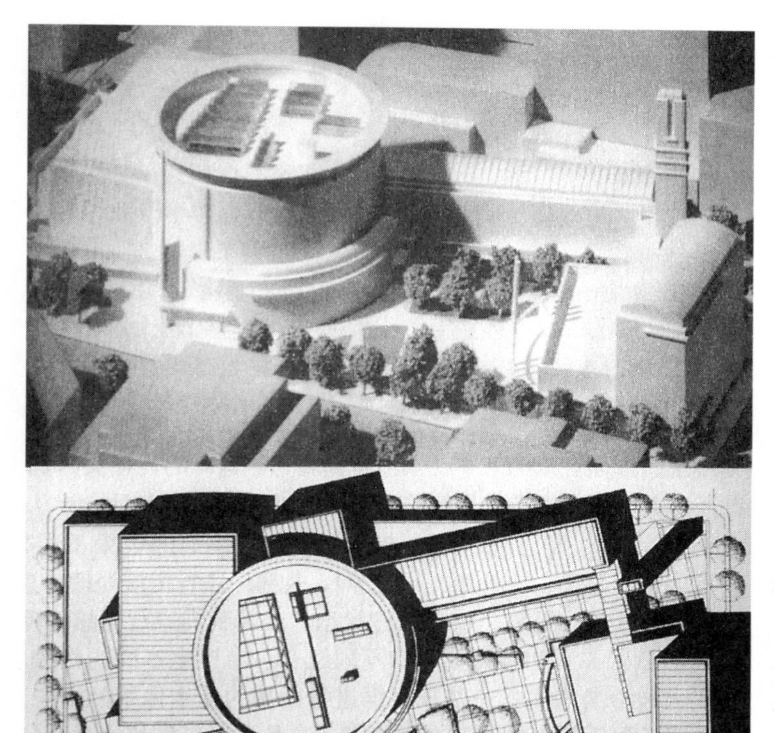

图2-27
KPF设计的某校园中心方案，利用特异的圆形将方直的矩形及L形衔接起来，削弱了二者之间模糊的角度关系及矛盾冲突，并且由于圆形的体量较大，成为占统摄地位的主导体形

2.2 人体尺度

当建筑师为自己或者为他人做建筑设计时，都是从人体的尺寸开始的。人们如何通过一个空间，如何体验它、使用它，其中一个决定性的因素就是人的身体尺寸与空间的基本关系。例如，你设计的椅子是否舒服，取决于你的身体与椅子的关系。基本上，我们可运用两类量度来理解和设计人为环境，一类是“手的量度”（见图2–28），大多数的家具，细部都是以这些量度制作的；第二类量度是“身体的量度”（见图2–29），适合于身体及其运动的量度，在设计门、窗、椅子、室内空间的高度时需要考虑这类量度。用你自己作为测定人为空间环境的依据，只有首先理解了你自己的尺寸，才容易理解他人的不同尺寸；只有首先理解了你自己的要求，才容易理解他人的不同要求。

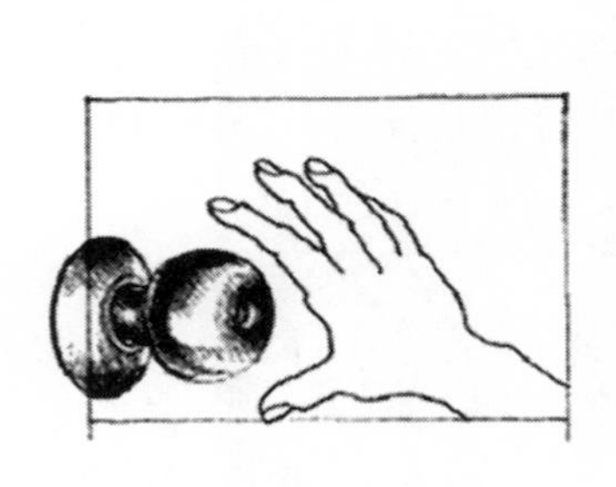

图2–28　手的量度

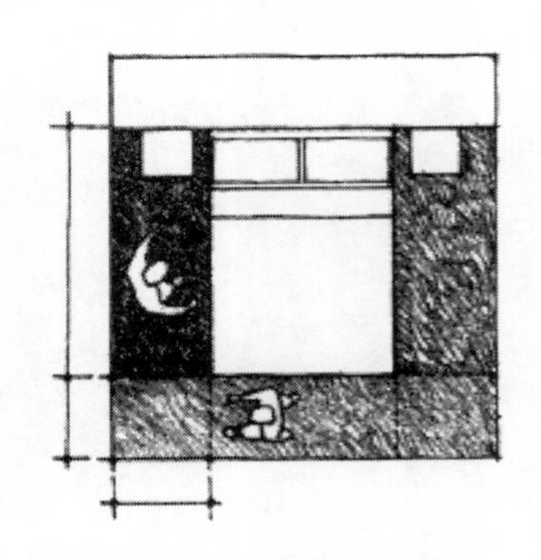

图2–29　身体的量度

2.2.1　尺寸的分类

人体的尺寸和比例，影响着我们使用的物品的比例，影响着我们要触及的物品高度和距离，也影响着我们用以坐卧、饮食和休息的家具尺寸。我们的身体结构尺寸和日常生活所需的尺寸要求之间有所不同（见图2–30）。

尺寸一般如下分为两大类：构造尺寸和功能尺寸。

（1）构造尺寸：它是人体处于固定的标准状态下测量的，主要是指人体的静态尺寸。如身高、坐高、肩宽、臀宽、手臂长度等（见图2–31和图2–32）。

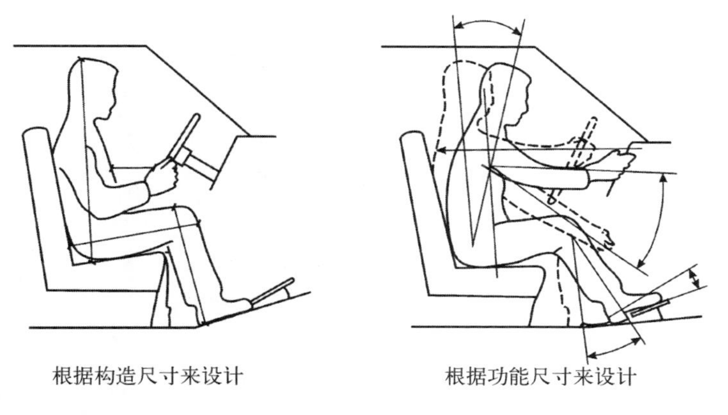

根据构造尺寸来设计
根据功能尺寸来设计

图2–30　构造尺寸与功能尺寸

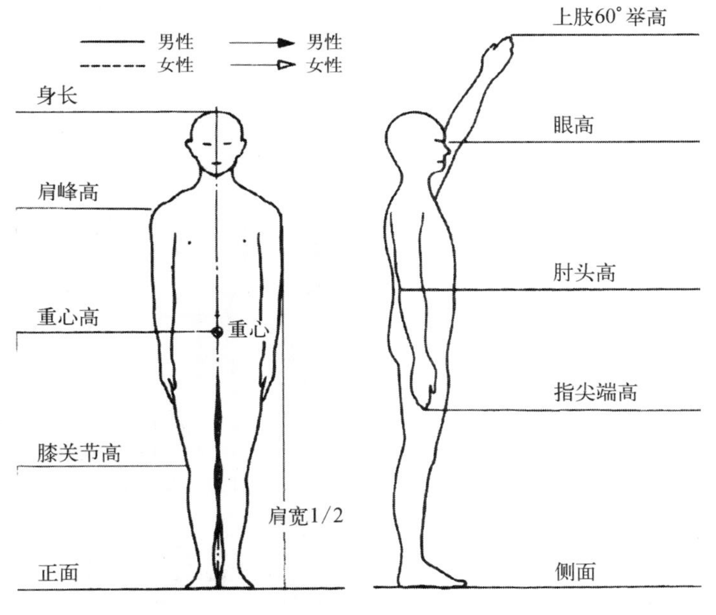

图2–31　人体静态尺寸

它和与人体有直接关系的物体有较大关系。

（2）功能尺寸：指动态的人体尺寸，是人在进行某种功能活动时肢体所能达到的空间范围。它是在动态的人体状态下测得，是由关节的活动、转动所产生的角度与肢体的长度协调产生的范围尺寸，它对于解决许多带有空间

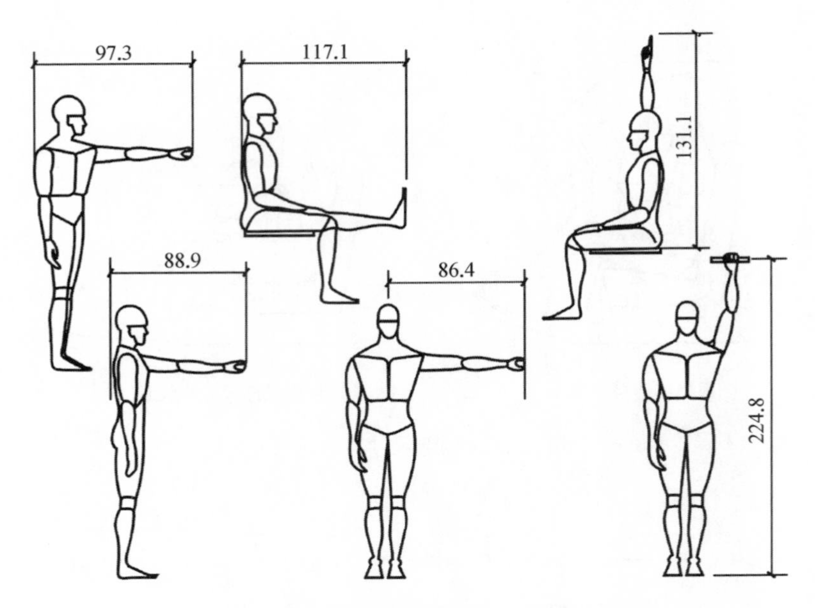

图 2-32　人体常用构造尺寸（单位：cm）

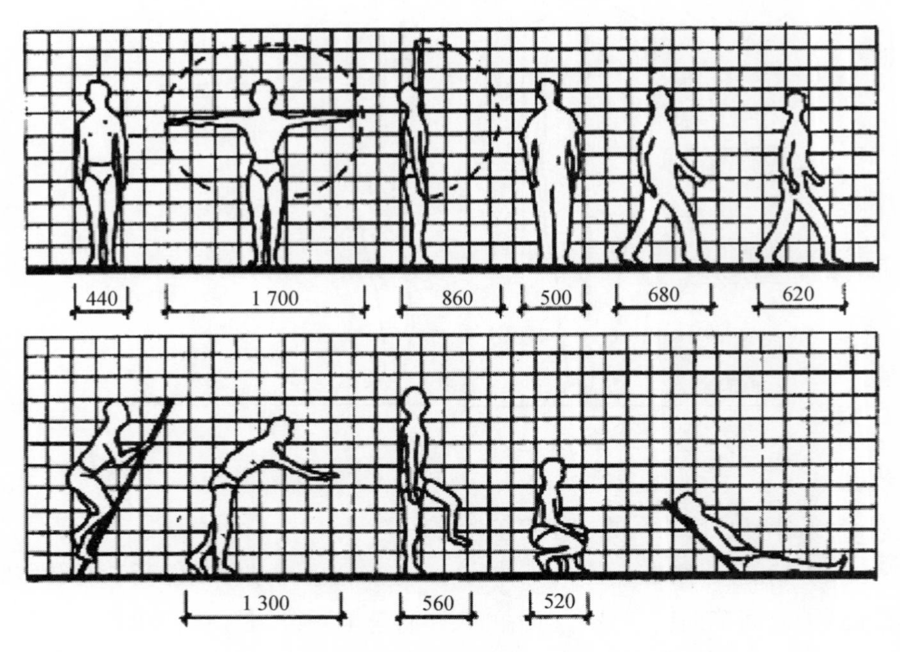

图 2-33　人体基本动作尺度（单位：mm）

范围、位置的问题很有用（见图2–33）。较常使用的有人体基本动作的尺度，按其工作性质和活动规律，可分为站立姿势、坐椅姿势、跪坐姿势和躺卧姿势。其中坐椅姿势包括依靠、高坐、矮坐、工作姿势、稍息姿势、休息姿势等；平坐姿势分为盘腿坐、蹲、单腿跪立、双膝跪立、直跪坐、爬行、跪端坐等；躺卧姿势分为俯伏撑卧、侧撑卧、仰卧等。

2.2.2 人体尺寸的差异

上述的人体尺寸是指平均尺寸，但是人体的尺寸因人而异，因此不能当作一个绝对的度量标准，我们还要了解人体的尺寸存在以下的差异：

（1）种族差异：不同的国家、不同的种族，由于地理环境、生活习惯、遗传特质的不同，从而导致人体尺寸的差异十分明显。身高从越南人的160.5 cm到比利时人的179.9 cm，高差竟达19.4 cm。中国成年男性标准身高169.22 cm，华东地区成年男子标准身高171.38 cm。

（2）世代差异：我们在过去100年中观察到的生长加快（加速度）是一个特别的问题，子女们一般比父母长得高，这个问题在总人口的身高平均值上也可以得到证实。欧洲的居民预计每10年身高增加10～14 mm。因此，若使用三四十年前的数据会导致相应的错误。

（3）年龄的差异：年龄造成的差异也很重要，体形随着年龄变化最为明显的时期是青少年期。一般来说，青年人比老年人身高高一些，老年人比青年人体重重一些。在进行某项设计时必须经常判断与年龄的关系，是否适用于不同的年龄。

（4）性别差异：3～10岁这一年龄阶段男女的差别极小，同一数值对两性均适用，两性身体尺寸的明显差别是从10岁开始的。一般女性的身高比男性低10 cm左右，但不能像习惯做法那样，把女性按较矮的男性来处理。调查表明，女性与身高相同的男性相比，身体比例是完全不同的，女性臀宽肩窄，躯干较男性为长，四肢较短，在设计中应注意到这些差别。

（5）残疾人：

① 乘轮椅患者：在设计中首先假定坐轮椅对四肢的活动没有影响，活动的程度接近正常人，而后，重要的是决定适当的手臂能够得到的距离和各种间距以及其他的一些尺寸，这些就必须要将人和轮椅一并考虑（见图2–34）。

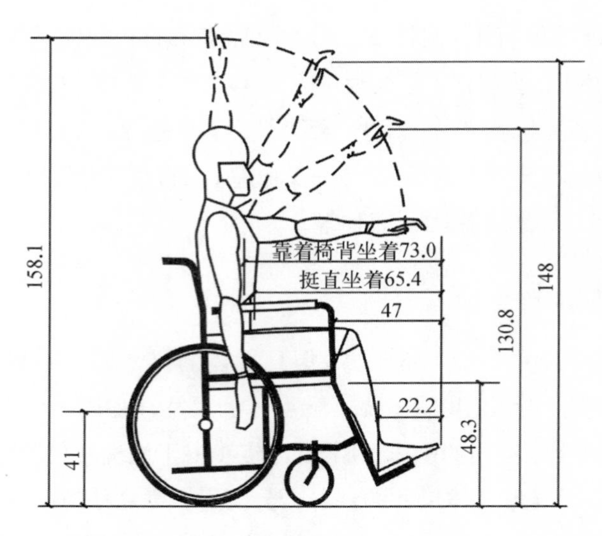

图 2–34　侧面乘轮椅的人体尺寸（单位：cm）

② 能走动的残疾人：对于能走动的残疾人而言，必须考虑他们是使用拐杖、手杖、助步车、支架，还是用狗帮助行走，这些都是病人功能需求的一部分。因而为了更人性化的设计，除了要知道一些人体测量数据之外，还应该把这些工具当作一个整体来考虑。

2.2.3　常用的人体、家具和建筑有关的尺寸

常用的人体、家具和建筑有关的尺寸如图2–35～图2–38所示。同学们可以通过自身的测绘和观察逐步掌握人体基本动作尺寸、人体活动所占空间尺度、人与桌、椅的尺寸等。同学还需要通过测绘了解人体尺度与建筑空间与设施的关系，如走廊、门窗、楼梯与浴卫等，更多的信息可以参考《建筑设计资料集（1）》。

从上述内容中可以看到，人体尺寸影响着我们活动和休息所需要的空间体积。当我们坐在椅子上，倚靠在护栏上或寄身于亭榭空间中时，空间形式和尺寸与人体尺寸的适应关系可以是静态的。而当我们步入建筑物大厅、走上楼梯或穿过建筑物的房间与厅堂时，这种适应关系则是动态的。因此我们必须明白空间还需要满足我们保持合适的社交距离的需要，以及帮助我们控制个人空间（见图2–39和图2–40）。

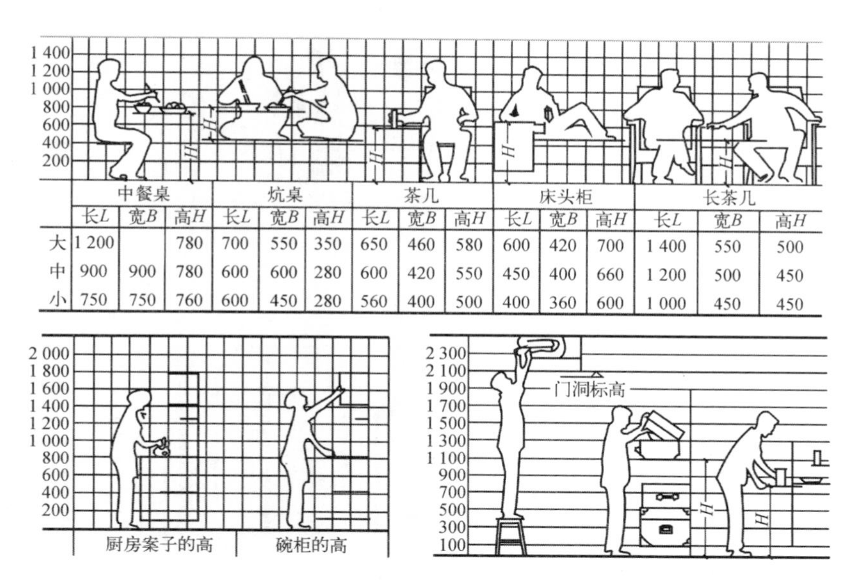

	中餐桌			炕桌			茶几			床头柜			长茶几		
	长L	宽B	高H	长L	宽B	高H	长L	宽B	高H	长L	宽B	高H	长L	宽B	高H
大	1 200		780	700	550	350	650	460	580	600	420	700	1 400	550	500
中	900	900	780	600	600	280	600	420	550	450	400	660	1 200	500	450
小	750	750	760	600	450	280	560	400	500	400	360	600	1 000	450	450

图2-35　常用尺寸（单位：mm）

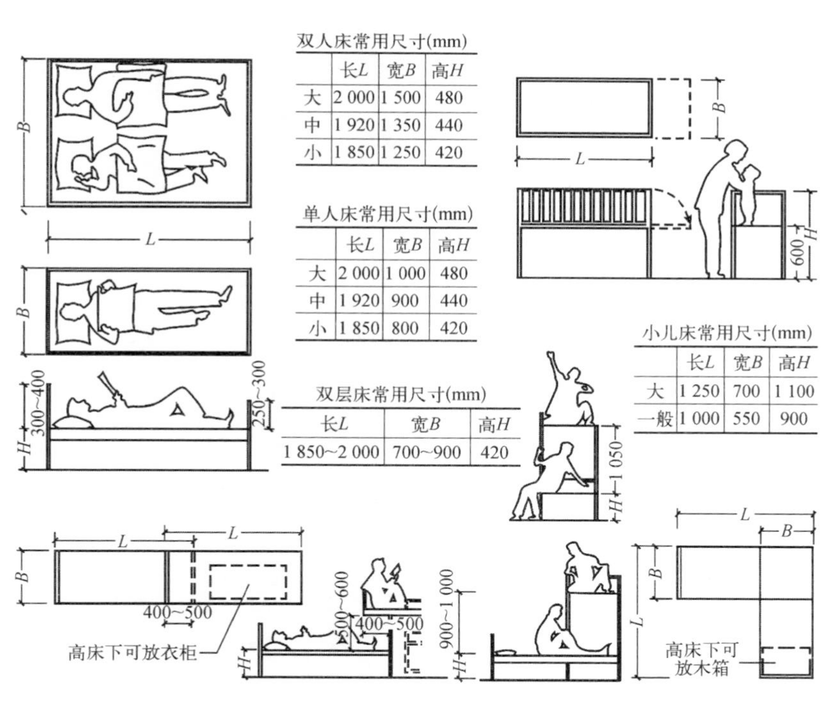

双人床常用尺寸(mm)

	长L	宽B	高H
大	2 000	1 500	480
中	1 920	1 350	440
小	1 850	1 250	420

单人床常用尺寸(mm)

	长L	宽B	高H
大	2 000	1 000	480
中	1 920	900	440
小	1 850	800	420

双层床常用尺寸(mm)

长L	宽B	高H
1 850~2 000	700~900	420

小儿床常用尺寸(mm)

	长L	宽B	高H
大	1 250	700	1 100
一般	1 000	550	900

图2-36　常用尺寸（单位：mm）

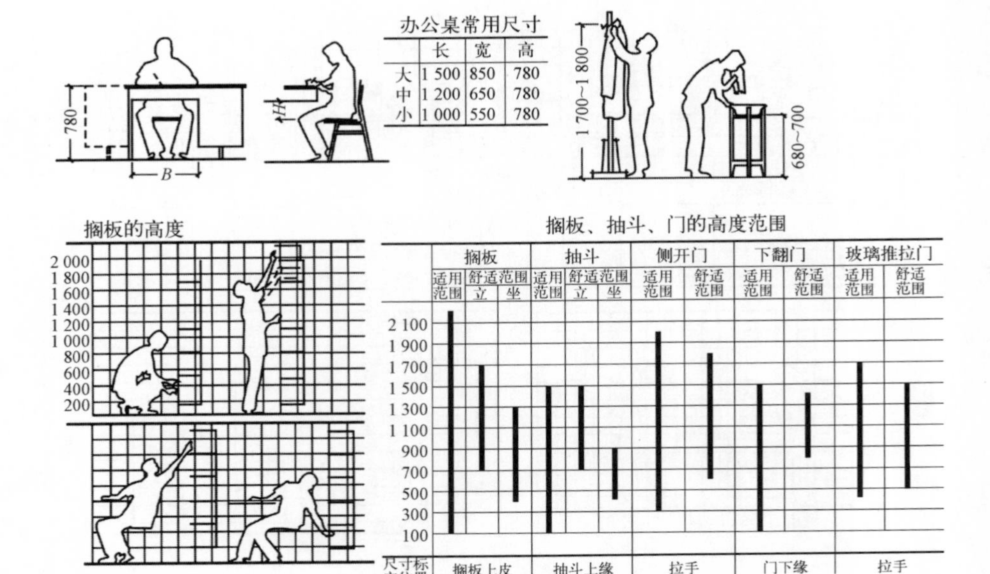

图2-37　常用尺寸（单位：mm）

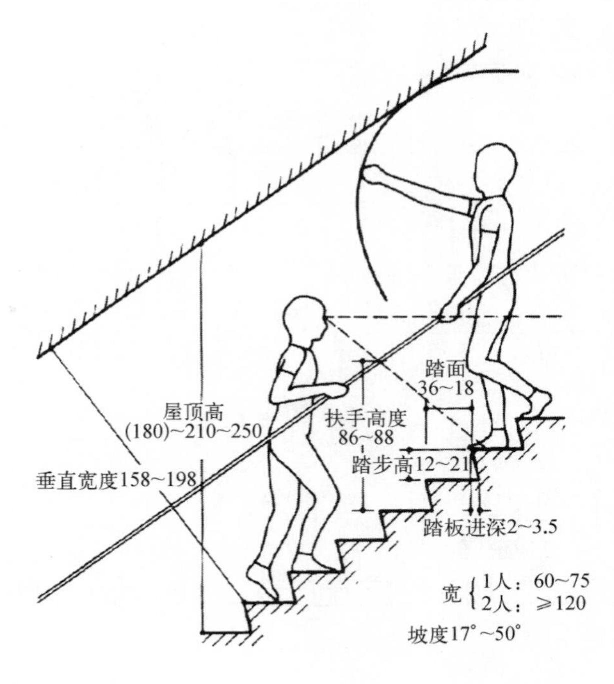

图2-38　楼梯功能尺寸（单位：cm）

图2–39　空间大小与社交距离

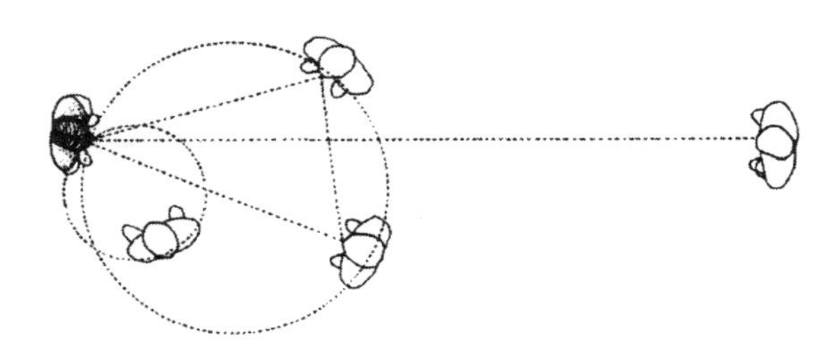

图2–40　动态空间中距离的远近

2.2.4　比例及比例系统

在了解空间的大小是与人体尺寸密切相关的基础上，我们还需要了解空间尺寸中一个部分与另一个部分或者与整体之间的关系，这种关系就是比例。比例不仅反映空间重要性的大小，还表明数量的大小与级别的高低。

如果一个空间需要40 m^2的面积，那么他应该具有什么样的尺度呢？长、宽、高的比例应该如何？当然空间的功能与空间中的行为特征会影响其形式与比例。如果是个正方形，其性质稳定，如果长度增加，将富于动态（见图2–41）。事实上我们对于建筑实际量度的感知，对于比例和尺度的感知，都不是准确无误的。透视和距离的误差以及文化的偏颇都会使我们感觉失真。例如：约70%的人心理知觉高度比实际的高度要高1/5左右。15～20 m^2的房间，天花板高低于230 cm时，人有压迫感，身高与高度的心理知觉似乎无相关关系，但身高越高，压迫感越大。

因此前辈们尝试着在视觉结构的各个要素之间建立秩序感与和谐感，形成了比例系统。在建筑形式与空间处理方面，比例系统不仅仅是功能与技术的决定因素，而是为其提供了一套美学理论。通过将建筑的各个局部归属于

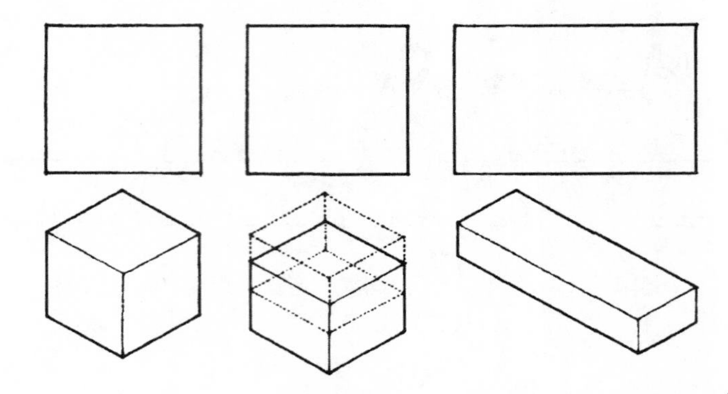

图2–41　长宽高比例不同的空间

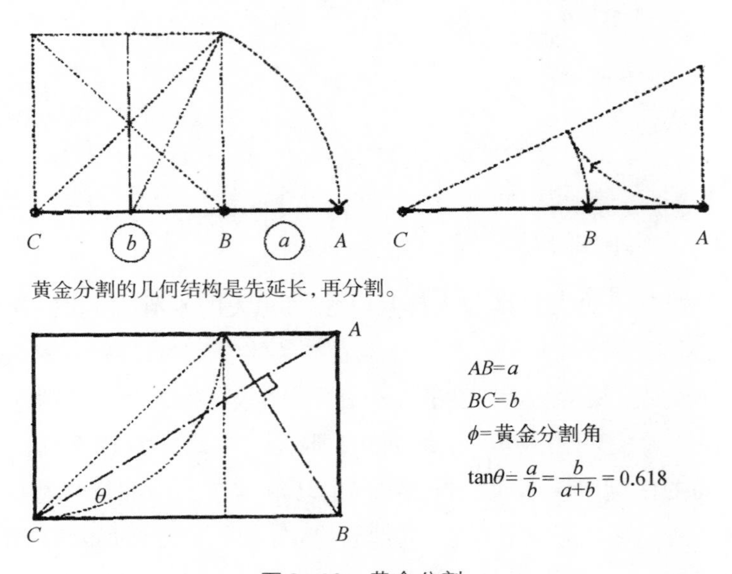

图2–42　黄金分割

同一比例的方法，比例系统可以使建筑设计中的众多要素具有视觉统一性。比例系统能够使空间序列具有秩序感，加强其连续性，还能在建筑的室内和室外的各个要素之间建立关系。

历史进程中，已经逐渐形成许多关于“理想”比例关系的理论。在各个历史时期，为设计指定一个比例系统，并传授其方法是人们共同的心愿。虽然，在不同的历史时期采用的比例系统不同，但是他们的基本原则以及设计者的价值却始终如一，那就是建立和谐感与秩序感。以下简要介绍3个重要的比例系统：

1）黄金分割比

黄金分割比的定义是：一条线被分为两段，两段的比值或者一个平面图形的两种尺寸之比，其中短段与长段的比值等于长段与二者之和的比值（见图2–42）。

边长比为黄金分割比的矩形，称为黄金矩形。如果在矩形内以短边为边做正方形，原矩形余下的部分将又是一个小的相似的黄金矩形。无限地重复这种做法，可以得到一个正方形和矩形的等级序列。在这种变化的过程中，每个局部不仅与整体相似，而且与其余部分相似（见图2–43）。

帕提农神庙的立面是一个黄金矩形，图2–44和图2–45分别表示了对其立面在划分时如何使用黄金分割比例的分析，从这两种分析中可以看到：虽然两个分析图开始的时候都是把该立面放在一个黄金矩形中，但是每张分析图证明黄金分割存在的方法却彼此不同，因而对正立面的尺寸、几个构件的分布等分析效果也不同，这是很有趣的。

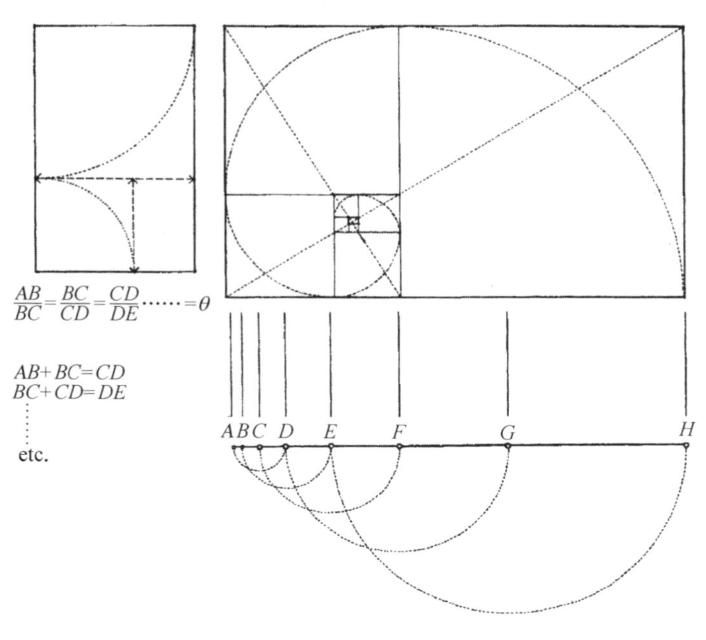

图2–43　黄金矩形

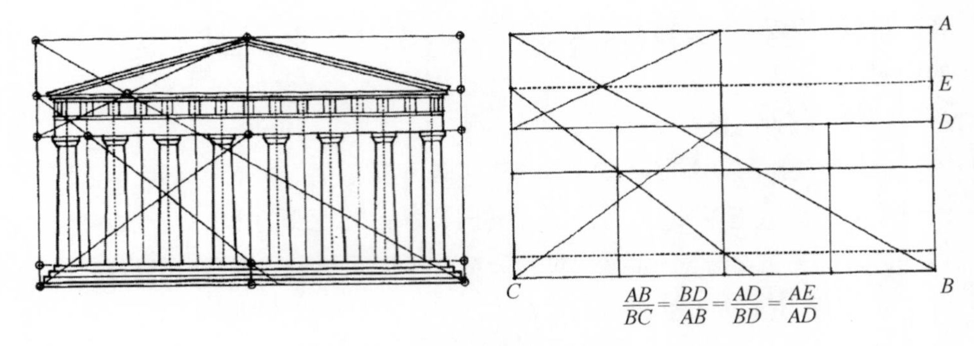

图2–44　帕提农神庙立面分析1

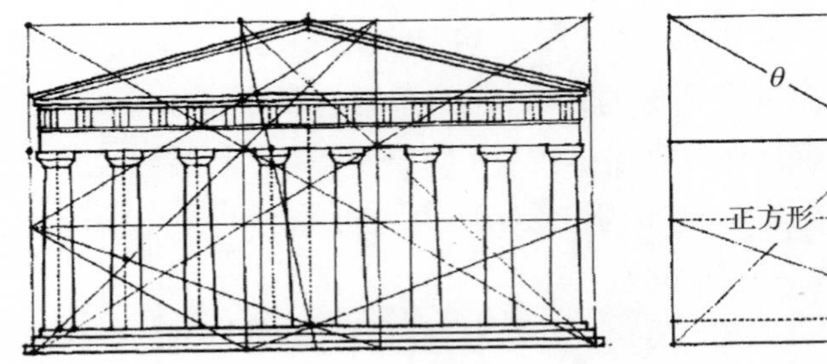

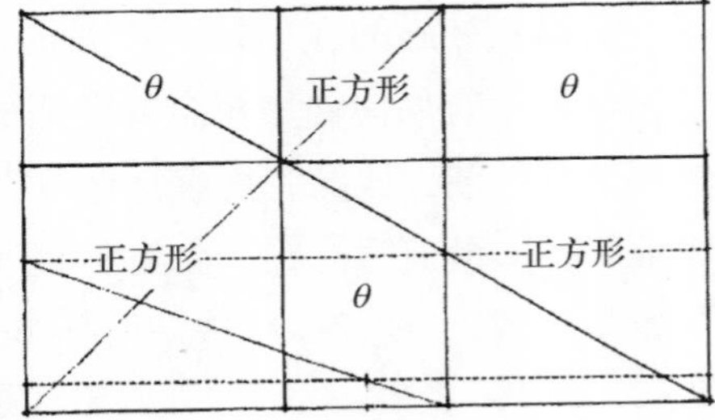

图2–45　帕提农神庙立面分析2

2）柱式

古希腊或罗马的古典柱式以及各部分的比例尽善尽美地体现了优美与和谐（见图2–46和图2–47）。柱径是基本的度量单位，柱身、柱头以及下面的柱础和上面的柱檐直到最小的细部都出自这个模数。柱间距，即柱与柱之间的距离系统，也同样以柱径为基础。这样做的目的是为了保证一栋建筑物所有的局部都成比例，并且互相协调。

3）模度尺

人体比例是指人体尺寸与比例的测量值。文艺复兴时期的建筑师把人体比例看作一个证明某些数学比值、反映宇宙和谐的证明。但人体的比例方法，寻求的不是抽象或象征意义的比值，而是在功能方面的比值。它们预言了这样的理论，即建筑的形式和空间不是人体的容器就是人体的延伸，因此建筑的形式与空间应该决定于人体的尺寸。

图2–46　柱式

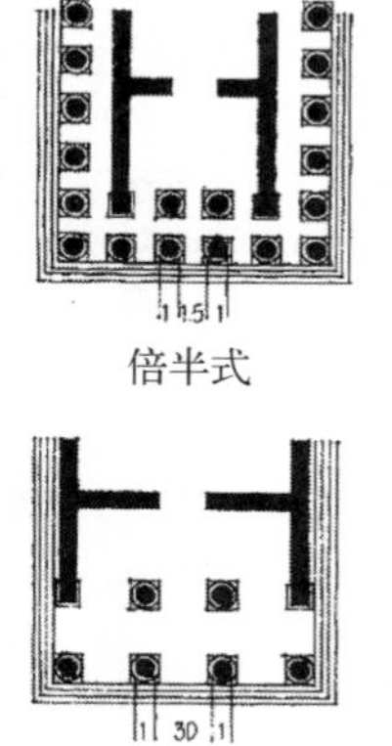

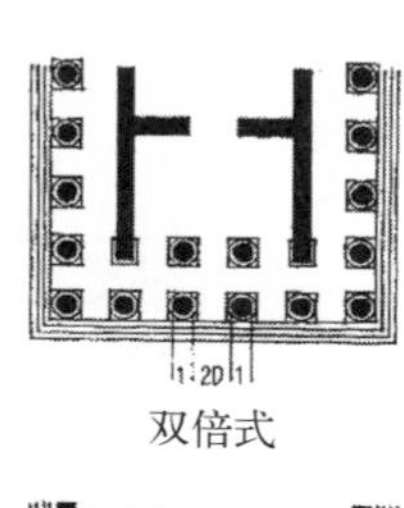

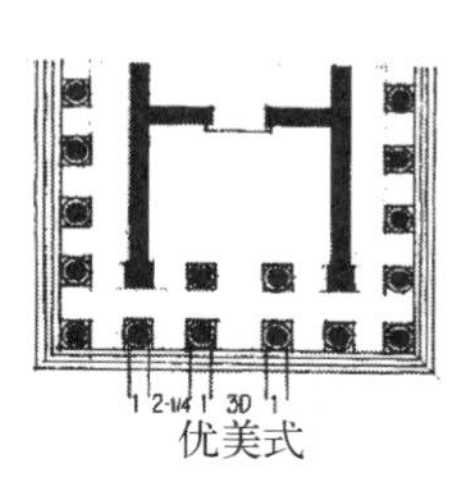

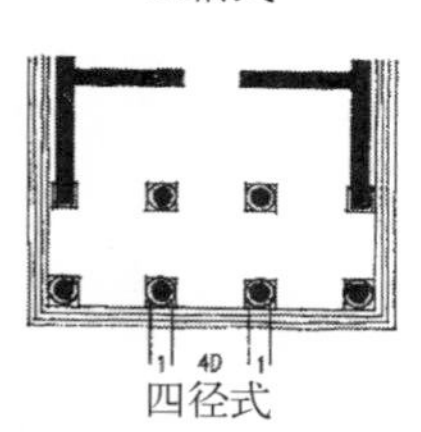

图2–47
根据柱距分类的庙宇

人的感觉是勒·柯布西耶最重视的主题，他创建了一个比例系统——模度尺，用于确定“容纳与被容纳物体的尺寸”，并严格标注了人坐、行、起立的各个高度、幅度的尺寸。他把希腊人、埃及人以及其他高度文明的社会所用的度量工具视为“无比的丰富与微妙，因为他们造就了人体数学的一部分，优美、高雅，并且坚实有力；是动人心弦的和谐之源”。因此，勒·柯布西耶将他的度量工具——模度尺，建立在数学（黄金分割的美学度量和斐波那契数列）和人体比例（功能尺寸）的基础上。柯布西耶的研究始于1942年，1948年发表了《模度尺——广泛用于建筑和机械之中的人体尺度的和谐度量标准》，第二卷《模度尺Ⅱ》于1945年出版。

模度尺的基本网格由3个尺寸构成（见图2–48）：113 cm、70 cm、43 cm，按黄金分割划分比例：

$$43+70=113$$

$$113+70=183$$

$$113+70+43=226\ (2\times 113)$$

113 cm、183 cm、226 cm确定了人体所占的空间（见图2–49）。在113 cm与226 cm之间，柯布西耶还创造了红尺与蓝尺，用以缩小与人体高度有关的尺寸等级（见图2–50）。

柯布西耶不仅将模度尺看成一系列具有内在的和谐数字，而且是一个度量体系，它支配着一切长度、表面和体积，并“在任何地方都保持着人体尺度”。它“是无穷组合的助手，确保了变化中的统一”。柯布西耶用这些

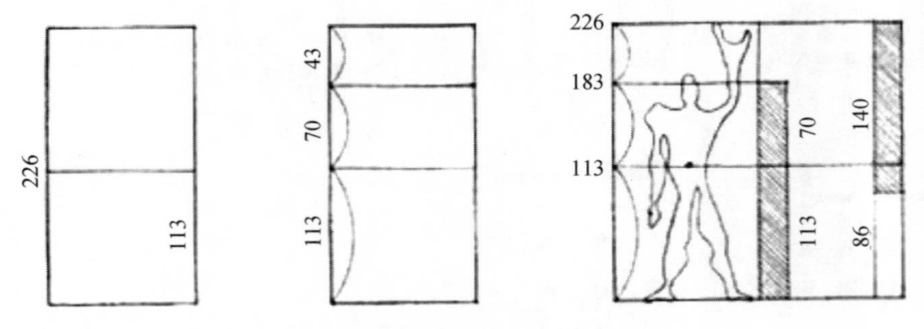

图2–48　柯布西耶模度尺的基本尺寸（单位：cm）

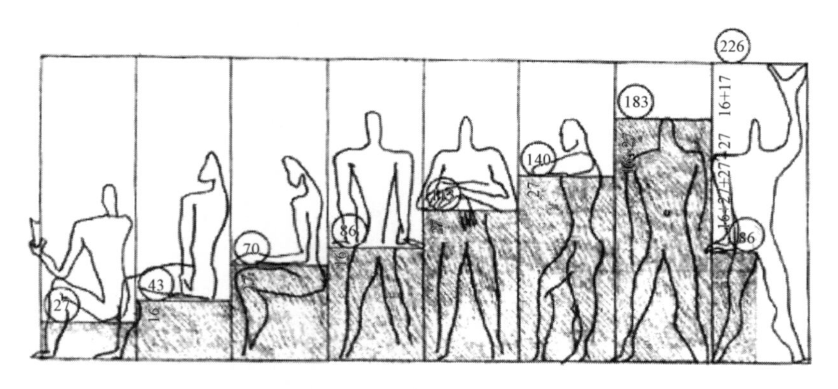

图2-49　柯布西耶分析的人体所占空间尺度（单位：cm）

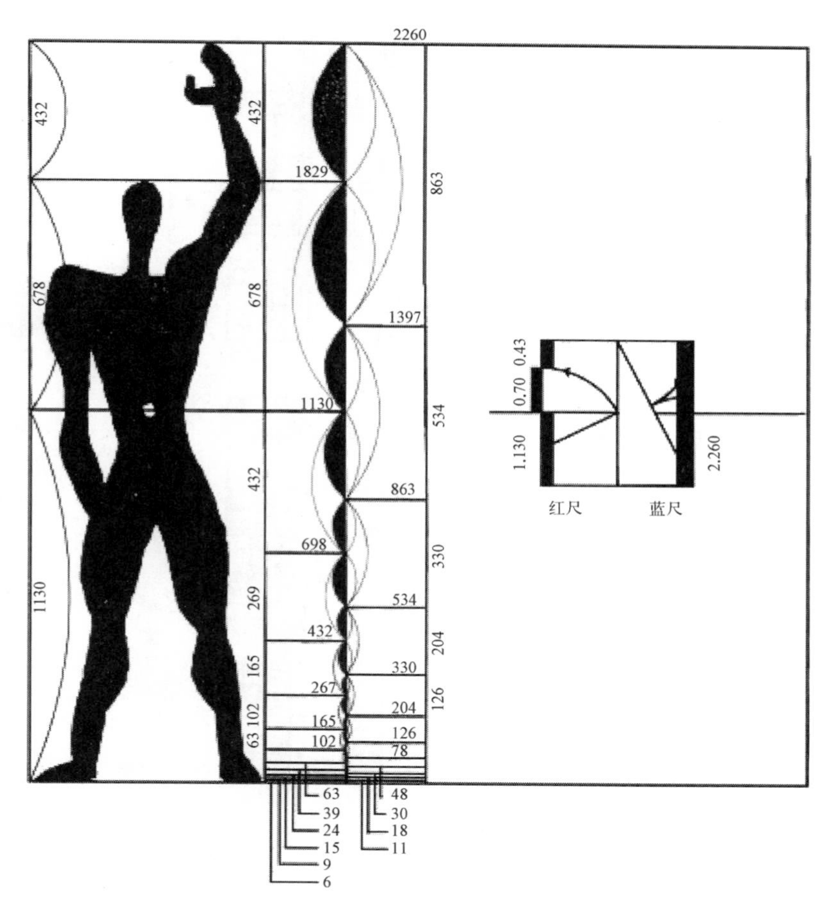

图2-50　红尺与蓝尺（单位：cm）

图表说明采用模度比例能够得到的板材尺寸与表面的多样性（见图2–51和图2–52）。

柯布西耶运用模度尺的典型作品是马赛的公寓大楼。它采用了15种模度尺的尺寸，将人体尺度运用到一个长140 m，宽24 m，高70 m的建筑物中（见图2–53～图2–58）。

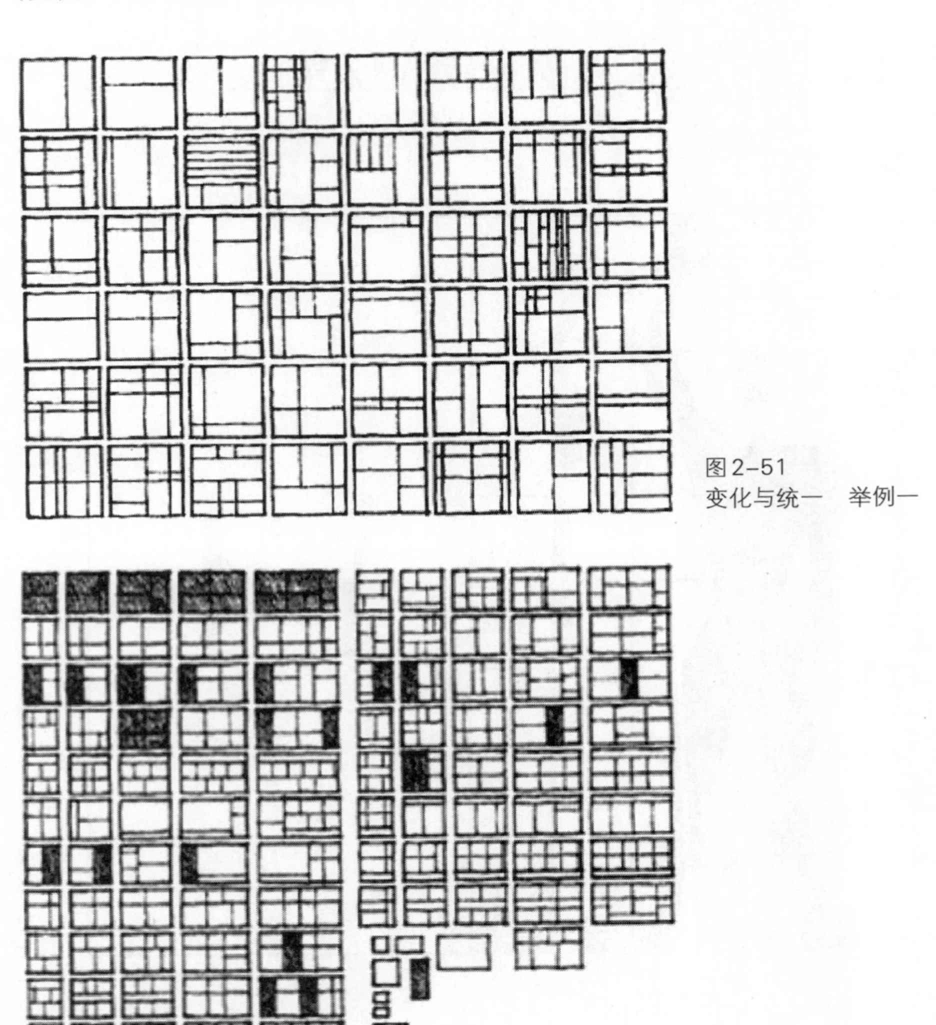

图2–51
变化与统一　举例一

图2–52
变化与统一　举例二

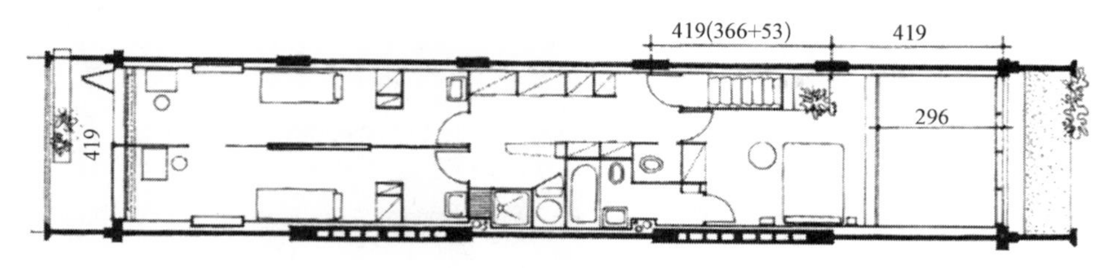

图2–53　马赛公寓平面图（单位：cm）

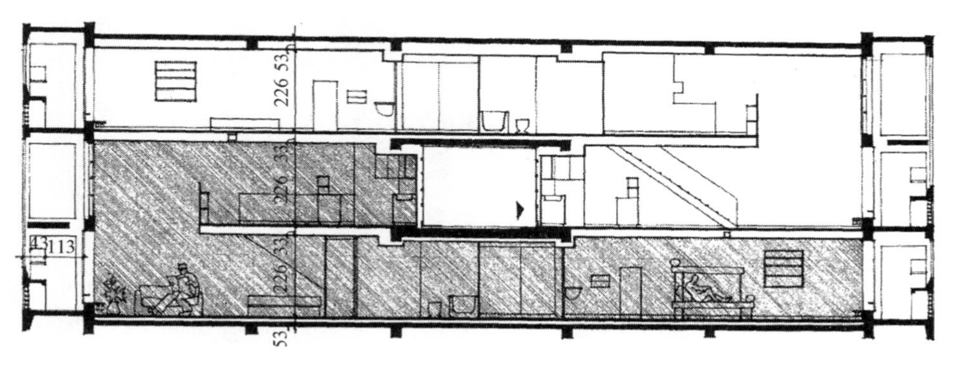

图2–54　马赛公寓剖面图（单位：cm）

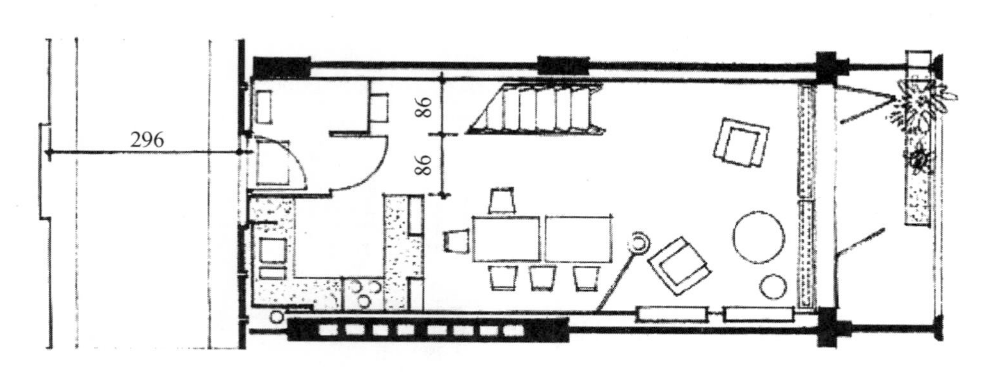

图2–55　马赛公寓单元平面（单位：cm）

图2-56　马赛公寓外立面

图2-57　马赛公寓走廊

图2-58　“module originale”保留了原初设施、家具陈设及颜色配置

2.2.5 尺度

比例是关于形式或空间中的各种尺寸之间有一套秩序化的数学关系，而尺度则是指我们如何观察和判断一个物体与其他物体相比而言的大小，是指某物比照参考标准或其他物体大小时的尺寸。因此，在处理尺度的问题的时候，我们总是把一个东西与另一个东西相比较。

对建筑师而言视觉尺度是非常重要的，它不是指物品的实际尺寸，而是指某物与其他正常尺寸或环境中其他物品的尺寸相比较时，看上去是大还是小（见图2–59）。

当我们说某物尺度较小时，我们通常是指该物看上去比通常尺寸小。同样，某物尺度大，则是因为它看上去比正常尺寸或预想的尺寸大。当我们谈到某一方案的规模是以城市为背景时，我们所说的就是城市尺度；当我们判断一栋房屋是否适合它所在的城市位置时，我们所说的是邻里尺度；当我们注重沿街要素的相对大小时，我们所说的就是街道尺度。关于一栋建筑的尺度，所有的要素，无论它是多么平常或不重要，都具有确定的尺寸。其量度或许已被生产商提前决定，或许它们是设计师从众多选择中挑选而来的。无论如何，我们是在与作品的其他局部或整体的比较中观察各个要素的。例如，建筑的立面上窗户的大小和比例，在视觉上与其他窗户以及窗户之间的空间和立面的整个大小相关，他们就形成了一种尺度。然而如果有一个窗户比其

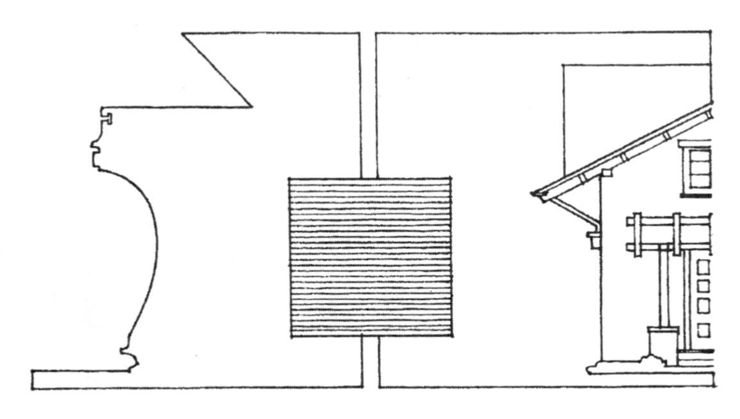

图2–59　这个正方形是大，还是小

他窗户大，它将在立面构成中产生另外一个尺度。尺度间的跳跃可以表明窗户背后空间的大小和重要性，或者它可以改变我们对于其他窗户大小的感知，或者改变我们对于立面总体尺寸的感知（见图2–60）。

许多建筑要素的尺寸和特点是我们熟知的，因而能帮助我们衡量周围其他要素的大小。例如住宅的窗户单元和门口能使我们想象出房子有多大，有多少层；楼梯或某些模数化的材料，如砖或混凝土块能帮助我们度量空间的尺度。正是因为这些要素为人们所熟悉，因此，这些要素如果过大，也能有意

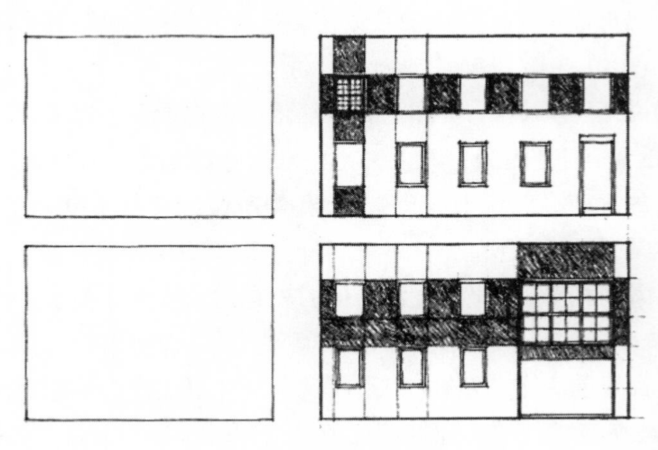

图2–60　窗的尺度

图2–61　建筑要素的尺寸与空间的感知

识地用来改变我们对于建筑形体或空间大小的感知（见图2–61）。

有些建筑物和空间有两种或多种尺度同时发挥作用。弗吉尼亚大学图书馆的入口门廊，模仿罗马万神庙，它决定了整个建筑形式的尺度，同时门廊后面入口和窗户的尺度则适合建筑内部空间的尺寸（见图2–62）。

兰斯大教堂向后退缩的入口门拱是以立面的尺寸为尺度的，而且在很远的地方就能看到和辨认出进入教堂内部空间的入口。但是，当我们走近时就会发现，实际的入口只不过是巨大的门拱里的一些简单的门，而这些门是以我们本身的尺寸，即人体尺度为尺度的（见图2–63）。

在建筑中，人体的尺度是建立在人体尺寸和比例的基础上的。在上述章节中曾提到，由于人体的尺寸因人而异，因此不能当作一种绝对的度量标准。但是我们可以伸出手臂，接触墙壁来度量一个空间的宽度。同样，如果伸手能触及头上屋顶，我们也能得出它的高度。一旦我们鞭长莫及做不到这些时，就得依靠视觉而不是触觉来得到空间的尺度感。

为了得到这些线索，我们可以利用那些具有人文意义的要素，这些要素的量度与我们的姿态、步伐、臂展或拥抱等人体量度有关。一张桌子或一把椅子、楼梯的踢面或踏面、窗台、门上的过梁等，这些要素不仅可以帮助我们判断空间的大小，还可以使空间具有人的尺度（见图2–64）。

图2–62　弗吉尼亚大学图书馆

图2–63　兰斯大教堂

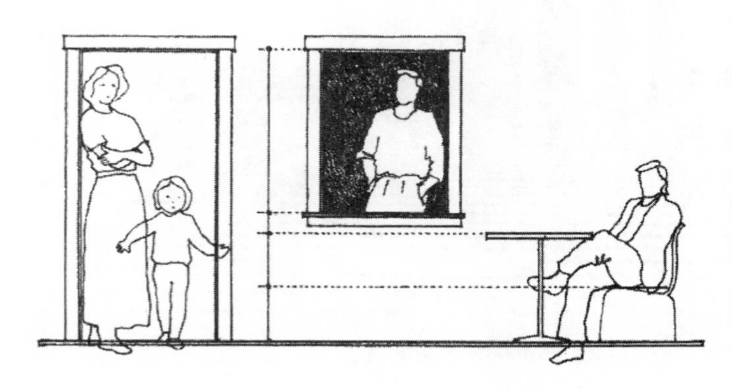

图2–64　建筑基本要素的量度

相比之下，具有纪念性尺度的东西使我们感到渺小，而尺度亲切的空间则使我们感到舒适，能够控制或营造非常重要的气氛。在大型旅馆的休息厅里，将桌子和休息座椅布置得具有亲近感会使空间具有开阔的感觉，同时在大厅中划分出舒适的、具有人体尺度的区域。通向二层阳台或阁楼的楼梯会使我们领悟房间的垂直量度（见图2–65），并且暗示了人的存在。一堵空白墙上的窗户使人联想到窗内的空间，并产生有人居住的印象。

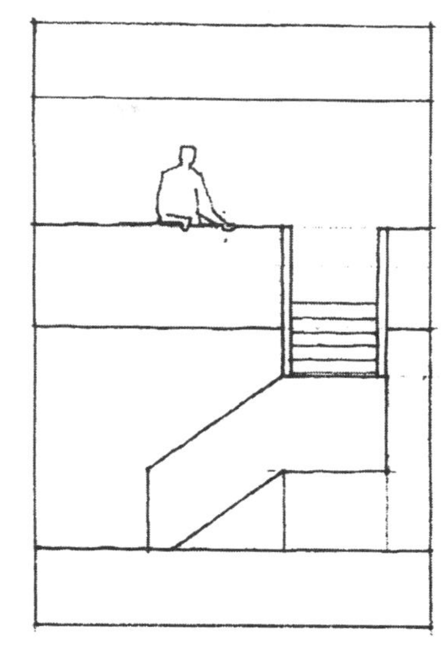

图2–65 房间的垂直度量

在房间的3个量度中，与长度和宽度相比，高度对房间尺度的影响更大一些。房间的墙壁起着围合的作用，而头上的顶棚高度则决定了房间的保护性和亲切性。同样大小的房间，抬高屋顶的高度比增加其宽度所产生的效果更明显，并且对房间的尺度影响大得多（见图2–66）。对于大多数人来说，3.6 × 4.8 m的房间采用2.8 m净高是令人舒服的，而15 × 15 m的空间也用2.8 m高的屋顶就会感到压抑。影响房间的垂直量度的因素还包括：房间表面的形状、色彩、图案，门窗开洞的形状与位置，以及房间中物品的尺度和性质（见图2–67）。

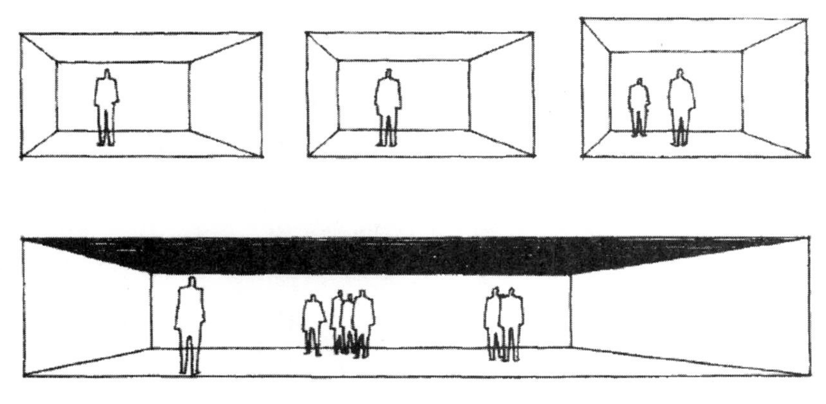

图2–66 房间的垂直量度与房间的高宽比例

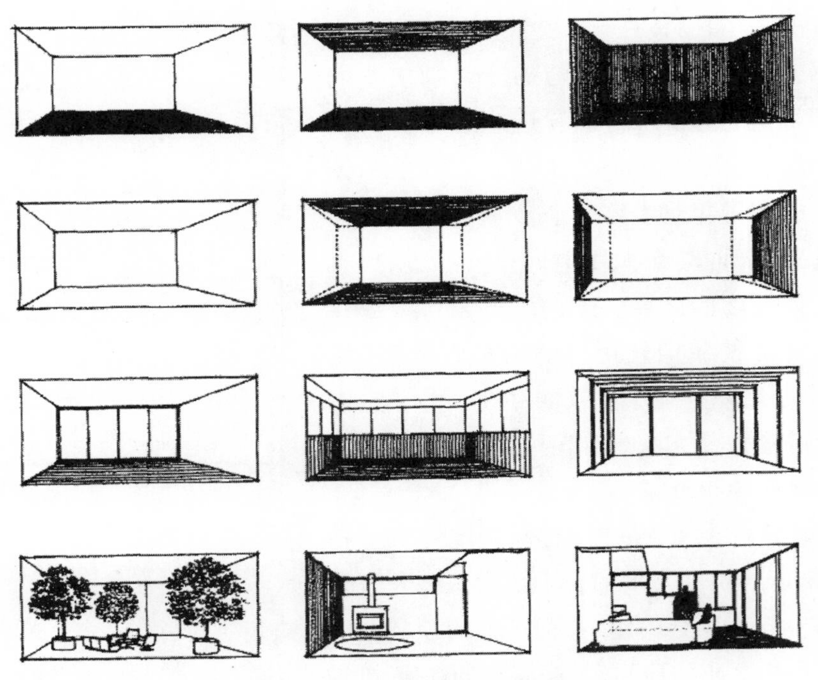

图2-67　房间的垂直量度及其影响因素

2.3　环境认知

环境就是被围绕、被包围的境域，或者理解为围绕着某个物体以外的条件。一般而言，我们所说的是人类的居住环境，就是包围我们的周围的一切事物的总和。当我们身边的环境能用一个画面来展示，就形成了视觉意义上的“景观”概念，或者我们更愿意称之为“风景”。

2.3.1　环境的分类

（1）自然环境，亦称地理环境，是指环绕于人类周围的自然界，它包括大气、水、土壤、生物和各种矿物资源等。图2-68和图2-69是典型的自然环境。

（2）人工环境，是人类居住的人工构成部分，即由人类直接或间接参与创造而产生的物体、现象和空间环境。如建筑物（包括内部和外部），构筑物，环境小品，城镇，风景区等（见图2–70和图2–71）。

（3）半自然半人工环境，外部空间中既有自然生成的环境，又有人工构成部分的集合体，是被改造了的自然环境。如森林公园、中式园林等（见图2–72）。

在建筑外部空间环境课题中，我们主要关注和讨论的是人工环境，即是分析人工构建的建筑外部空间。

图2–68　黄山云雾

图2–69　美国亚利桑那州大峡谷

图2–70　宁波城隍庙街区

图2–71　宁波东门口城市景观

图2-72　宁波月湖公园

2.3.2　环境的主题

主题就是对于一个环境空间，我们想要表达一个什么样的主旨和意图。主题的性格决定了该环境空间的性格。它可以是纪念的、幽默的、活泼的、规整的、自由的……

比如南京中山陵外部空间的设计就充分表达了其纪念性的意义（见图2-73～图2-75）。

图2-73　南京中山陵

图2-74　宁波鄞州公园，自由休闲的景观

图2–75　宁波鄞州公园鸟瞰

2.3.3　环境的形态

任何一个环境都可以从3个层次去观察和分析，大范围的城市更是如此。

1）肌理

人类从聚居活动开始，在大自然的土地上最基本的行为活动就是路径和住所。形成城市时，错综复杂的道路网与聚居体就形成了它在城市地面的肌理组织，反映了城市地面和立体空间的状态，并反映城市新旧更替和发展开拓的过程。研究肌理特征，有助于了解城市最基本的特点，这是一种人为的地貌。城市是社会组成，所从事的建造活动一旦建成就难以变更。在物质特征以外，它所产生的社会形态及住所行为就显得尤为重要，“人创造环境，环境影响人”亦由此开始（见图2–76）。

2）结构

这里所指的是城市各功能区，城市内外交通的干线“轴”所组织的形态特征。它组成城市的骨架，成为城市中人们交通、活动、通讯、排水、供水、供气等重要的构架形态，它在形，即在以干道为主体所形成的城市骨架中，好比肌理是人的皮肤和肉，而结构则是人体骨骼和血脉（见图2–77）。

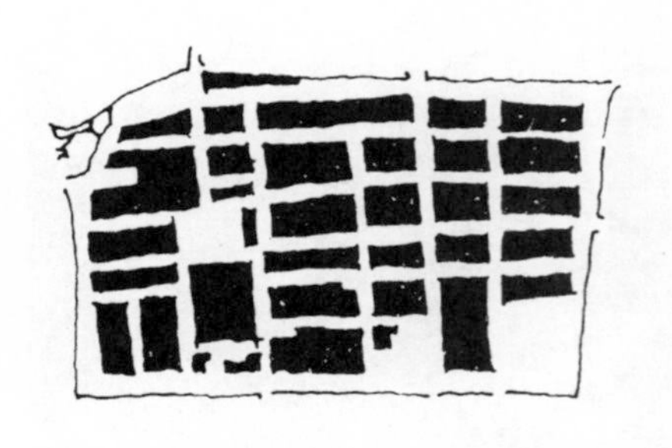
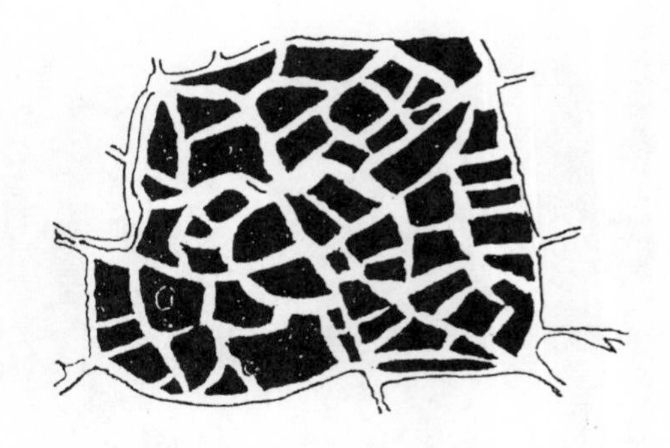

图 2–76　城市肌理（左：法国艾格德城，右：意大利乌迪内城）

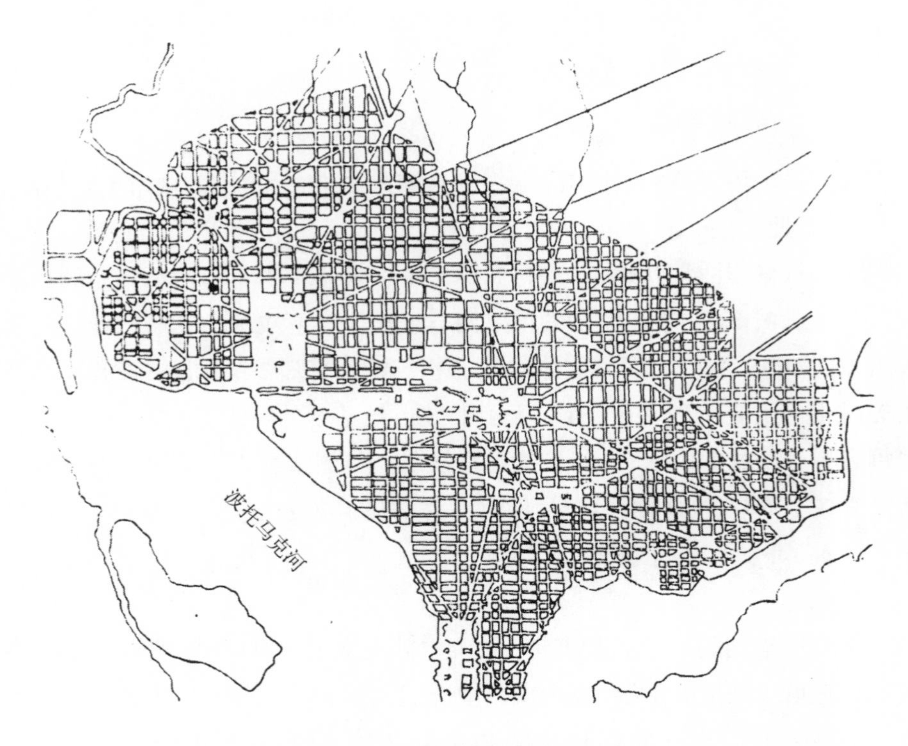

图 2–77　美国华盛顿的城市结构

图2-78　泰国海滨城市景观

3）形态

城市的形态是统称，也是具体的形象特征，它包含着肌理和结构状态，又以其形显示城市的特色（见图2-78）。它是一种综合的城市现状状态，是我们分析城市必要的特殊手段。进一步的分析，有以下层次：

城市的肌理——城市的肌理结构；

城市的结构——城市的结构形态；

城市的形态——城市的体系形态。

2.3.4　设计思维的点、线、面

如前所述，人类的聚居点最早是通过增加处所形成，它形成了城市的肌理、结构状态和城市的形态。城市是社会的聚居，我们必须从点、线、面3个方面来探讨城市的设计工作。从而理解设计师的工作方法，这有利于我们研究所处的城市环境。

点、线、面三者相辅相成，是相对关系的层面。一组建筑群对城市来说是个“点”，而相对于单幢建筑又是一个面，街道是城市中的线，而若干线组

合又是一个面。所以在不同层次关系上有不同理解，我们就是要针对不同地段、不同特点、不同层次上来分析和研究环境。

点指单幢建筑，或一主题建筑附属若干辅助设施，或城市中有标志性的构筑物（如桥头堡、贮气罐、电视塔、纪念物、城标等）（见图2–79）。

线指城市的街道（主要指城市中心地段的街道及有艺术要求的街巷）、河湖基线、沿江沿海岸线所组成的群体，以及由建筑轴线形成的景观线等（见图2–80和图2–81）。

图2–79　宁波南部商务区建筑群模型，其中最高建筑为目前宁波地标建筑“宁波商会”

图2–80　杭州河坊街景观

图2–81　云南丽江老街

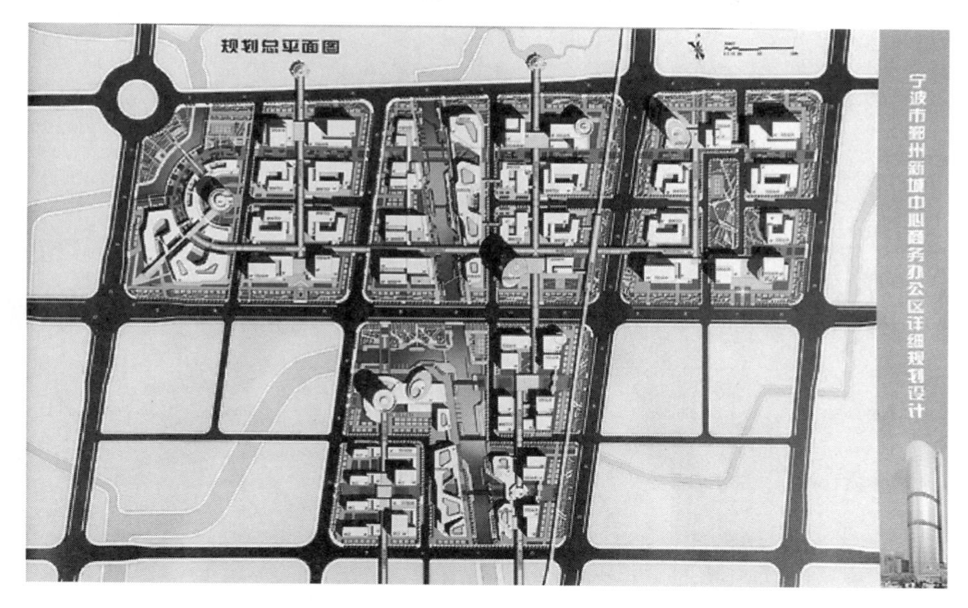

图 2–82　宁波南部商务区规划总平面图

面指城市总的用地、区段的用地、小区用地、绿地块、公共群体块、城镇聚居点的面，城市旧区改造的面与新区开发之间的关系等（见图 2–82）。

2.3.5　环境认知的内容

环境认知中我们需要着重探讨以下几个方面的内容：

结构关系：主要指用地内道路骨架的结构组织；城市形态的结构组织；群体内的结构关系（指通径与建筑）；单体的结构关系，即由外向内的一处通径；建筑的系统关系是指组织结构研究地段的现在、过去和将来的关系。分析其功能性质的变化，这是时空结构；分析建筑文化在文脉上的种种关系，这是文脉结构。从体型和建筑构成界面上去分析，都是结构状态的分析（见图 2–83 和图 2–84）。

流线活动：这里主要指交通活动和人的行为活动及其与环境的影响，即从地域上分析主次干道交通、人的步行活动（动态和静态的、习惯和风俗性的群众活动）以及交通、公共、商业文化性的活动，分析活动特点与规律，研

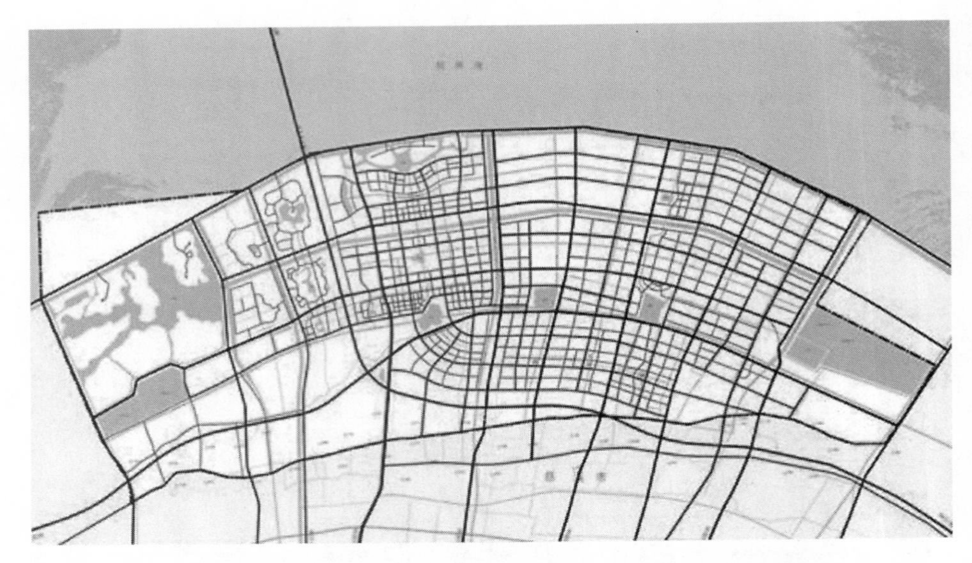

图2-83　宁波杭州湾新区规划（2010—2030）综合交通规划图

图2-84　绍兴市区图

究人车分流、人的流通和交通道路的关系等。

形象符号：它是人的视觉活动识别的符号，符号语言使人达到认知。这种形象符号是三度的，从路径的地面、建筑的界面、建筑的形体、特殊的形象特征、自然环境的特征中均能产生符号形象。会引起人们的联想，记忆和比较。

层次空间：人的社会活动在不同场所是分层次的，一个城市有市级、区级、小区级、地段（街坊、组团）的构成。活动行为有公共的、半公共的、私密的，它与场合、人的行为心理有密切的关系。人的行为活动

图2–85　云南丽江河道两侧的多彩“灰空间”

影响空间的布局，而客观的空间形成又制约了人的活动。在同一建筑形体构成的空间范围内又划分成若干次要的活动空间，可称之为“次空间”，有的学者称之为“过渡空间”、“灰空间”等，次空间可由一个面（墙面、屋盖等）组成（见图2–85）。

2.3.6　两种典型的城市结构

从城市空间结构来看，我国北方城市与南方城市格局具有极大的差异。

成书于春秋战国之际的《周礼·考工记》记述了关于周代王城建设的空间布局：“匠人营国，方九里，旁三门。国中九经九纬，经涂九轨。左祖右社，面朝后市。市朝一夫。”（见图2–86和图2–87）

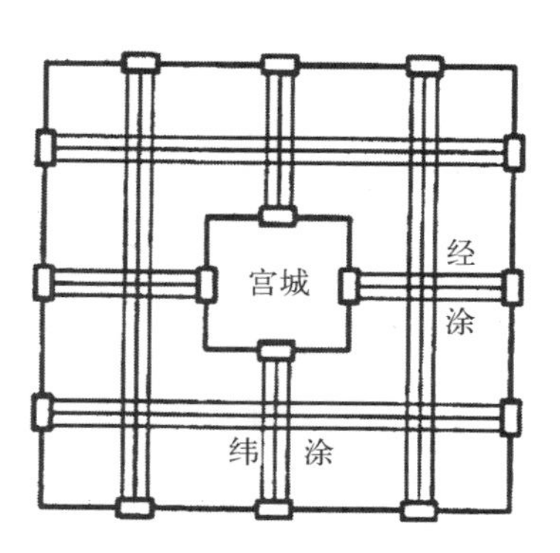

图2–86　周代王城建设的空间布局

而南方城市大多由于自然地形的特点决定了其城市格局沿山势或河网而变，具有天然

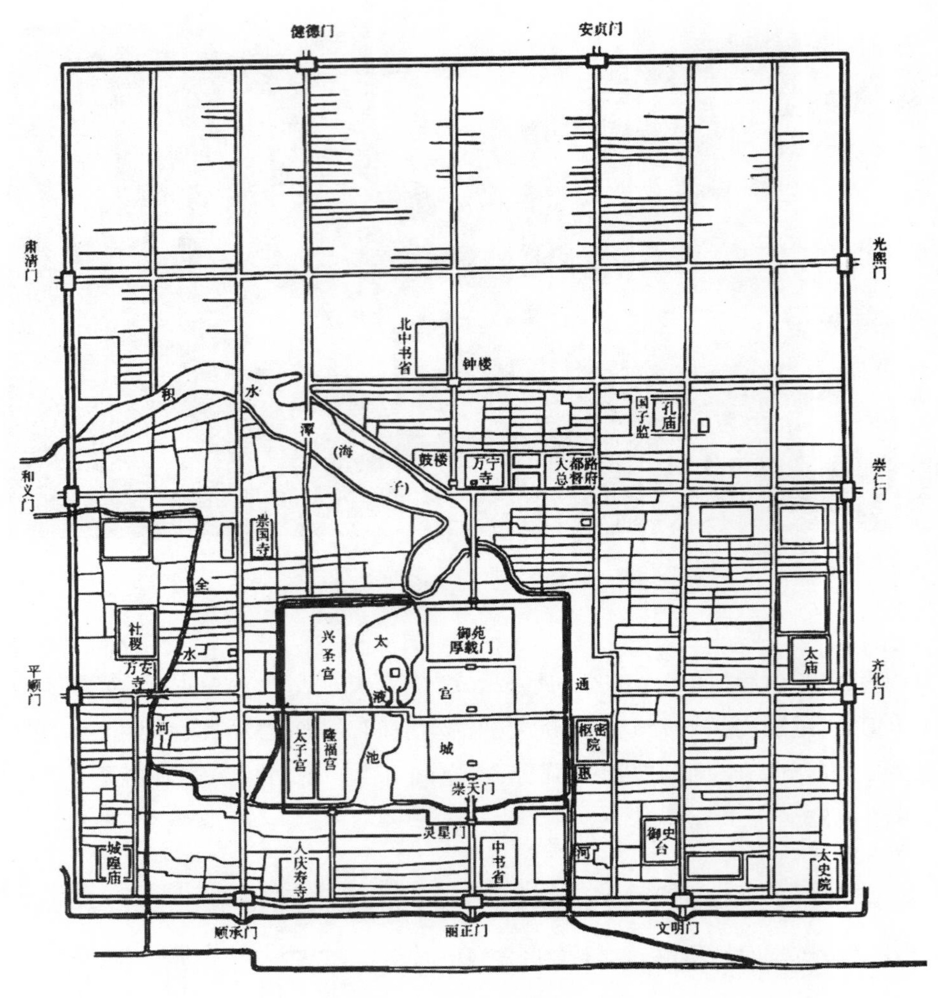

图2–87　元大都复原图

有机的形态。

从江南水乡到从四川平原及珠江三角洲等几个大江入海的三角洲和汇水地带来看，其中几个冲积平原有许多的小河，这里农业发达，土地肥沃，城镇、村镇密布，许许多多的小镇都是沿河道而发展、延伸，就像生物学中的阿米巴虫一样，它们贴着河边在发展运行。以江南名镇同里为例，在古代这里是河网密布的地段，集镇沿河自然形成一团，而近代同里镇是呈带状沿河发展，其形

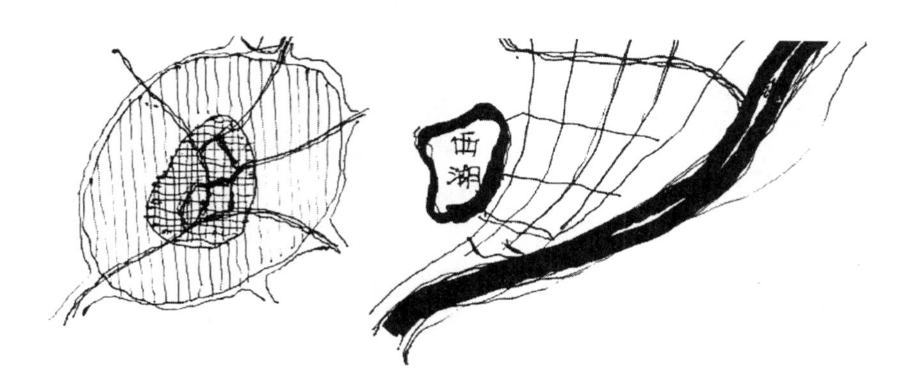

图2–88　德国小镇努尔德林根及杭州市平面示意图

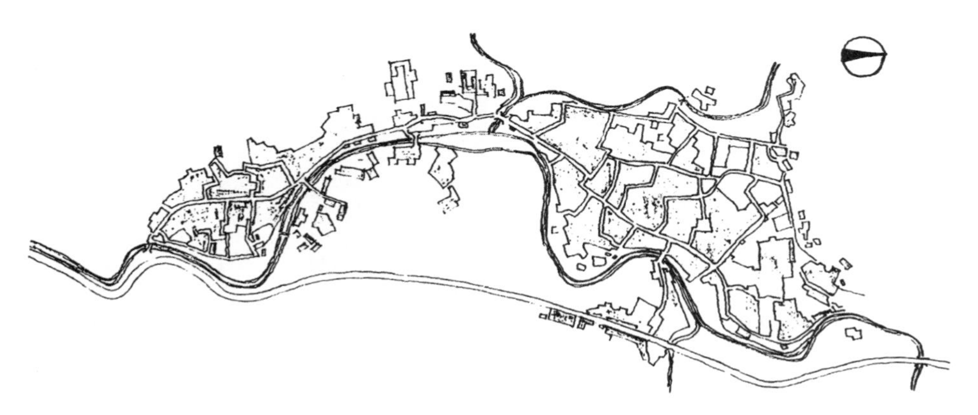

图2–89　浙江江山市廿八都镇平面，主要路网呈“鱼骨形”

成最主要原因是舟楫的通道，即沿着交通道而发展，每家每户的船只都有自己的停泊位。河网的交织，小桥流水人家就成为一幅幅描绘江南水景的画面（见图2–88和图2–89）。

2.3.7　基于图形背景的研究

对“形”的认识是依赖于其周围环境的关系而产生的。它指的是：人们在观察某一范围时，把部分要素突出作为图形，而把其余部分作为背景的视觉方式。“图”指的就是我们看到的“形”，“底”就是“图”的背景。

图底关系对于强调主体、重点有重要的意义（见图2–90）。

图2-90 鲁宾杯图

了解了这个规律，我们就能把需要突出强调的部分安排为“图”，把不需要强调的部分安排成“底”。图底反转是图底关系的一种特殊情况，此时，“图”和“底”都可能成为关注的焦点，在构成处理中须小心。

什么样的图底关系能形成图形呢？主要有如下几种情况：

（1）居于视野中央者；

（2）水平、垂直方向的形较斜向的形更容易形成图形；

（3）被包围的领域；

（4）较小的形比较大的形容易形成图形；

（5）异质的形较同质的形容易形成图形；

（6）对比的形较非对比的形容易形成图形；

（7）群化的形态；

（8）曾经有过体验的形体容易形成图形；

应当指出的是：图底关系并非是仅仅存在于平面构成中的现象，它指的是广泛意义上的图形和周围背景的关系，它反映了人们如何认识图形和背景的规律。

2.3.8 空间表现方法的探索

我们已经知道建筑史和艺术史上最常用的表现建筑的方法包括平面图、立面图和照片。这些表现方法不论单独还是结合起来，都不可能将建筑空间完整地表现出来。但由于还没有完全令人满意的表现方法，我们只能致力于研究现有的表现技法以求提高其表现力。

我们仅从平面图来看，平面图是一种完全脱离建筑物实际效果的抽象图案。不管如何有缺陷，仍然是我们要整体地评价一个建筑机体极其重要的图样。

我们可举米开朗琪罗给罗马圣彼得大教堂作的平面设计为例。许多书中刊印的都是波南尼画的平面图（见图2–91），但这是否是表现米开朗琪罗空间概念的最适当的表现方法？

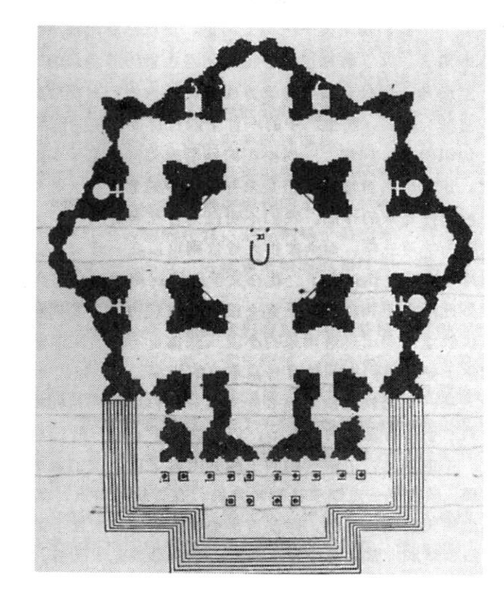

图2–91 米开朗琪罗设计的圣彼得大教堂平面图（波南尼绘）

在建筑教育上，某些绘图上的概括画法无疑是必要的，整体总应先于剖析，结构总要先于装修，空间总要先于装饰。为使外行看懂米开朗琪罗设计的平面图，这个评价的过程就应追循米开朗琪罗自己的创作过程。为此就有以下几种平面图的表现（见图2–92和图2–93），每一作品都是作者对其空间的不同理解和表现。这些平面图每一张都表现了米开朗琪罗所创作的空间中某一方面的真正有意义的东西，但每一个图本身都不是完全的。虽然如此，如果我们对这问题的研究循着这样的路线进行下去，毫无疑问，尽管我们还不能找到一种平面图充分表现出一种空间构思的表现方法，我们毕竟在教授和研究如何认识空间和

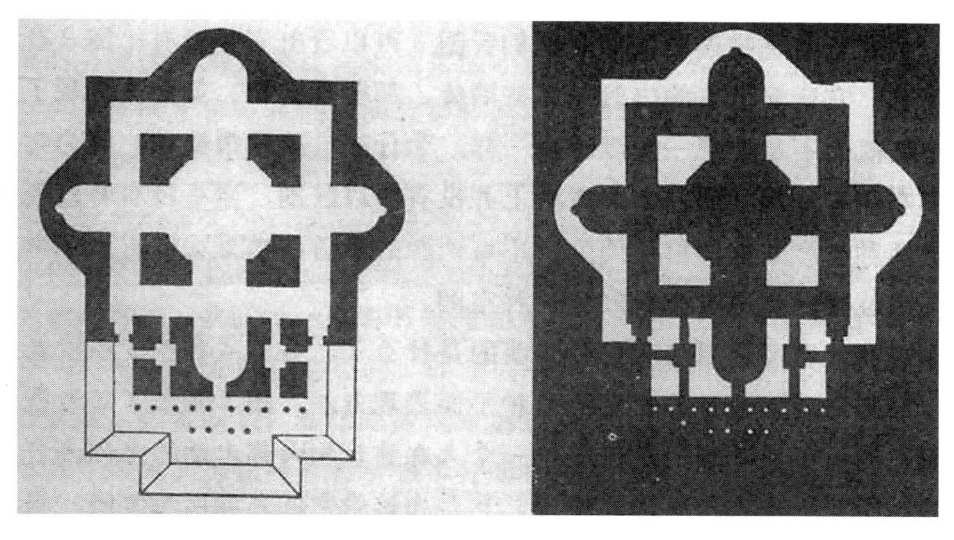

图2–92 图2–91平面图的简化画法及负像

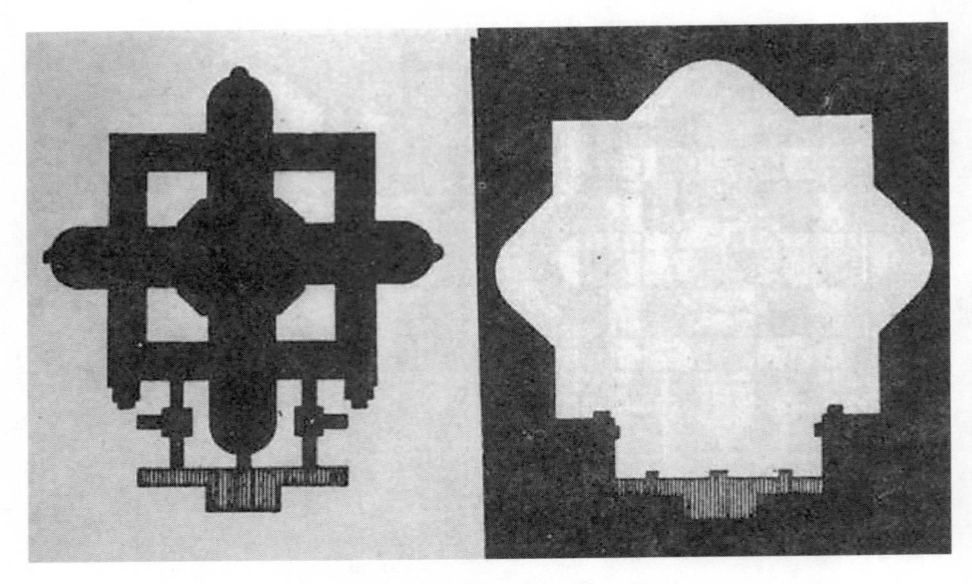

图 2–93　图 2–91 的内部空间和外部空间

评鉴建筑方面达到更好的结果，这就远胜于我们完全不顾这个问题而去沿用图 2–91 的那种表现方法。

2.3.9　环境认知过程及步骤举例

1）现场踏勘

根据所提供的校园或某一街区等的平面图，进行现场踏勘。注意观察其道路结构，包括道路的宽度及走向；建筑物的体量大小，前后左右位置的布局，与道路的联接关系；绿化空间的形状及其与道路和建筑物的关系；建筑物的界面与道路和广场的尺度关系，材质的应用等，并在所给的平面图中做出一定的标识。建议用拷贝纸用不同颜色的画笔来表现不同的内容。以便于事后进行分析和概括提炼。

2）分析提炼

在现场踏勘描绘的各系统图中，选取你要重点表现的内容，进行分析和概括提炼。我们的主要意图是追循设计人员最先的构思意图，以便我们能更好地理解环境的特点，抓住其最主要的特征。当然这其中必定有你个人对环境的富有个性的理解和表现。

3）制作环境认知表现图

虽然我们在前面提到空间表现方法的多种多样，但在这一练习中，我们提议只用黑白两种色调，就是根据图底关系的方法，把要重点表现的内容涂黑，而把其他的内容表现为留白。这种表现方法虽然忽略了许多环境的复杂信息，但是重点突出，并且极其概括，为我们提供了一份抽象的环境分析，把我们的注意力集中到某一重点表现的系统之中（见图2–94和图2–95）。

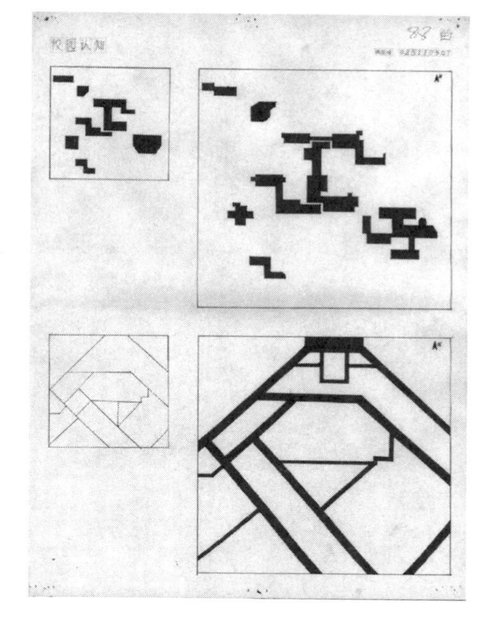

图2–94　校园认知作业一

2.4　建筑测绘

2.4.1　建筑的平、立、剖面图

要想把一幢建筑用图纸表示出来，首先要建立基本的平面、立面、剖面的概念。一幢建筑无论怎样复杂，在体型上都是由长、宽、高3个方向所构成的立体，称为三度空间体系。仅仅反映某一个视角是不能够反映出完整的建筑形象的。应该由完整的平面、各个立面、纵横剖面等一系列图纸来表示。以下图一幢小

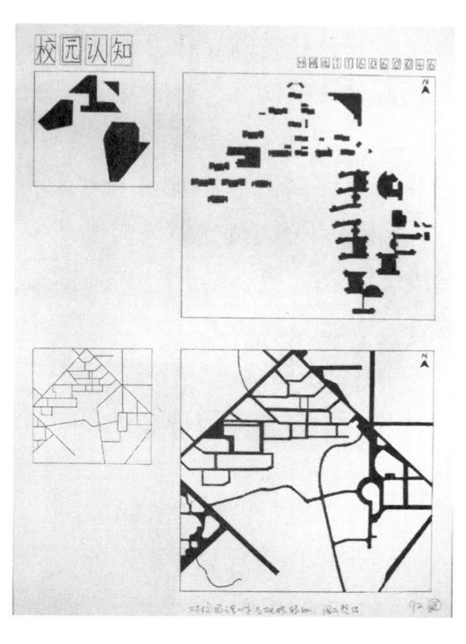

图2–95　校园认知作业二

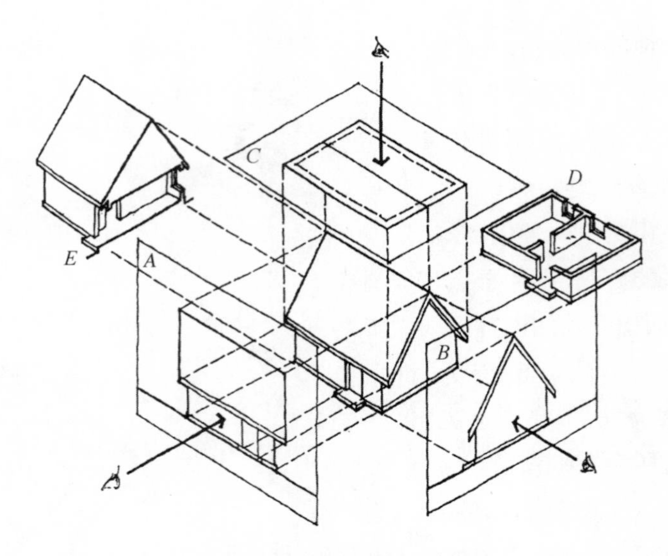

图2-96　建筑的平立剖面

建筑为例来说明（见图2-96）：

a. 是从建筑正面看过去，画出来的图样称为正立面图；

b. 是从建筑侧面看过去，画出来的图样称为侧立面图；

c. 是从建筑顶上看下去，画出来的图样称为屋顶平面图；

d. 要看到建筑里面的各个房间的形状大小相互关系，还需要假设将建筑物平行地面剖切一刀，取走上半部再朝下看，这样画出来的图样称为平面图；

e. 垂直地面按建筑纵向剖切一刀，取走东半部分看过去，画出来的图样称为剖面图。复杂的、多层的建筑，往往要画出各个方向的立面、各层平面和若干个剖面。

1）总平面图

建筑总平面图简称总平面图，反映建筑物的位置、朝向及其与周围环境的关系。

总平面图的图纸内容：

（1）单体建筑总平面图的比例一般为1∶500，规模较大的建筑群可以使用1∶1 000的比例，规模较小的建筑可以使用1∶300的比例。

（2）总平面图中要求表达出场地内的区域布置。

（3）标清场地的范围（道路红线、用地红线、建筑红线）。

（4）反映场地内的环境（原有及规划的城市道路或建筑物，需保留的建筑物、古树名木、历史文化遗存、需拆除的建筑物）。

（5）拟建主要建筑物的名称、出入口位置、层数与设计标高，以及地形复杂时主要道路、广场的控制标高。

（6）指北针或风玫瑰图。

（7）图纸名称及比例尺。

如图2–97所示，从这张1∶1 000的总平面中我们可以读到的信息有：该地块所在地区的常年主导风向为东北风，该地块的绝对标高为265.10 m；地块东北角为一高坡；四号住宅楼位于整个地块的西侧中部，出入口在建筑南

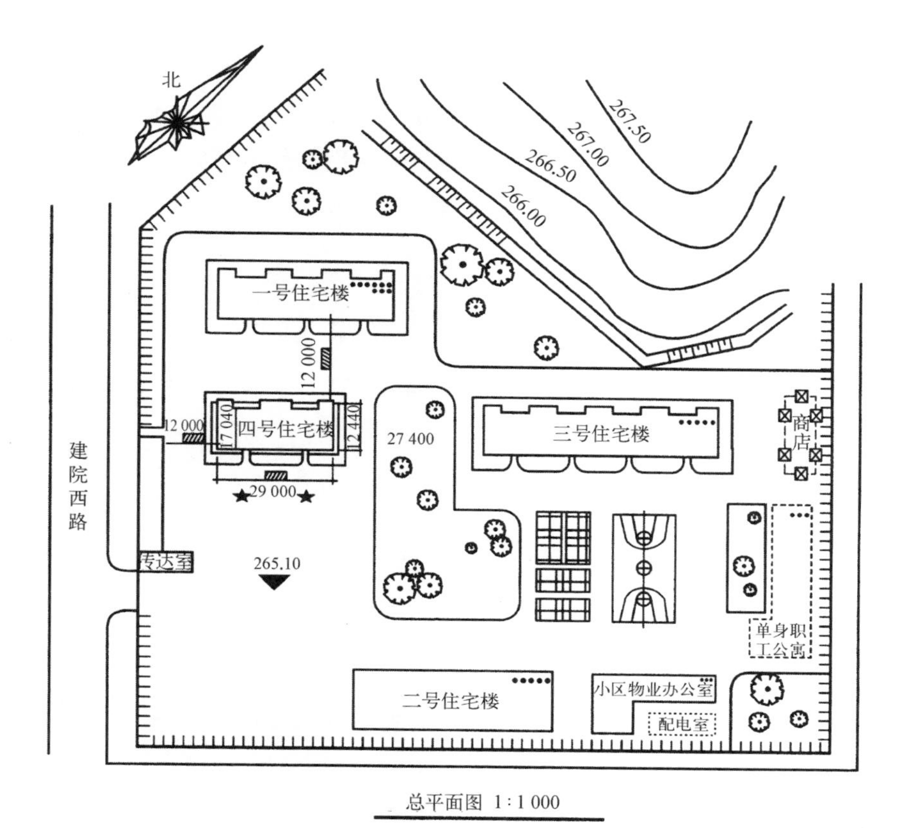

图2–97 建筑的总平面图

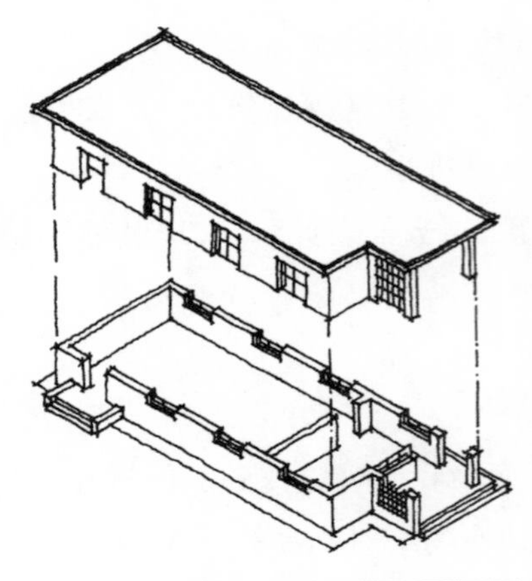

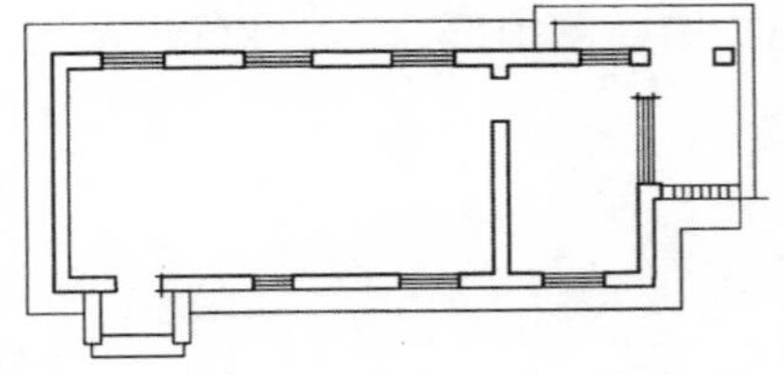

图2–98　建筑平面生成示意图

侧；周边有一号、二号、三号住宅楼和小区物业办公楼，并且地块内拟建配电室、单身职工公寓；地块东侧的商店准备拆除；此外，地块内还有一些运动场地及绿化带。

2）平面图

建筑平面图是房屋的水平剖视图，也就是用一个假想的水平面（一般是以地坪以上1.2 m高度），在窗台之上剖开整幢房屋，移去处于剖切面上方的房屋将留下的部分按俯视方向在水平投影面上作正投影所得到的图样。建筑平面图主要用来表示房屋的平面布置情况。建筑平面图应包含被剖切到的断面、可见的建筑构造和必要的尺寸、标高等内容。图2–98所示为建筑平面生成示意图。

平面图的图纸内容（见图2–99）：

（1）图名、比例、朝向。

- 设计图上的朝向一般都采用"上北—下南—左西—右东"的规则。
- 比例一般采用1∶100，1∶200，1∶50等。

（2）墙、柱的断面，门窗的图例，各房间的名称。

- 墙的断面图例；
- 柱的断面图例；
- 门的图例；
- 窗的图例；
- 各房间标注名称，或标注家具图例，或标注编号，再在说明中注明编号代表的内容。

（3）其他构配件和固定设施的图例或轮廓形状。

除墙、柱、门和窗外，在建筑平面图中，还应画出其他构配件和固定设施

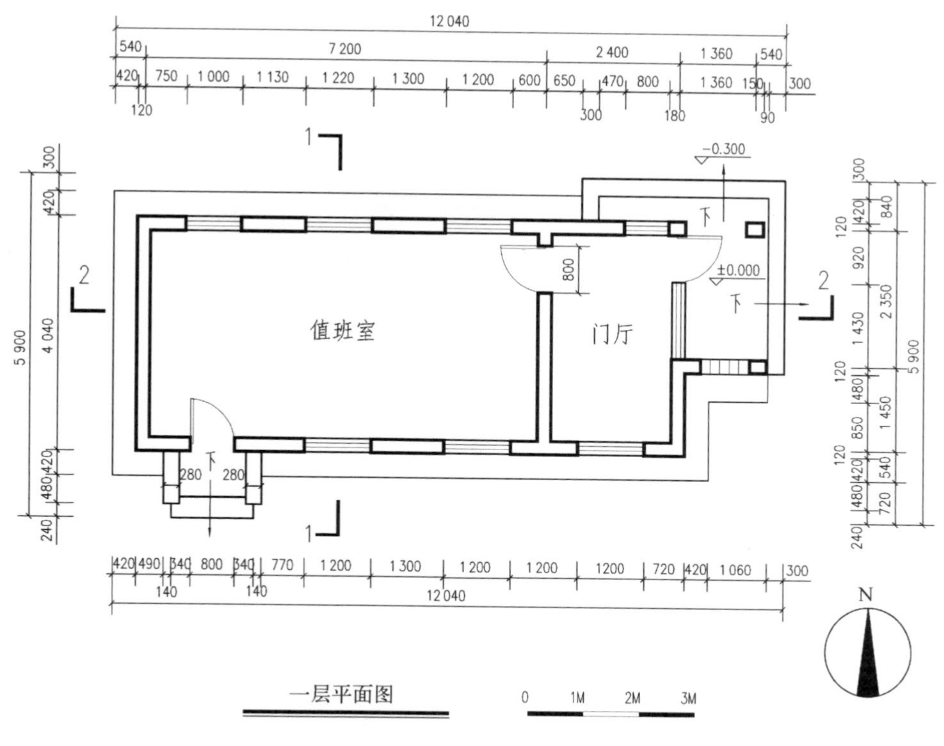

图2-99　建筑的一层平面图（单位：mm）

的图例或轮廓形状。如楼梯、台阶、平台、明沟、散水、雨水管等的位置和图例，厨房、卫生间内的一些固定设施和卫生器具的图例或轮廓形状。

（4）必要的尺寸、标高，室内踏步及楼梯的上下方向和级数。

- 必要的尺寸包括：房屋总长、总宽，各房间的开间、进深，门窗洞的宽度和位置，墙厚等。
- 在建筑平面图中，外墙应注上三道尺寸。最靠近图形的一道，是表示外墙的开窗等细部尺寸；第二道尺寸主要标注轴线间的尺寸，也就是表示房间的开间或进深的尺寸；最外的一道尺寸，表示这幢建筑两端外墙面之间的总尺寸。
- 在底层平面图中，还应标注出地面的相对标高，在地面有起伏处，应画出分界线。

（5）有关的符号。

- 在平面图上要有指北针（底层平面）；
- 在需要绘制剖面图的部位，画出剖切符号。

3）立面图

建筑立面图是在与房屋立面相平等的投影面上所作的正投影。建筑立面图主要用来表示房屋的体型和外貌、外墙装修、门窗的位置与形状，以及遮阳板、窗台、窗套、檐口、阳台、雨篷、雨水管、勒脚、平台、台阶、花坛等构造和配件各部分的标高和必要的尺寸。图2–100所示为建筑的立面生成示意图。

立面图的图纸内容（见图2–101）：

（1）图名和比例：比例一般采用1∶50，1∶100，1∶200或比例尺；

（2）房屋在室外地面线以上的全貌，门窗和其他构配件的形式、位置，以及门窗的开启方向；

（3）表明外墙面、阳台、雨篷、勒脚等的面层用料、色彩和装修做法；

（4）标注标高和尺寸：

- 室内地坪的标高为±0.000；

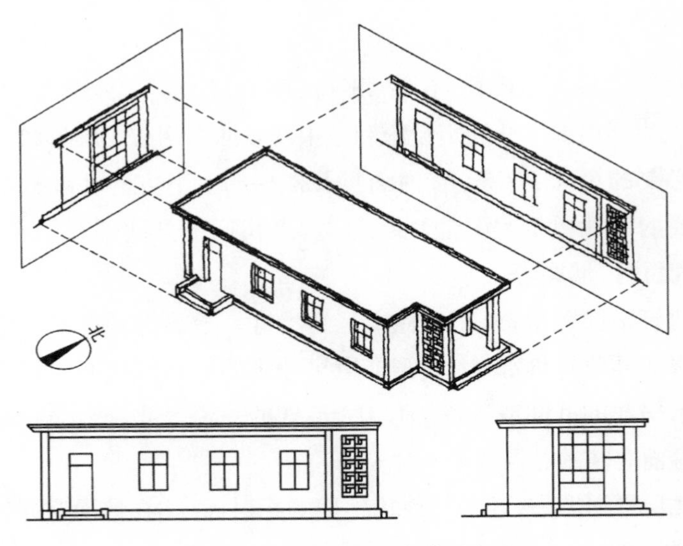

图2–100　建筑立面生成示意图

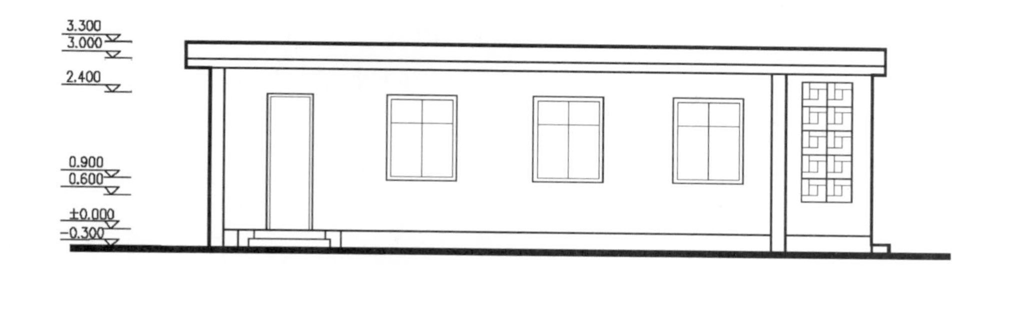

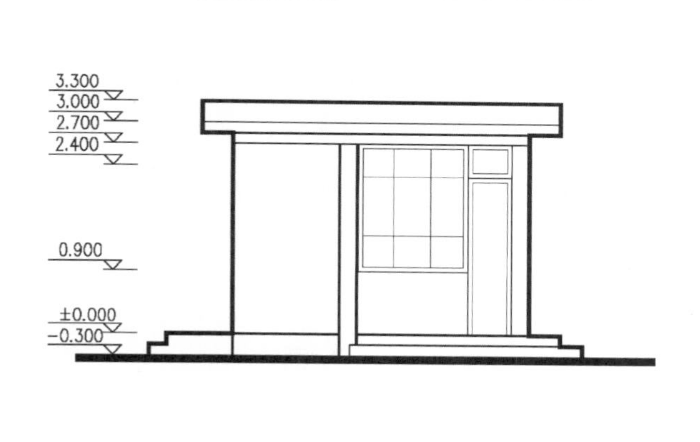

图2-101　建筑的立面图（单位：m）

- 标高以m为单位，而尺寸以mm为单位；
- 标注室内外地面、楼面、阳台、平台、檐口、门、窗等处的标高。

4）剖面图

建筑剖面图是房屋的垂直剖视图，也就是用一个假想的平行于正立投影面或侧立投影面的竖直剖切面剖开房屋，移去剖切平面与观察者之间的房屋，将留下的部分按剖视方向投影面作正投影所得到的图样。一幢房屋要画哪几个剖视图，应按房屋的空间复杂程度和施工中的实际需要而定，一般来说剖面图要准确地反映建筑内部高差和空间变化的位置。建筑剖面图包括被剖切到的断面和按投射方向可见的构配件，以及必要的尺寸、标高等。它主要用来表示房屋内部的分层、结构形式、构造方式、材料、做法、各部位间的联系及其高度等情况。图2-102所示为建筑的剖面生成示意图。

剖面图的图纸内容（见图2-104）：

（1）剖面应剖在高度和层数不同、空间关系比较复杂的部位，在底层平面图上标示相应剖切线（见图2-103）。

（2）图名、比例和定位轴线。

（3）各剖切到的建筑构配件。

- 画出室外地面的地面线、室内地面的架空板和面层线、楼板和面层；
- 画出被剖切到的外墙、内墙，及这些墙面上的门、窗、窗套、过梁和圈梁等构配件的断面形状或图例，以及外墙延伸出屋面的女儿墙；
- 画出被剖切到的楼梯平台和梯段；
- 竖直方向的尺寸、标高和必要的其他尺寸。

（4）按剖视方向画出未剖切到的可见构配件。

- 剖切到的外墙外侧的可见构配件；

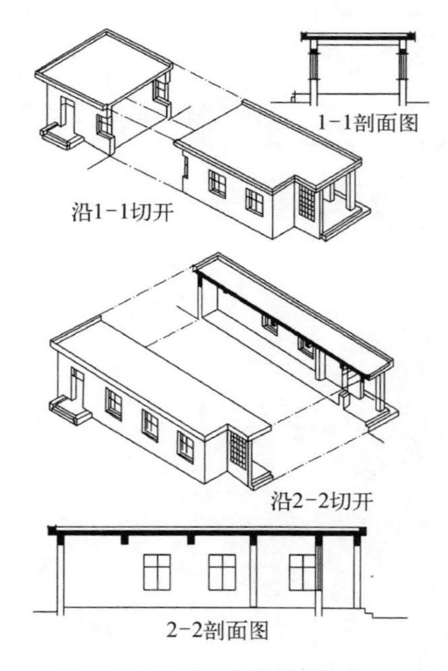

图2-102　建筑剖面生成示意图

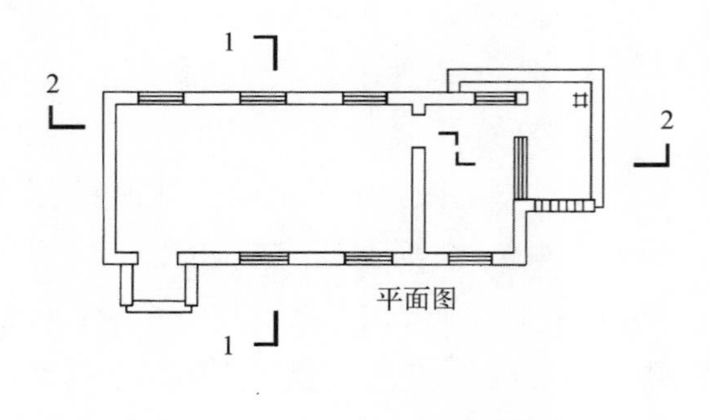

图2-103　剖切线在平面图中的表示方法

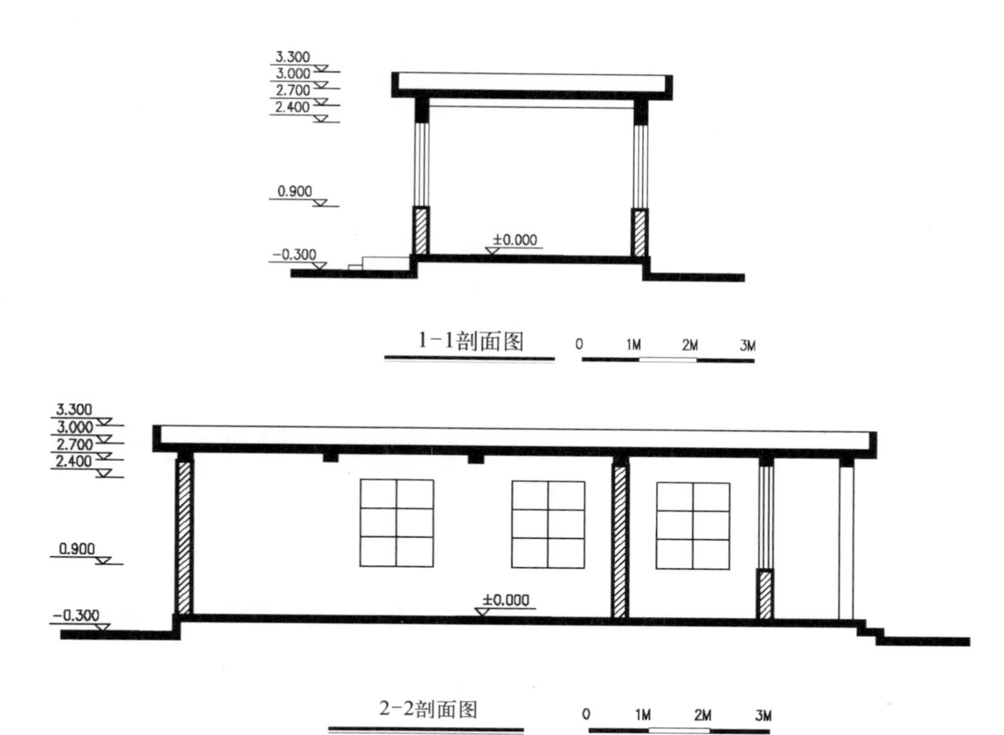

图2-104　建筑的剖面图（单位：m）

- 室内的可见构配件；
- 屋顶上的可见构配件。

（5）竖直方向的尺寸、标高和必要的其他尺寸。

2.4.2　测绘的意义

测绘是记录现存建筑的一种手段，测绘图一般作为原始资料，供整理、研究使用。“测绘”是由“测”与“绘”两个部分的工作内容组成：一是实地、实物的尺寸数据的观测量取；二是根据测量数据与草图进行处理、整饰，最终绘制出完备的测绘图纸。

1）掌握测绘的基本方法

通过测绘，学习如何利用工具将建筑的信息测量下来，并且用建筑的语言绘制到图纸上。

2）通过测绘将建筑的信息用图纸的方式保存下来

一旦建筑的信息以图纸的形式保存下来，那么这栋建筑的信息就可以像文字一样在更广泛的时间和空间内进行传播和交流。

3）建立尺度感

这个感觉既包括对于尺度的准确认知，也包括对于尺度的正确把握。

（1）对于尺度的准确认知。

举个简单的例子，比如有人说1 500 mm是一个尺度，而1 500 mm具体是多长，如何正确地比划出来就是尺度感的第一步，也就是对尺度有个准确的认知。

学结构专业的人下工地要有这样的尺度感觉：看到剖面就能估计到梁的高度、地板的厚度，误差应该在10 mm以内；学室内设计的看毛坯房要有这样的尺度感觉：看房间的长宽，误差在10 cm以内；看窗台高度和门窗洞口高宽，误差在5 cm以内。

那么我们建筑专业对于尺度的把握要求到什么程度呢？

小到1 mm是多少，大到几米，都需要我们有个准确地把握。因为我们将来既会设计小到几厘米的线脚、装饰，也要设计大体量的建筑，甚至建筑群。所以我们要有意识地训练自己对于尺度的把握，1 cm是多长？ 1 m是多长？在实际的生活中要有意识地去积累这样的认知。比如我们知道通常的门框高度在2.1 m左右，这样通过比较门框高度与建筑室内空间高度的关系，我们可以大致揣度室内空间的尺度。在我们的生活里，到处都存在着类似“门框高度”这样的标尺，供我们去测量和计算建筑尺度。

（2）对尺度正确的把握。

在对尺度有了准确的认知之后，我们还要能够进一步对尺度有正确的把握。

也就是说，我们不仅仅能够比划出1 500 mm有多长，还要知道1 500 mm的长度能干什么。比如，这是双人床适中的宽度，是10人餐桌的直径，是一个人使用的书桌舒服的长度。但是1 500 mm如果做双人走道就太小，做桌子的高度又太高。

这就是对尺度正确的把握和使用。

综合以上的两点，对尺度有准确的认知，对尺度有正确的把握，就会有一个良好的尺度感。从上面的分析中我们也能体会到良好的尺度感对于建筑设计专业的人员来说是非常重要的一项技能。

有了良好的尺度感，就会避免设计出的空间过大而导致浪费，也可以避免设计出的空间过于狭小而导致使用不方便。

（3）如何建立尺度感。

• 有意识地积累掌握常用的建筑相关的基本尺寸。

常用的门的基本尺寸，比如一般单开门900 mm，大的1 000 mm也可以，住宅里最小的卫生间的门可以做到700 mm，再小使用就不方便了。

• 有意识地掌握人体的基本尺度。

古代中国、古埃及、古罗马，不管是东方文化还是西方文化，最早的尺度来源于人体，因为人体各部分的尺寸有着规律。

我们用皮尺量一量拳头的周长，再量一下脚底长，就会发现，这两个长度很接近。所以，买袜子时，只要把袜底在自己的拳头上绕一下，就知道是否合适。

为父母或兄长量一量脚长和身高，你也许会发现其中的奥秘：身高往往是脚长的7倍。

高个子要穿大号鞋，矮个人要穿小号鞋就是这个道理。侦察员常用这个原理来破案：海滩上留下了罪犯的光脚印，量一下脚印长是25.7 cm，那么，罪犯的身高大约是179.9 cm。

一般来说，两臂平伸的长度正好等于身高，大多数人的大腿正面厚度和他的脸宽差不多，大多数人肩膀最宽处等于他身高的1/4。

人体的尺度和由人体的尺度为基础的人体工程学是很有意思的一门学问，和建筑学专业密切相关。

• 学会用自己的身体测量尺度，训练自己目测的能力。

如果我们知道了自己的高度、自己双臂展开指尖到指尖的距离、走一步的距离、手掌张开后的距离，那么我们就有了很多随身携带的尺子，可以丈量身边的尺寸。我们可以先进行目测，用眼睛估计一下某个距离，再用身体去量一量，这样久而久之，目测的能力自然就会提高。

4）识图与制图

通过测绘这个单元的学习之后，我们就应该能够看懂专业的建筑图纸，并且能够按照建筑制图的要求进行绘制。

2.4.3 测绘工具

1）测量工具

- 速写本
- 铅笔：2H、2B各一支
- 橡皮、削笔刀
- 5 m钢卷尺
- 20 m皮卷尺
- 指北针
- 卡尺 • 水平尺
- 垂球

2）绘图工具

- 图板
- 绘图纸
- 拷贝纸
- 削笔刀
- 浆糊
- 水桶
- 排刷
- 针管笔（一套）
- 三角板
- 丁字尺

2.4.4 测绘的方法和步骤

1）测绘的内容

建筑测量的内容包括建筑的总平面、平面、立面、剖面；图纸绘制除了以上内容外，一般还要求绘制出轴测图。

2）测绘的分工与组织

现场测量和绘图可以"组"为单位进行。每个小组选一个组长，负责具体安排每个小组成员的工作内容，控制小组测绘工作的进度，协调平衡每个组员的工作量，在遇到困难和问题的时候组织大家共同研究解决，更重要的是组织全体成员进行数据与图纸的核对、检查、整理，直至最终完成正式图纸。

3）测绘的步骤

（1）绘制测量草图（总平面、平面、立面、剖面）。

① 测稿的意义

测量草图是我们日后绘制正式图纸的依据，是第一手的资料。草图的正确、准确和完整是最终测绘图纸可靠性的根本保障，所以绘制草图时必须本着一丝不苟的态度，不能凭主观想象勾画，或是含糊过去。

② 测稿的绘制工具：速写本、铅笔、橡皮

③ 测稿的要求

a. 比例适宜。如果比例过大，同一内容在同一张图纸上容纳不下；比例过小，则内容表达不清，给将来标注尺寸带来不便。

b. 比例关系正确。要求草图中的各个构件之间、各个组成部分与整体之间的比例及尺度关系与实物相同或基本一致。

c. 线条清晰。草图中的每一个线条都应力求准确、清楚，不含糊。修改画错的线时，用橡皮擦掉重画，不要反复描画或加重、加粗。

d. 线型区分。应区分剖断线、可见线、轮廓线等几种基本线型，使线条粗细得当、区别明显以免混淆。

④ 测稿的核对与检查

草图全部绘制完成之后，全组成员应集中在一起进行全面的检查与核对。将草图与测绘对象进行对比，确定草图没有遗漏和错误之后才可以进行下一阶段的数据测量工作。

（2）测量（总平面、平面、立面、剖面）。

① 测量的要求

量取数据和在草图上标注数据需要分工完成。在草图上标注数据的人最好是绘制该草图的人，因为他最清楚需要测量哪些数据。

测量人量取数据并读出数值，由绘图人将其标注在草图上。

② 测量的工具

a. 皮卷尺。卷尺拉得过长时会因自身重力下坠倾斜，或受风的影响产生误差。

b. 钢卷尺（5 m）。自备。人手一个，使用时注意安全，不要伤到自己和他人。

c. 梯子。使用时注意安全，有人使用时，下面要有同伴保护。

③ 测量和标注尺寸的注意事项

a. 测量工具摆放正确。测量工具摆放在正确的位置上，量水平距离的时候，测量工具要保持水平，量高度的时候，测量工具要保持垂直。尺子拉出很长的时候，要注意克服尺子因自身重力下垂或风吹动而造成的误差。

b. 读取数值时视线与刻度保持垂直。

c. 单位统一为mm。

d. 尾数的读法。读取数值时精确到个位。尾数小于2时省去，大于8时进一位，2～8之间按5读数。例如：实际测得的437读数为435；测得的259读数为260；测得的302读数为300。

e. 尺寸标注。每个画到的部分都要进行标注。

f. 先测大尺寸，再测小尺寸。避免误差的多次累积。

（3）测稿整理及正草图的绘制（总平面、平面、立面、剖面、轴测图）。

a. 将记录有测量数据的测稿整理成具有合适比例的、清晰准确的工具草图，也就是正草图，作为绘制正式图纸的底稿。

b. 通过测稿的整理和正草的绘制，能够发现漏测的尺寸、测量中的错误、未交代清楚的地方。

c. 在立面、平面和剖面的基础上，绘制出轴测图。

d. 测稿中的每个画到的地方都要标注尺寸，这样才能准确地定位每一个点，画出正确的图纸。

e. 正草图中尺寸标注按照建筑图纸中的要求进行标注。

（4）正图的绘制。

正图的绘制是测绘工作最后一个阶段，在前面各个阶段工作的基础上，产生出最终的结果。

a. 图纸内容：总平面图（建议比例1∶300），平面图（建议比例1∶100），两个立面图（建议比例1∶100），剖面图（建议比例1∶100），轴测图（建议比例1∶100）。

b. 排版方式美观合理。

2.4.5 图纸的绘制

图纸是测绘工作的最终成果和体现，通过绘制图纸加深工程制图的规范和要求，并进一步理解二维图纸与三维建筑空间的对应关系。

需要注意的是，建筑制图里面的尺度单位除标高及总平面图以m为单位，其余均以mm为单位。

图纸绘制的基本要求：

（1）图面整洁，构图饱满，表达清晰、正确。

（2）根据绘图比例，确定必要的表达深度。

（3）线分等级（见表2–3）。

表2–3 建筑图纸中的线型图例

名 称	线 型	线 宽	用 途
粗实线	——（0.5～2.0 mm）	b	1. 平、剖面图中被剖切的主要建筑构造（包括构配件）的轮廓线 2. 建筑立面图的外轮廓线 3. 建筑构造详图中被剖切的主要部分的轮廓线
中实线	——	0.5b	1. 平、剖面图中被剖切的次要建筑构造（包括构配件）的轮廓线 2. 建筑平、立、剖面图中建筑构配件的轮廓线 3. 建筑构造详细图及构配件详图中一般轮廓线
细实线	——	0.35b	小于0.5b的图形线、尺寸线、尺寸界线、图例线、索引符号、标高符号等
中虚线	— — — —	0.5b	1. 建筑构造及建筑构配件不可见的轮廓线 2. 建筑平面图中的起重机轮廓线 3. 拟扩建的建筑物轮廓线
细虚线	- - - - - - -	0.35b	图例线，小于0.5b的不可见轮廓线
粗点划线	—·—·—	b	起重机轨道线
细点划线	—·—·—	0.35b	中心线，对称线，定位轴线
折断线	——\/\——	0.35b	不需画全的断开界线
波浪线	～～～	0.35b	1. 不需画全的断开界线 2. 构造层次的断开界线

平面图与剖面图的图线画法是一致的。主要有两种线宽，剖断线用粗实线表示，可见线用细实线表示。根据表达的需要，剖断线的线宽又可以分为两个等级，主要建筑构造（如墙体）的剖断线最粗，次要建筑构造（如吊顶、窗框）的剖断线可稍细。可见线的线宽也可分为两个等级，表面材质的划分线可以用更细的线。但剖断线与可见线的区别应十分明显。

立面图通过线条的粗细，来表现建筑形体的层次关系，即体块关系、远近关系。由粗到细的顺序一般为：地面线（剖断线）、外轮廓线、主要形体分层次的线、次要形体分层次的线、门窗扇划分线、表面材料划分线。

（4）尺寸标注方式正确，文字、数字书写工整。

a. 尺寸的组成：建筑图上的尺寸由尺寸界线、尺寸线、尺寸起止符号、尺寸数字等组成（见图2–105）。

b. 尺寸的排列：建筑图中尺寸应注成尺寸链。尺寸标注一般有三道，最外面一道是总尺寸，中间一道是定位尺寸，最里面是外墙的细部尺寸（见图2–106）。

定位尺寸标注的是相邻两条定位轴线间的尺寸，外墙细部尺寸标注时要注意每个尺寸都是与相邻的定位轴线发生关系。

c. 标高：标高符号的尖端应指至被注的高度；尖端可向上也可向下，三角形可向左也可向右，标高数字以m为单位，注写到小数点后第三位（在总平面图中可注写到第二位）（见图2–107）。

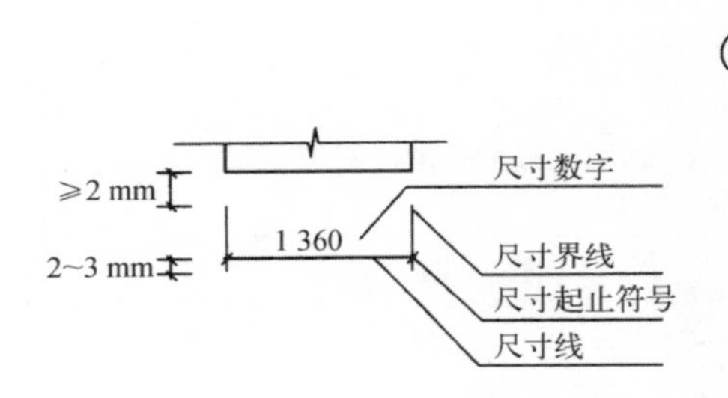

图2–105 尺寸标注的组成

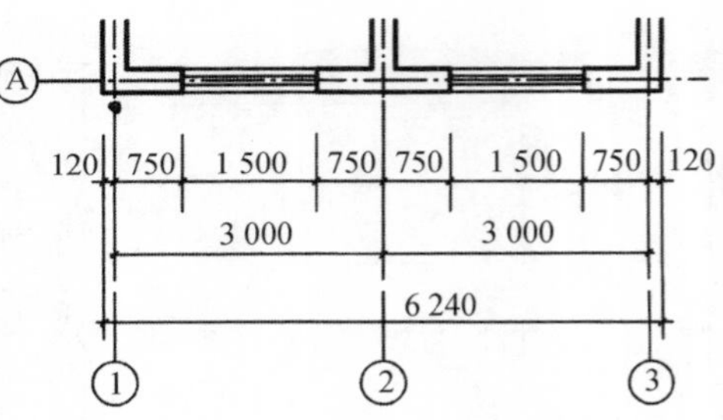

图2–106 平面尺寸的排列（单位：mm）

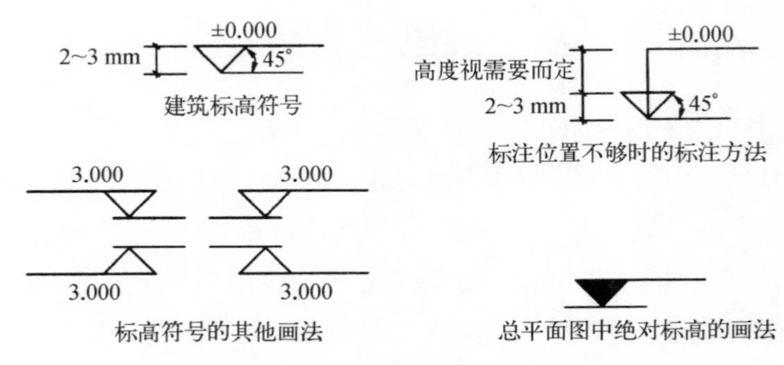

图2–107 标高的标注方法（单位：mm）

在总平面图中标注绝对标高，即黄海标高；在其余图中标注相对标高，即为了计算方便，设定某一高度为零点标高，通常为一层楼面，标注为 ± 0.000，其余标高均以它为基准，但是要注意，正数标高不注“+”，例如标高为 1.200，负数标高应注“–”，例如标高为–0.450。

d. 角度及圆弧的标注（见图 2–108 和图 2–109）。

（5）剖断号、索引号、指北针等符号标注正确。

a. 剖切符号：剖面的剖切符号用来说明剖面与平面的关系。如图 2–110 所示，剖切位置线表示剖切的位置，剖视方向线表示观察的方向，剖切符号的编号一般注写在剖视方向线的端部，与该剖面的图名相对应。

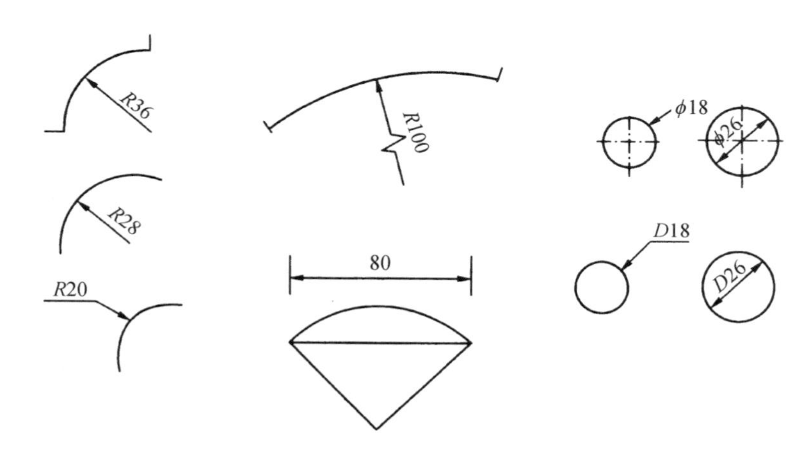

图 2–108　圆弧的标注方法（单位：mm）

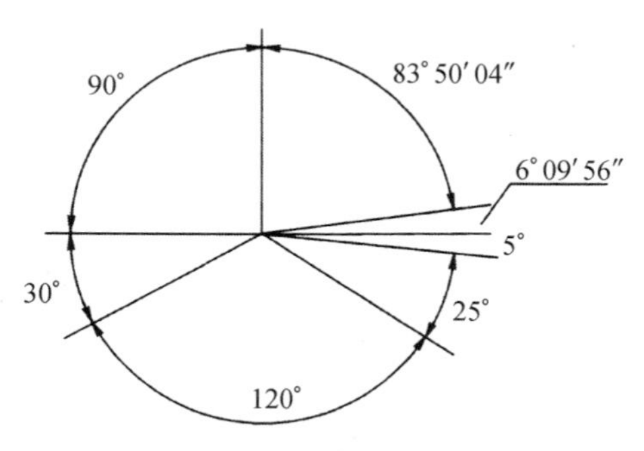

图 2–109　角度的标注方法

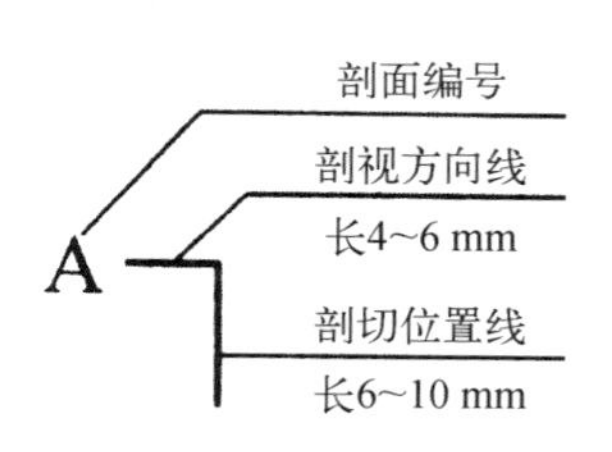

图 2–110　剖切符号的组成

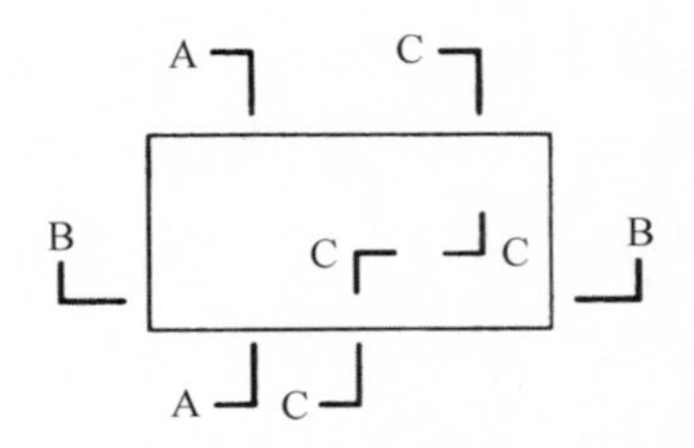

图2–111　剖切符号的示意

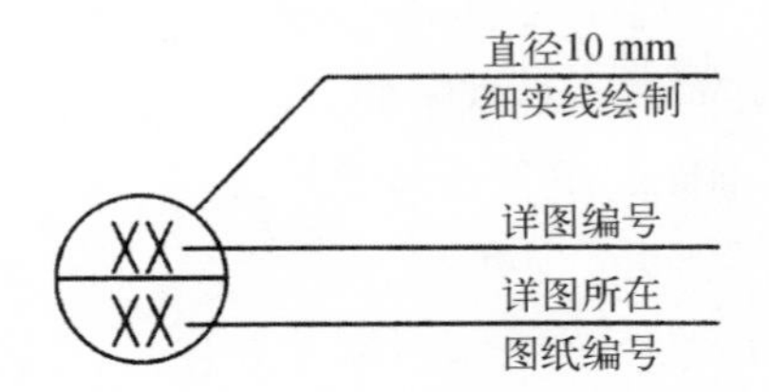

图2–112　索引符号的组成

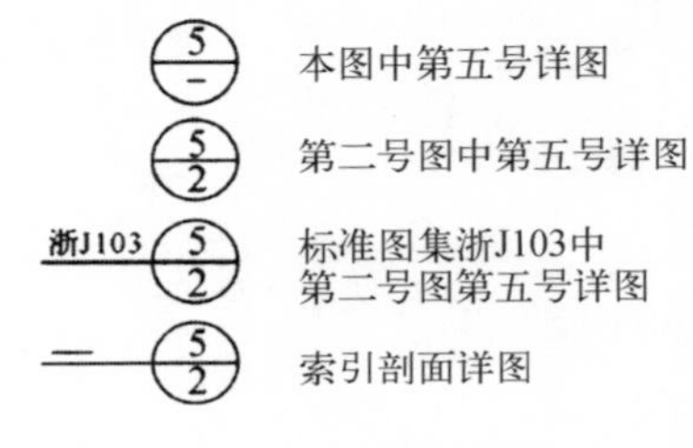

图2–113　索引符号的示意

图2–114　详图符号范例

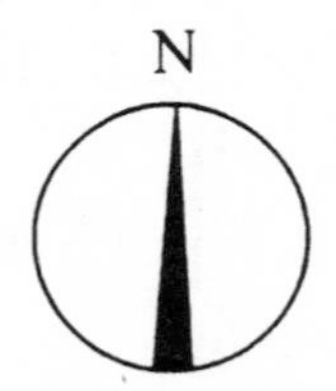

图2–115　指北针符号范例

剖面的剖切符号一般示意在一层平面图上，画在剖切位置的两端，两两对应。如图2–111A–A剖面，B–B剖面。也可以画出带转折的剖面，如C–C剖面，但转折处必须在一个空间内。

b. 索引符号：索引符号的意义是图中的某一局部需另见详图。索引符号的圆直径为10 mm，用细实线绘制。上半圆中的数字表示详图的编号，下半圆中的数字表示该详图所在图纸的编号，若详图是画在同一张图中，则下半圆中的数字用"—"表示。

如图2–112所示，索引符号包括详图编号、详图所在的图纸编号。

如图2–113所示，索引符号表示图中的某一局部需另见详图。

c. 详图符号：详图符号表示详图的编号，以粗实线绘制，直径为14 mm（见图2–114）。详图符号应与索引符号相对应使用。

d. 指北针用细实线绘制，圆的直径为24 mm；指北针尾部宽度3 mm；针尖方向为北向（见图2–115）。

图纸绘制的画法与步骤：

（1）平面图的画法与步骤（见图2–116）。

a. 画出定位轴线；

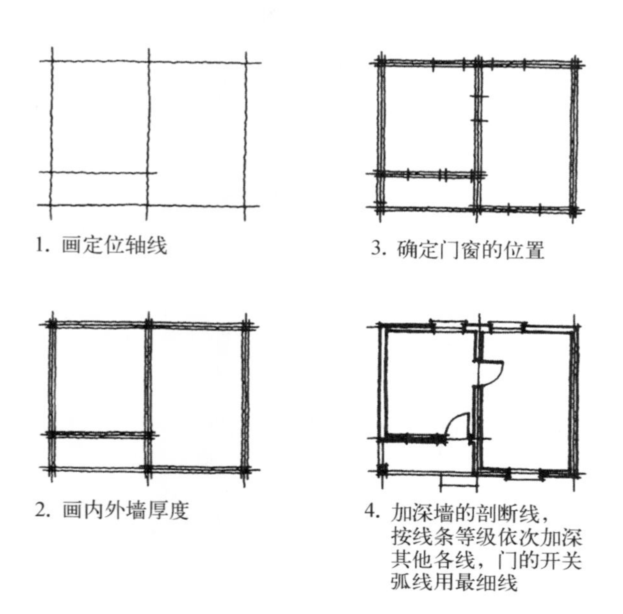

1. 画定位轴线
3. 确定门窗的位置
2. 画内外墙厚度
4. 加深墙的剖断线，按线条等级依次加深其他各线，门的开关弧线用最细线

图2–116　平面图的画法与步骤

b. 画出全部墙、柱断面和门窗洞；

c. 画出所有建筑构配件、卫生器具的图例或外形轮廓；

d. 标注尺寸和符号。

（2）剖面图的画法与步骤（见图2–117）。

a. 画出定位轴线，画出室内外地面线，再画出楼面线、楼梯平台线、屋面线、女儿墙顶面的可见轮廓线等；

b. 画出剖切到的主要构件；

c. 画出可见的构配件的轮廓、建筑细部；

d. 标注尺寸、标高、定位轴线编号。

（3）立面图的画法与步骤（见图2–118）。

a. 画出室外地面线、两端外墙的定位轴线和墙顶线；

b. 画出室内地面线、各层楼面线、各定位轴线、外墙的墙面线；

c. 画出凹凸墙面、门窗洞和其他配套的建筑构配件的轮廓；

d. 画出标高，标高符号宜排列在一条铅垂线上。

□ 剖面图作图步骤

1. 画室内外地平线，墙体的结构中心线。内外墙厚度及屋面构造厚度

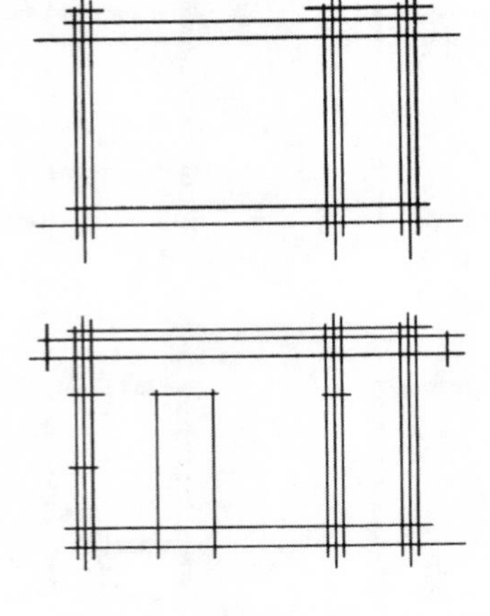

2. 画出门窗洞高度，出檐宽度及厚度，室内墙面上门的投形轮廓

3. 画出剖面部分轮廓线和各投形线，如门洞、墙面、踢脚线等，并加深剖断轮廓线，然后按线条等级依次加深各线

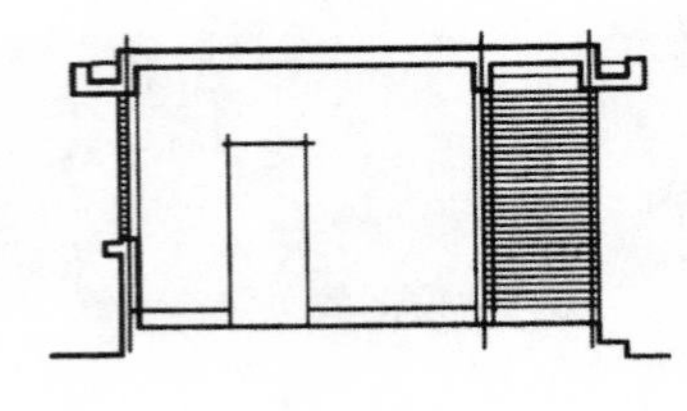

图2–117　剖面图的画法与步骤

□ 立面图作图步骤

1. 同剖面图的画法，但可省略一些墙的厚度

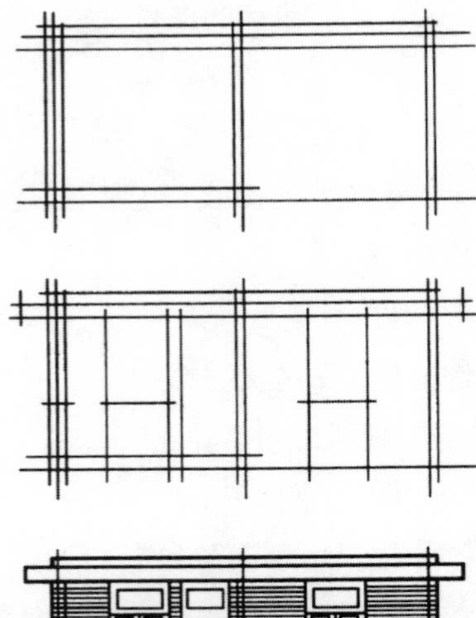

2. 同剖面图的画法

3. 画出门、窗、墙面、踏步等细部的投形线。加深外轮廓线，然后按线条等级依次加深各线

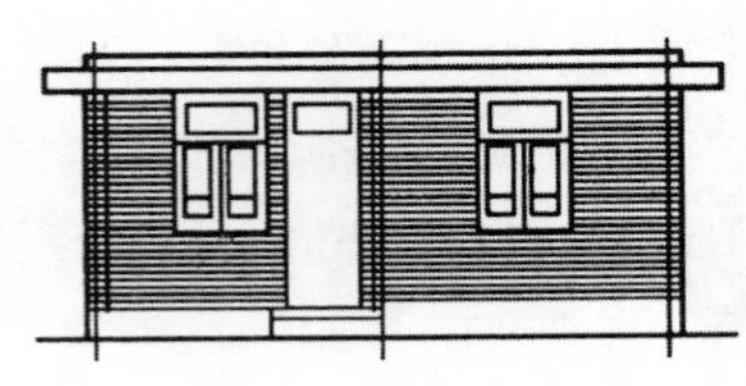

图2–118　立面图的画法与步骤

2.5 建筑先例分析

对经典建筑的分析是学习建筑的一种重要手段和途径。通过对先例的分析，可以积累建筑的基本知识，获取建筑的基本语汇，掌握建筑分析的方法，同时还可以为我们提供一种深入学习、理解优秀建筑的工具，由此为设计提供各种有价值的想法。

实地调研参观是低年级同学学习建筑的最好的手段，但是由于时间和经济等条件的限制，建筑书籍、杂志和网络成为同学们获得建筑设计知识的一个重要来源。低年级的同学往往以感官的愉悦作为建筑的评价标准，没有深入地研究作品的特定背景和形式的内涵，这不是一个正确的学习方法。因此从低年级的同学开始培养正确掌握认识建筑、分析建筑的方法非常重要。先例分析就是对一件作品的图解阅读，以自己的建筑观和设计观去追寻设计者的创作意图，发现建筑形式空间的内在规律。

掌握建筑分析的技能可以让同学们以一种更系统的角度去认知建筑，能够更深入了解建筑的内部与外部、空间和结构、文化与地域、材料与构造等要素的内在规律。建筑分析是进入实际建筑设计课题项目的一个重要过渡。

每个可以让人产生共鸣的建筑都有共性。一个好的建筑所具有的本质品格是什么？这就是我们要进行建筑分析的目的。透过建筑的形式看到它的本质，通过对这种本质的描述和分析，去找到建筑的各种要素和组织这些要素的规律。

2.5.1 建筑的要素

建筑设计的过程其实就像写文章，首先要掌握文字和词汇，然后根据一定的语法进行造句成文。对于语言来说，文字和词汇就是要素，而语法是运用要素的规则。在对建筑进行分析的时候，我们也要知道哪些是建筑的要素，哪些是运用这些要素的规则。

下面是一些组成建筑必要的要素，不一定是完整的，但是最基本的：

1）建筑的场所标识

场所是一个可以发生事件的空间或者环境。例如，在野营的时候，围绕一团篝火取暖，篝火的中心位置与人们的围聚形成了一个场所，一棵大树的周围也可以构成人们休息、等候的场所（见图2–119）。场所对于建筑就像是含义对于语言的关系，场所就是建筑的含义，它表明建筑的意义、作用和存在的理由。同样场所意义的建筑可以有不同的形式，就好像一个含义可以用不同的语言来表达。所以对于一个建筑，首先要分析它的场所标识，它所承载的功能，它的社会背景，艺术风格等。

2）建筑构成的基本要素

（1）基地：我们通过图2–120所示的几个方面来了解基地的情况。建筑师斯蒂文·霍尔说："建筑乃是一种建筑物与基地间关系的寻求，建筑与基地

图2–119　场所的标识

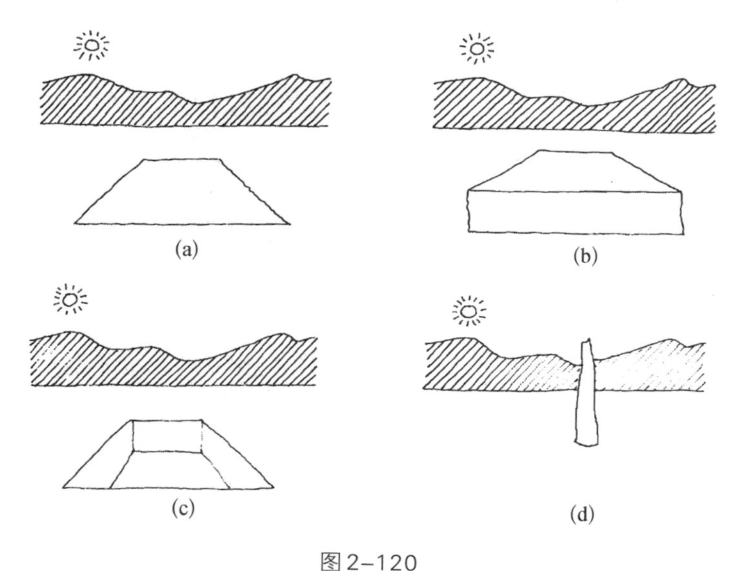

图2-120

（a）基地的界定,（b）上升的基地,（c）下沉的基地,（d）基地的标志

间应当有着某种经验上的联系，一种形而上的连接，一种诗意的连接。”

（2）竖向支撑物：柱子和墙体都属于竖向支撑构件（见图2-121）。埃及神庙的廊柱是世界上最早的梁柱结构之一，平行的墙体也是最古老的、最常见的建筑元素之一。

（3）水平面：楼板、悬挑的平台、屋面属于跨越水平面的支撑构件，为人们提供可遮蔽的空间和在上面活动的场所（见图2-122）。

图2-121　建筑的墙体

图2-122　建筑的楼板和屋面

图2-123　悬挑的平台和竖直的墙体组合成丰富的空间

图2-124　楼梯

以上抽象的元素在每个具体建筑中都有其具体的形态，有的时候它们互相组合形成丰富的空间（见图2-123）。

（4）通道：建筑空间的连接体，它可能是笔直的，或者是蜿蜒的。坡道、楼梯（见图2-124）、台阶或者桥梁都是特殊的通道。通道的进入方式决定了人们对建筑的一种观察方式，也可以是为进入建筑进行的心理准备（见图2-125）。

（5）开口：从一个空间进入另一个空间的过渡，玻璃幕墙、窗口、门洞都属于开口（见图2-126）。

图2-125　引道与入口

图2-126　建筑的开口

（6）材料：任何建筑意图都是需要通过材料来实现和表达的。材料表达建筑的个性，表现了建筑的细部。

以上基本元素是可以完全被设计者控制，还有一些限定元素则是变化无常的。基本元素通过组织以后，可以形成特定的场所类型，而另一部分限定元素则通过不断地变化对建筑空间产生具体的影响。这些变化无常的限定元素包括：光线、色彩、通风、时间、气味和声音等，它们往往不是单一作用的，他们的综合作用产生了丰富的建筑空间和个性化的建筑造型，而它们可以综合作用的原因就在于它们相互配合的时候遵从了一些必要的规则，也就是我们前面提及的语法。

2.5.2　建筑的分析方法

建筑是个复杂的综合体，我们试图通过一系列的分析看清楚上述的元素是依靠一种什么样的规律进行组合运用的，这些元素又是如何各自或者一起发挥作用的。宏观上，我们可以从人文地理条件、建筑的功能以及空间的塑造3个方面对建筑进行分析，具体的分析内容如下：

从人文地理条件上分析：

1）建筑背景

我们需要了解建筑的建造年代以及当时的政治文化背景、当时的建筑方向和趋势、建筑师或者建筑团体的名称及其代表作、学术思想，以及该建筑的设计意图。通过背景知识的了解，我们对建筑有个宏观的认识，看到建筑的进步之处和局限。同学可以通过查阅文献资料，整理与该建筑有关的重要的文字叙述等，结合适当的图示给予表达。

2）基地分析

基地特征包括当地气候条件，如季节的温湿度变化、风向和日照情况等；当地的地质地貌，是平地、丘陵、山林，还是水畔，有无树木、山川湖泊等；地段内外相关的建筑、交通状况等，也包括城市的性质、规模：是政治、文化、金融、商业、工业，还是科技城市，是特大、大型、中型，还是小型城市；包括地方风貌特色：文化风俗、历史名胜、地方建筑等。具体分析内容可概括如下：

（1）基地所在的国家、城市区块、与城市的关系和在城市中的作用；

（2）基地周围以及内部的自然环境因素，包括水文地质、植被动物状况、特殊的地形地貌、哪些是值得利用和尊重的环境条件（比如百年的古树）、哪些是需要改造的环境条件（如日照不足）；

（3）基地周围以及内部人文环境因素，包括曾经的人文环境和已有的建筑物；

（4）基地上曾经发生的历史典故和重要的人文精神遗产。

通过基地分析了解该建筑是否因地制宜地利用原有的条件进行设计和建设的，它是如何做到既利用环境，又提升环境的。

同学可以通过绘制总平面图，对基地周围以及内部环境进行简要的图示分析，表达出不同的环境要素，如树木、地形、水流、古迹等，并利用箭头、文字等分析各种环境特征对建筑设计带来的影响（见图2–127）。总平面图的绘制要有一定的范围，一般以建筑为中心向外辐射50 m左右，这样可以全面地分析建筑同周围环境的关系。

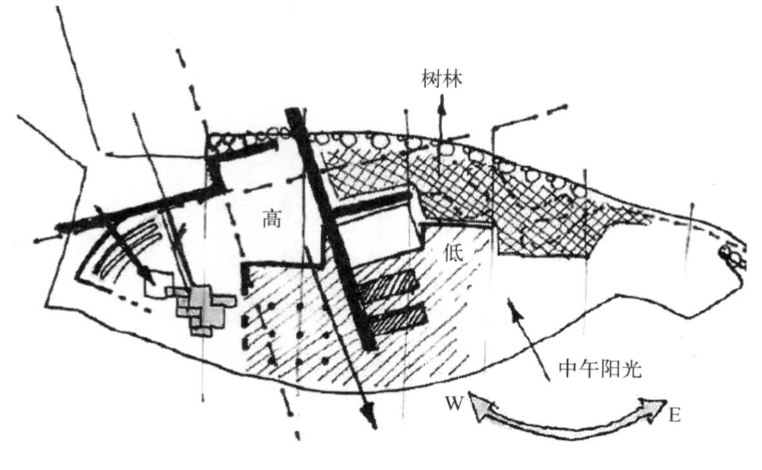

图2-127　基地分析

从建筑本身的功能需要上分析：

3）功能关系

一个具体的建筑是由若干个功能空间组合而成的，各个功能空间都有自己明确的功能需求，为了准确地了解建筑先例的设计方法，我们应该对各个主要空间进行必要的分析研究，具体内容包括：

（1）建筑有哪些功能区和用房，分别承担什么样的功能；

（2）不同的功能区块的相互关系，比如哪些需要靠近，哪些需要远离，哪些可以合并一起使用等；

（3）不同的功能对建筑形式的不同要求，比如私密性强的空间要求尽可能多的围合，花厅需要充分的日照等；

（4）是否有特殊的功能需求，这种功能需要在建筑中的作用和地位。

这个分析让大家对这个建筑的功能分布和组合有所了解，由此可以看到建筑师使用了怎样不同的空间来进行功能划分，各功能空间的关系如何。

分析方法主要通过泡泡图或功能列表（矩阵图示）来分析表达建筑的功能划分。

a. 矩阵图示：在成正交的轴线上排列任务书所要求的全部功能，并分类表示出每一功能与其他功能间的相互关系。分析这些要点对功能上有什么

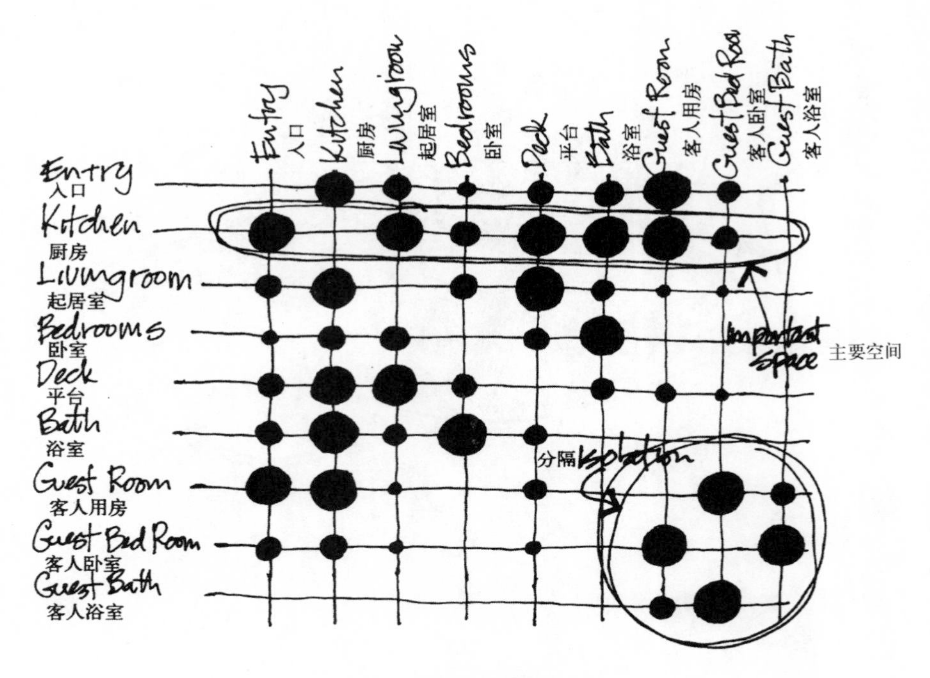

图2–128　矩阵图示

重要性，它的重要程度由点的大小表示。当每一问题都用点表示后，最重要的问题和功能就可从图中识别出来。矩阵图的优点是图面整齐、清晰、一目了然（见图2–128）。

b. 泡泡图：用“圆圈”绘制，可借以抽象建筑任务书的要点，概括必须包含的各项活动和活动所要求的相互关系（见图2–129）。

在分析中应该观察和思考的两个问题：私密与公共、封闭与开放、压抑与高敞等概念是否与建筑中存在某种对应关系，为什么会这样？不同功能空间之间是如何划分的，他们的距离远近如何，相互关系如何，为什么会这样？

4）交通流线

人要在建筑环境中活动，物要在建筑环境中运行，所以建筑设计要安排交通流线。合理的交通流线要保证各个部分相互联系方便、简捷，同时避免不同的流线互相交叉干扰。人是建筑中的主体，建筑师往往以人流路线作为

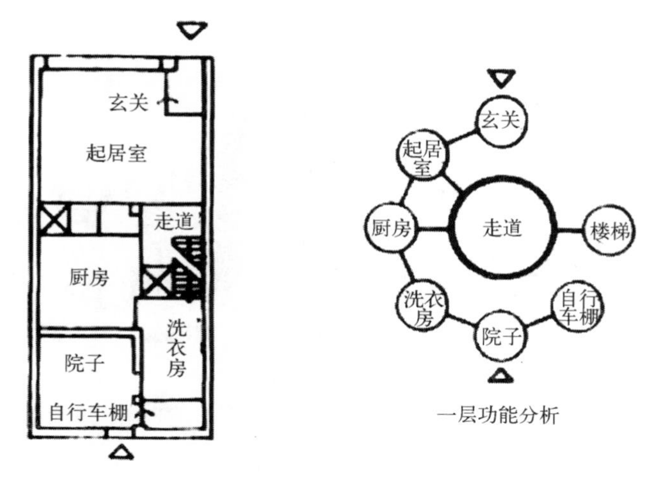

图2–129　泡泡图

建筑中交通路线的主导线，把各部分内外空间设计成有机结合的空间序列。具体有以下的内容：

（1）要素构成：包括引道、建筑物的入口、通道以及形成的空间序列；

（2）交通要道与空间的关系（见图2–130），分析功能空间处于交通流线的何种位置（边缘、交叉点、重心位置等）；

（3）交通空间具体的表现形式，包括楼梯、电梯、走廊、阳台、台阶、坡道等；

（4）交通流线的运动方式，即进入建筑后，人流的方向和方式；

（5）交通流线的细分，比如住宅里面，我们需要划分客人的流线、主人的流线、家政工人的流线，看它们之间的关系，是否出现了不必要的流线冲突，还是互相之间既有共同的交通空间又可以保证私密空间不受打扰。

组织交通就是在设计人接触、进入、感受建筑的方式。通过分析交通流线可以了解建筑空间的串联、组合方式，以及景观视线的组织规律。

分析方法可以是结合泡泡图进行流线分析，用不同的图示或颜色表示不同的人流，用箭头和直线代表交通方向，也可以在平面或剖面图上加以分析，可单独分析平面交通路线和竖向交通路线，也可以两者结合（见图2–131）。

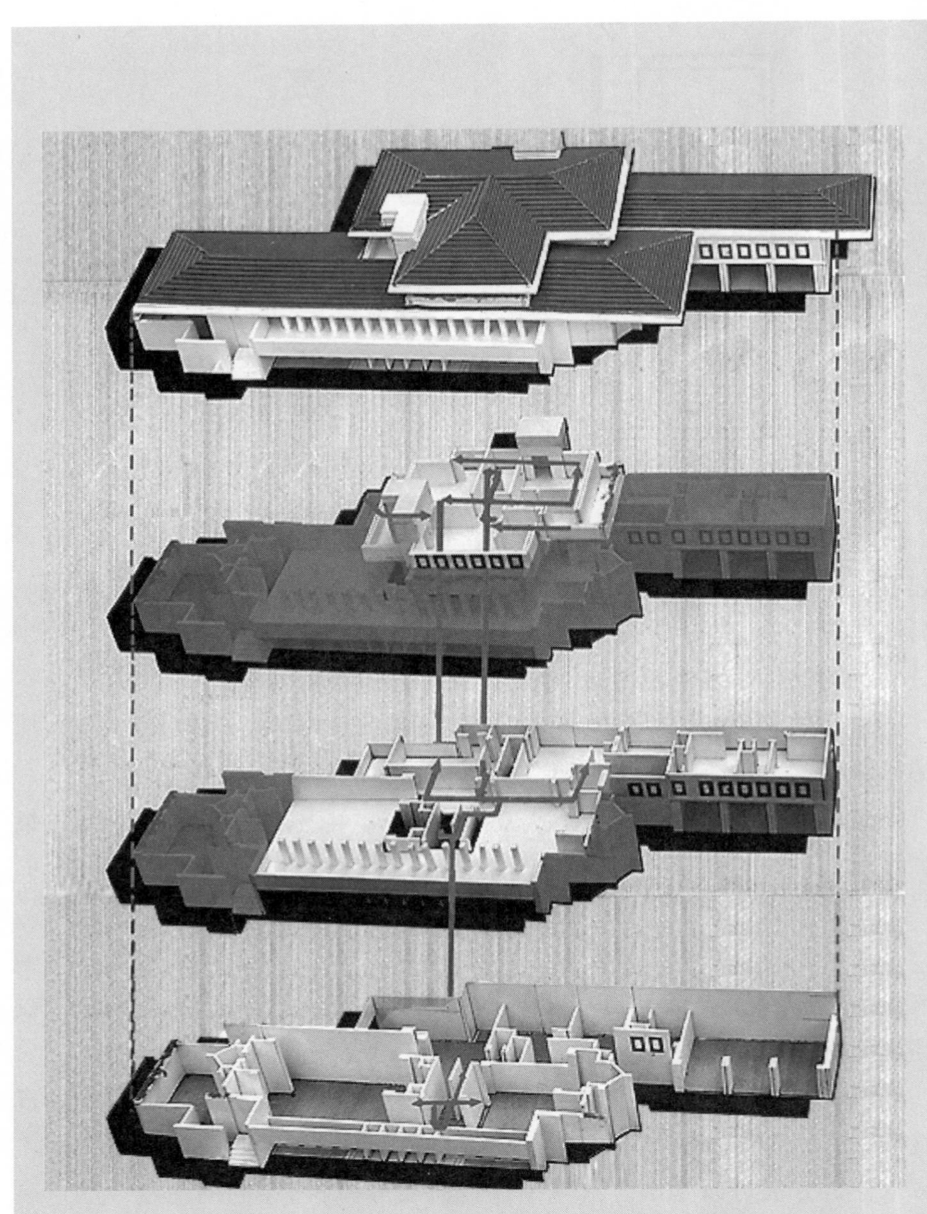

图2-130　交通流线与空间的关系

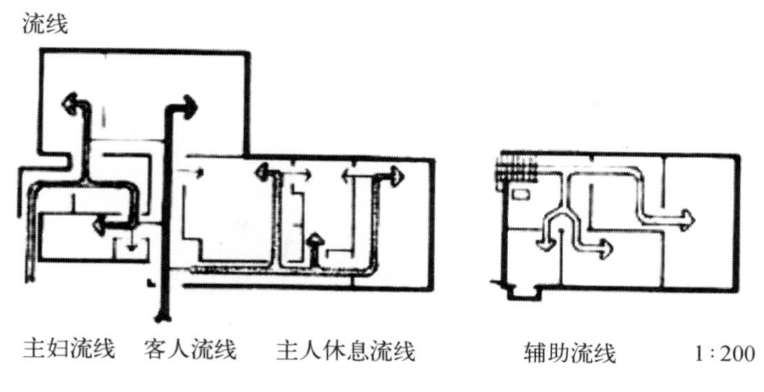

图2-131　交通流线的分析

5）景观视线

分析内容包括建筑周围是否有重要的景观要素，比如树木、湖泊、山脉等，这些重要的景观是如何引导人们的视线的，还包括在平面以及剖面图上各个重要的位置上的景观视线情况，以及从建筑外部重要位置对建筑进行观察时获得的景观。

景观不仅是在建筑内看向外面，也是从外部看向建筑，通过对二者的分析可以看到，景观视线和交通流线、功能布局之间存在着内部的联系。

分析方法主要通过景观视线分析图来进行，用不同的箭头和图示表示不同的景观视线，利用小透视图帮助分析不同视线获得的景观感受，可以辅以必要的文字说明（见图2-132）。

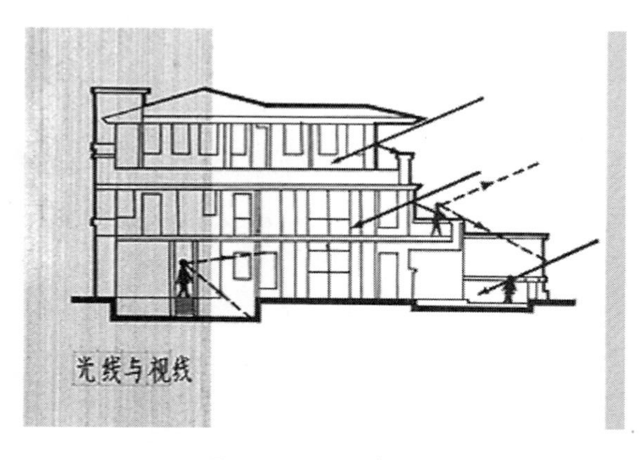

图2-132　视线分析

6）结构体系

分析内容包括建筑运用了哪种结构体系，主要是以何种方式将建筑的荷载由上至下传递给大地；建筑上哪些是承重构件，哪些是非承重构件，它们是如何围合空间的，又是通过何种方式进行组合的。

通过对建筑结构的初步了解，同学们可以初步理解结构体系对于建筑的意义，以及如何成为建筑表达自我的一部分。可以在平面图上将建筑的墙体、屋面等进行抽象简化，忽略门窗等细部，用粗实线表示承重构件，细实线表示非承重构件，或利用轴测图、剖面图来整体分析建筑结构的组成（见图2–133）。

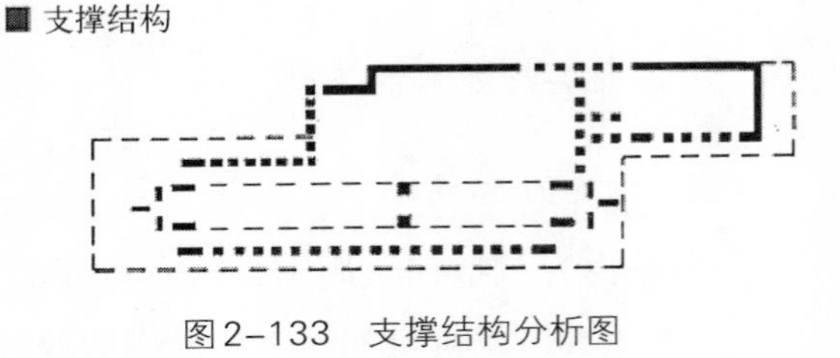

图2–133　支撑结构分析图

7）建筑材料

主要分析建筑运用了哪些建筑材料，这些材料的特性是怎样？在这些材料中何者为主，何者为辅；有哪些材料的细部处理令人印象深刻；尝试分析使用这种材料的合理性，比如材料是否是当地特有，材料是否尊重了新旧对比等。

理解不同材料的不同特性与性格会给人不同的心理感受，初步掌握几种常见材料（砖、混凝土、钢材、玻璃）的特性。同学可以通过查阅文献资料，了解不同建筑材料的特性，通过照片或图片对建筑所应用的材料进行对比分析，辅助以手绘图示和必要的文字。

8）日照与通风

不同季节和时间里阳光对建筑有不同的影响。建筑应用了何种手段来应对冬日的阳光与夏日光线的问题；建筑是否积极地组织了室内通风，风是如何进入并且流出的？对周围的环境产生了积极还是消极的影响？

日照通风是建筑重要的环境物理指标，也是塑造空间性格的重要手段，通过分析可以了解建筑利用和改善日照、采光与通风的方式。同学可以通过日照分析图、通风分析图来完成，对重要的方式可以给予重点的图文分析（见图2–134和图2–135）。

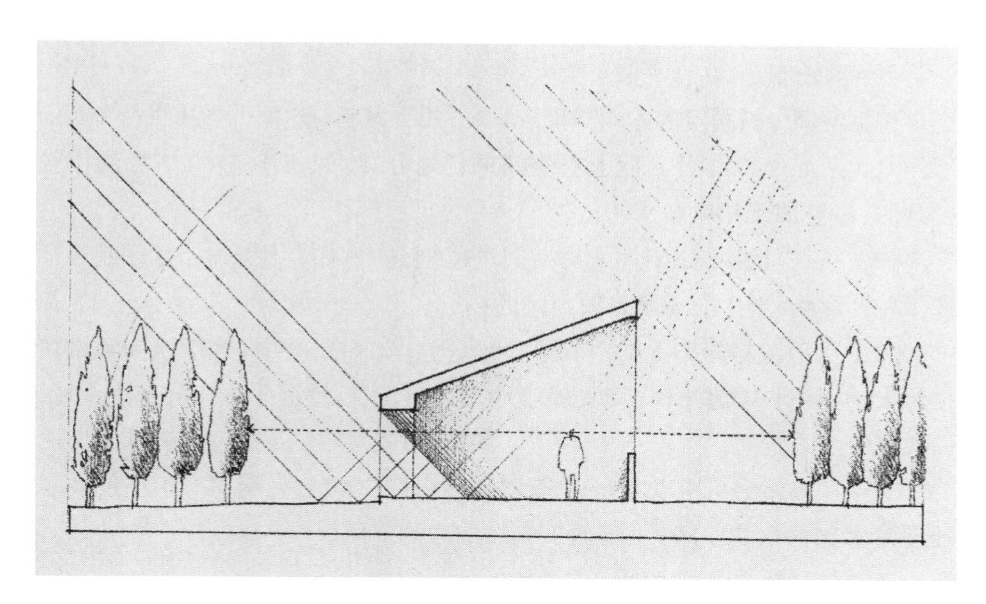
图2-134　建筑的采光

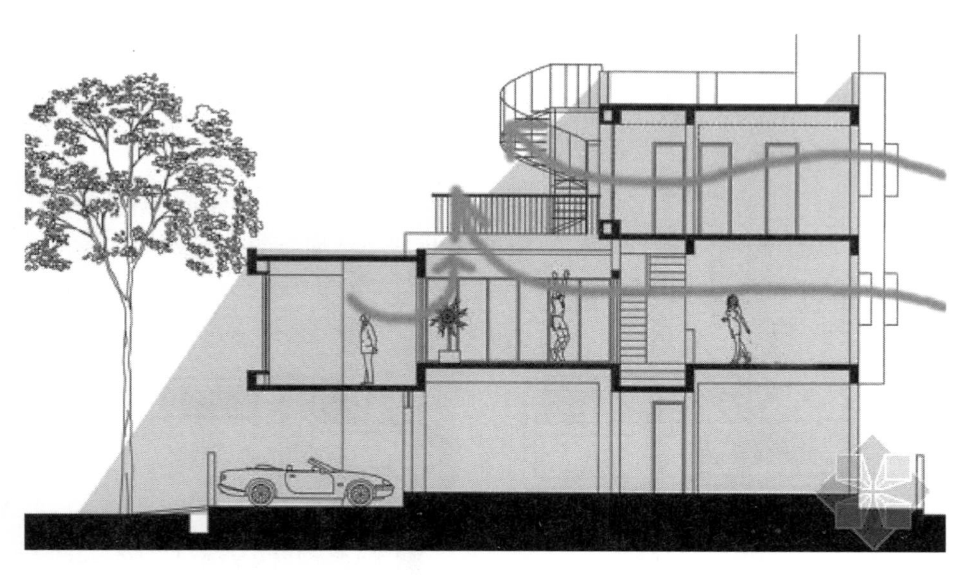
图2-135　建筑的通风分析

从空间塑造上分析：

9）空间性质

根据空间分析角度的不同，可以从以下几个方面对空间的性质进行分析：

（1）从私密性与公共性上对空间进行划分，比如在住宅中，客厅属于较公共的，卧室属于相对私密的；

（2）从开敞性与封闭性上对空间进行划分，比如在住宅中，客厅或餐厅属于较开敞的，卫生间大多是较封闭的；

（3）从动态与静态上对空间进行划分，比如在住宅中，客厅因为经常接待客人的到访和家庭集体活动，属于动态空间，主卧室属于主人的私人领域，一般属于静态空间；

（4）从洁污分区上对空间进行划分，比如在住宅中，厨房和卫生间属于处理污水和污物的空间，书房属于比较洁净的空间；

（5）从其他重要的不同空间性质上进行划分。

通过归纳空间属性，分析空间性质与功能、交通等方面相互之间的关系，可以从更深的层次认识建筑的创作规律。同学们可以先简化建筑平面，利用不同颜色或图示表达不同的空间性质，在平面图或三维图上进行分类分析。分析中需要注意，封闭与开敞、公共和私密都是相对的，我们要在空间的相互比较中把握其性质（见图2–136）。

10）空间限定

一个空间一般由4个面、一个顶和一个基面等6个面围合限定而成。6个面可以有不同的组合方式，对应前面的空间性质，提取最具代表性的空

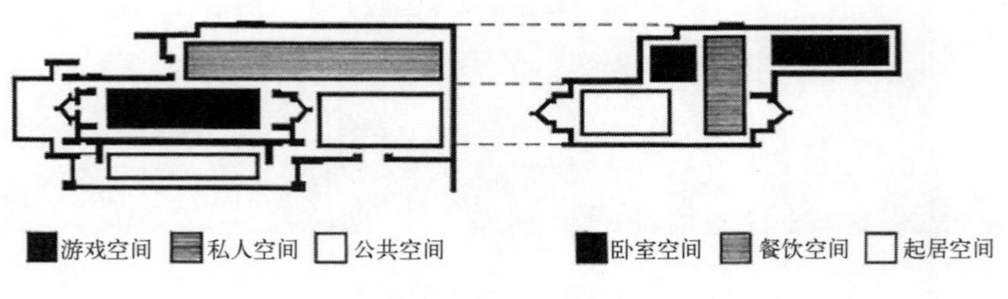

图2–136　空间性质分析

间进行抽象，分析都运用了哪些方式进行了围合和限定，在6个面上做了哪些变化。

通过空间限定的分析理解点、线、面要素在建筑空间围合和限定中的不同作用，以及它们在实际建筑中呈现出的面貌。一般可以利用空间限定分析图来完成。将建筑的墙体、天花板等构件抽象为不同的形状、方向、大小的体块，然后利用平面图或三维图来分析其在空间中的组合方式是如何营造出不同的空间形态的（见图2–137）。

11）空间形态与构成

分析空间的形态要素，包括立方体、圆柱体、椎体、不规则异形体等。分析主要空间之间的组合关系（见图2–138），包括内含、相交、相邻、疏远等。

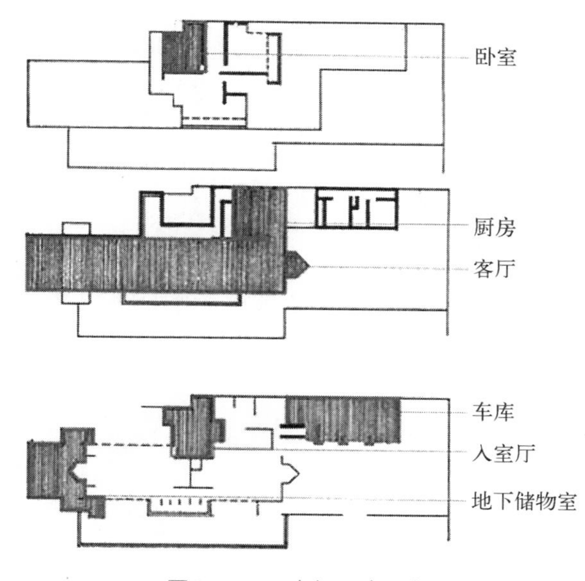

图2–137　空间限定分析

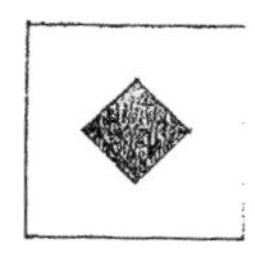
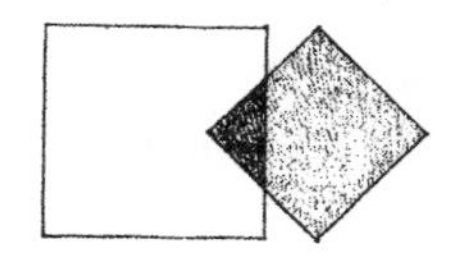
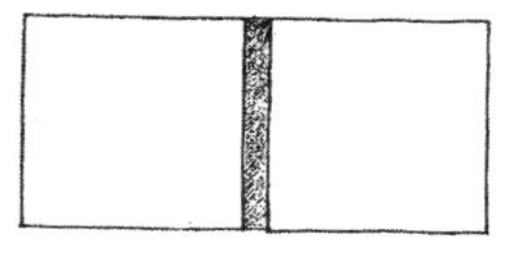
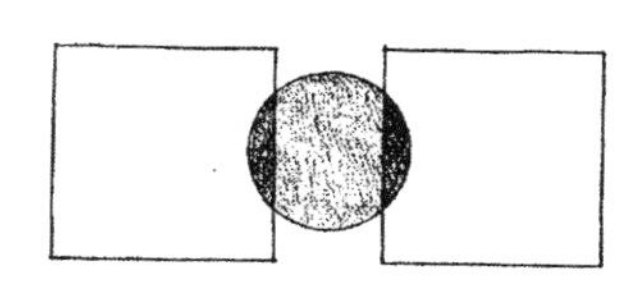

图2–138　空间关系自左起分别为：空间里的空间，穿插式空间，邻接式空间和由公共空间连起的空间

分析各个空间的组合构成方式，如集中式、线式、辐射式、组团式、网格式等（见图2–139）。

通过归纳空间形态，掌握空间构成的基本规律。同学们在分析中需要把握建筑形态的整体，忽略细节，对建筑进行抽象，剥离建筑的材料、颜色

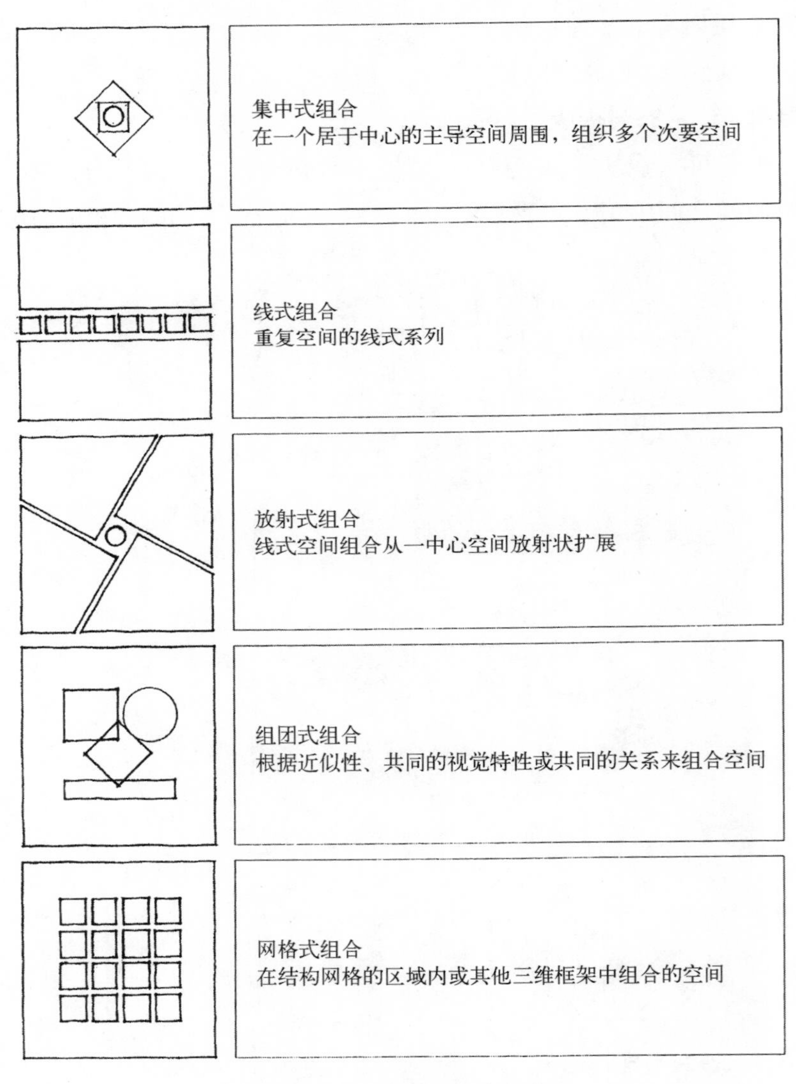

集中式组合
在一个居于中心的主导空间周围，组织多个次要空间
线式组合
重复空间的线式系列
放射式组合
线式空间组合从一中心空间放射状扩展
组团式组合
根据近似性、共同的视觉特性或共同的关系来组合空间
网格式组合
在结构网格的区域内或其他三维框架中组合的空间

图2–139　空间的组合方式

等要素，仅仅对建筑的空间形态进行研究。不同的研究者对同一建筑空间形态构成会有不同的理解。

12）体量的组合

建筑体量设计中经常应用柏拉图几何体，即正圆、等边三角形、正方形、正五边形、正六边形等简单形式（见图2–140）。在体量组合分析中，可以分别从减法的构成、加法构成、扭曲变形或不同形体的叠加构成，去分析建筑体量组合运用了何种方式，还是综合运用了这些方式（见图2–141～图2–143）。

通过分析同学可以初步掌握简单体量组合规律。如同空间形态的分析，分析是可以去掉建筑的细节，将建筑体量抽象成柏拉图几何体进行三维的空间组合分析，配合适当的文字分析说明。

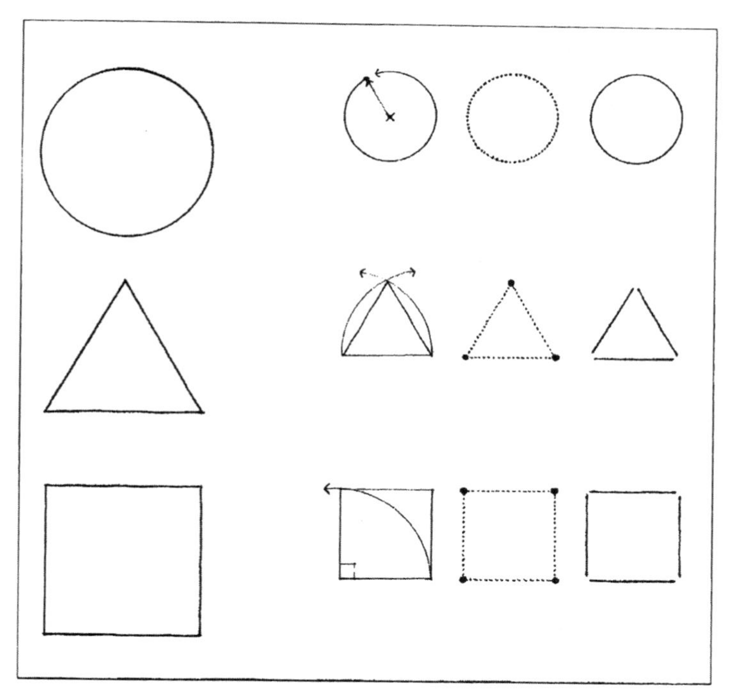

图2–140 基本形式

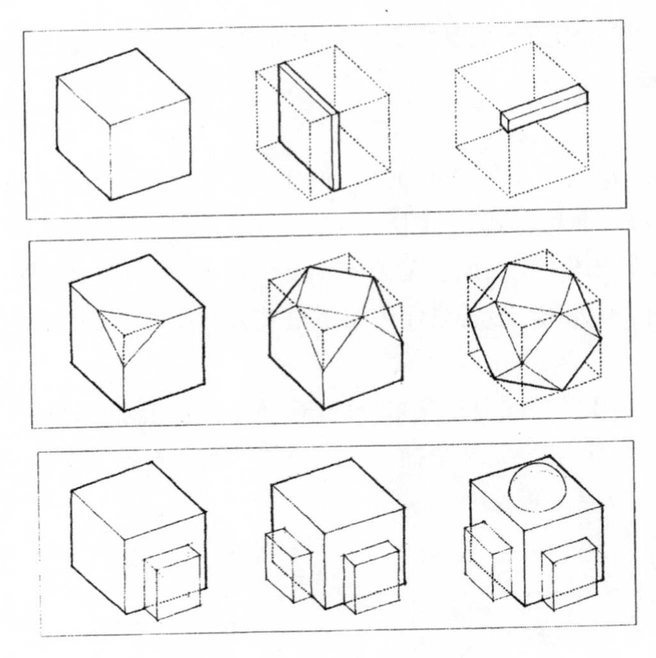

图2–141　形式的变化

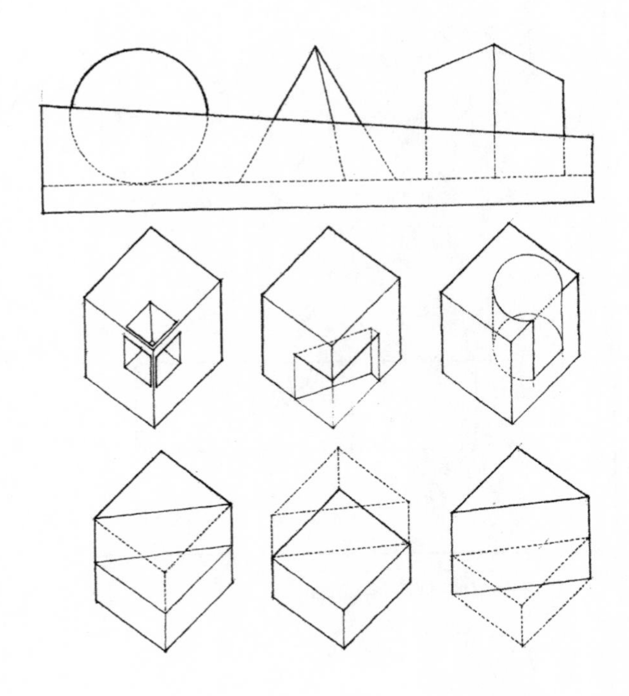

图2–142　消减的形式

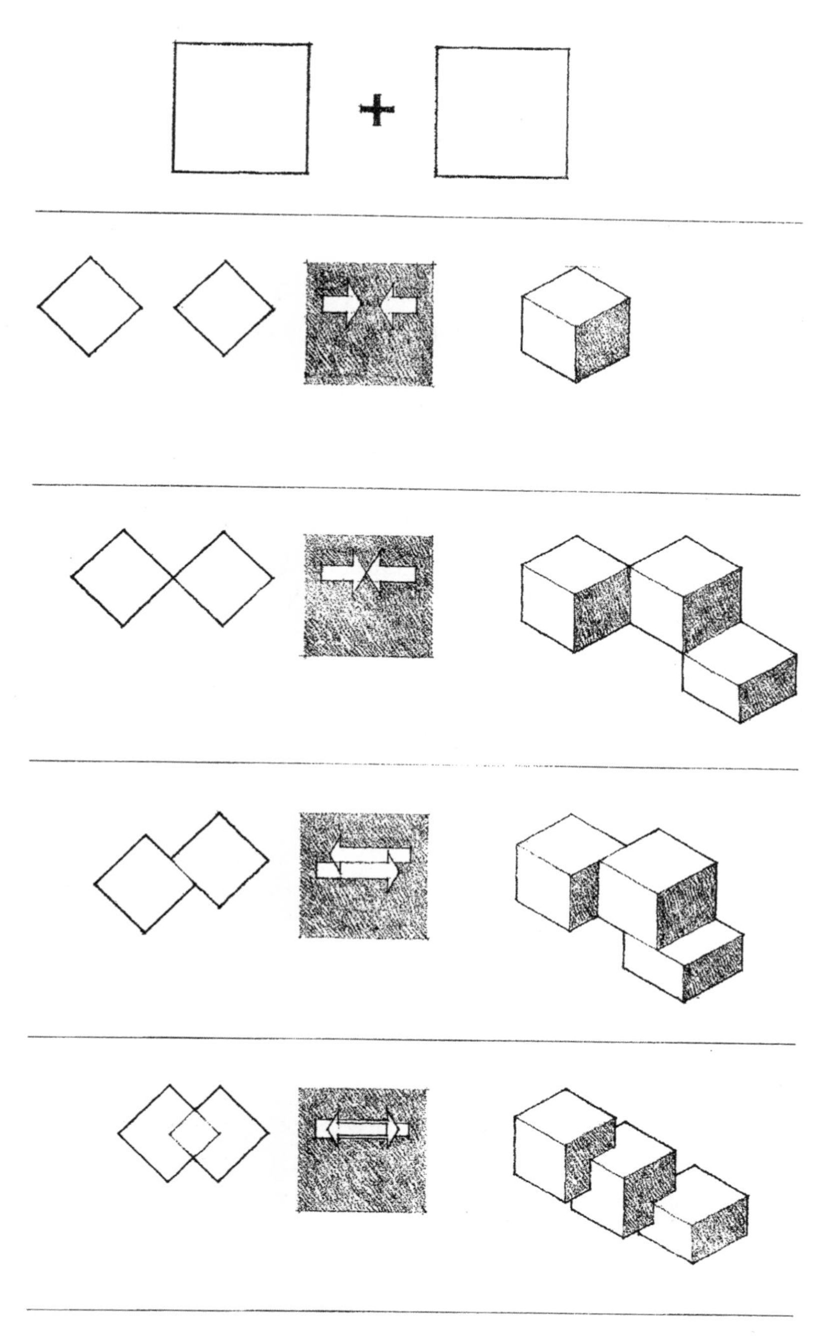

图2–143　增加的形式

13）形式美的原则

形式美的原则很多，基本的内容概括如下：

（1）比例：比例是指一个建筑形式和空间的尺寸之间的数学关系（见图2–144），包括基本的人体比例，比例的类别（黄金分割比、几何比124、算数比123、和谐比236等），集中控制比例的方式（模数制度、控制线、西方柱式和中国营造法式的材等）。

（2）尺度：主要指建筑和人体之间的大小关系和建筑部分之间的大小关系，而形成的一种大小感。建筑中有一些构件是人经常接触或使用的，人们熟悉它们的尺寸大小，如门扇一般高为2～2.5 m，窗台或栏杆一般高为90 cm等。这些构件就像悬挂在建筑物上的尺子一样，人们会习惯地通过它们来衡量建筑物的大小。

（3）变化与统一：个别形象和形式要素多样化，可以丰富作品的艺术形象，但是这些变化又必须达到高度统一，使其统一于一个中心形象或主体部分，这样才能构成一个有机的整体形式。

（4）对比与和谐：对比就是应用变化的原理，使一些可比成分的对立特征更加明显，更加强烈。如大小、曲直、方向、黑白、明暗、疏密、虚实、开合等，都能形成对比。和谐就是各个部分或要素之间相互协调，是指可比要素存在某种共性的关系。

（5）对称与均衡：对称是指整体的各个部分依实际的或假想的对称轴或

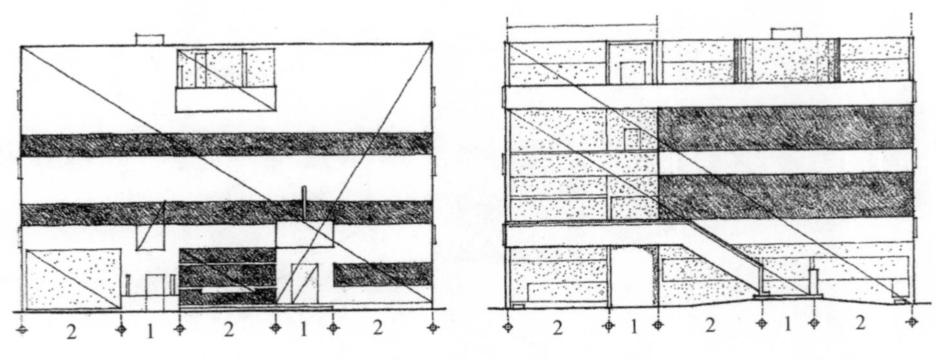

图2–144　某建筑物控制线比例分析

对称点两侧形成等形、等量的对应关系，它具有稳定与统一的美感。

（6）节奏与韵律：表示有秩序的连续重现，比如同一元素的反复强调和重复。

通过以上的分析，同学可以尝试初步掌握空间组合的形式美原则，重点分析建筑的比例与尺度。可以利用图示找出建筑平面、立面或者剖面中蕴含的比例、尺度等关系，分析形式美的原则如何影响该建筑设计（见图2–145）。

14）其他的分析

（1）细部构成，比如建筑中对窗的处理；

（2）建筑如何体现建筑师的理念；

（3）建筑场所的营造与空间序列；

（4）分析过程的心得与体会等。

每个建筑都有独特的设计，分析具有特征意义的内容可以帮助学生更好地理解该建筑设计的方法和内容。分析表达方法不限，但应能够充分说明问题。

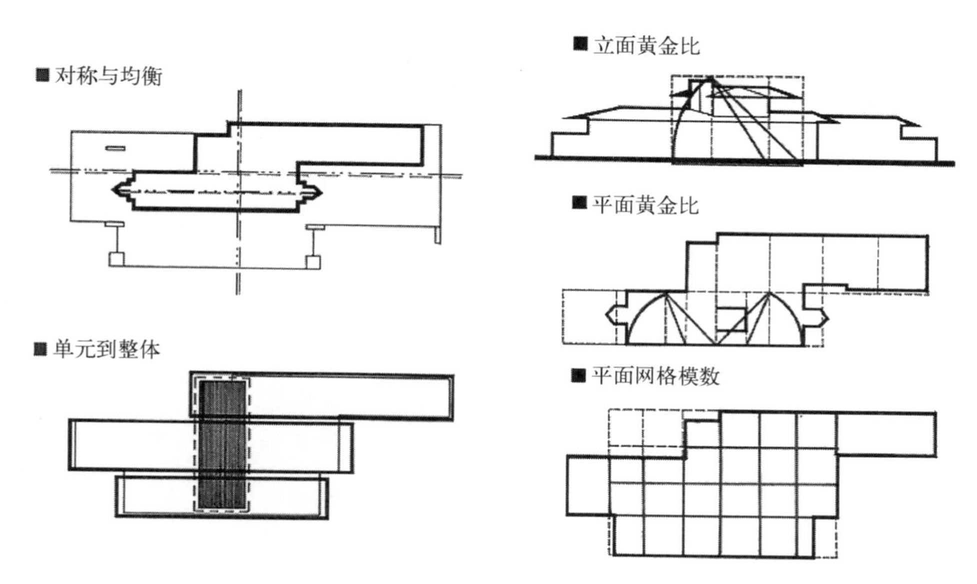

图2–145　建筑的形式美分析

第 3 章
设计基础

3.1 外部空间设计

3.1.1 外部空间的形成

空间基本上是由一个物体同感觉它的人之间产生的相互关系所形成。这一相互关系主要是根据视觉确定的，但作为建筑空间考虑时，则与嗅觉、听觉、触觉也都有关。即使是同一空间，根据风、雨、日照的情况，有时印象也大为不同。

即便在日常生活中，也经常无意识地在创造空间。例如，有时去野餐，在田野上铺上毯子。由于在那里铺了毯子，一下子就产生出从自然当中划分出来的一家团圆的场地。收掉毯子，就又恢复成原来的田野。又如，男女两人在雨中同行时。由于撑开雨伞，一下子在伞下产生了卿卿我我的两个人的天地。收拢雨伞，只有两个人的空间就消失了。再如，由于户外演讲人周围集合的群众，产生了以演讲人为中心的一个紧张空间。演讲结束群众散去，这个紧张空间就消失了（见图3–1）。

图3–1　日常生活中空间的创造

所谓空间，是非常有趣的，是有研究价值的。老子说得很妙："埏埴以为器，当其无有器之用。凿户牖以为室，当其无有室之用。是故有之以为利，无之以为用"。实际上，捏土造器，其器的本质也不再是土，在它当中产生了"无"的空间。我们建筑师创造这个"无"的空间时，土这个材料仍然是必需的，这一点是不能忘记的。

根据一般常识来说，建筑空间是由地板、墙壁、天花板所限定（见图3–2）。因此，可以认为地板、墙壁、天花板是限定建筑空间的三要素。我们建筑师，就是在这三要素上使用各种材料去具体地创造建筑空间。

例如，在灿烂阳光照耀的毫不出奇的平坦土地上，用砖砌起一段墙壁，于是，在那里就的的确确出现了一个适于恋人们凭靠倾谈的向阳空间；在它背后则出现了一个照射不到阳光的、冷飕飕的空间。拆去这段墙壁，就又恢复到原来的毫不出奇的土地（见图3–3）。

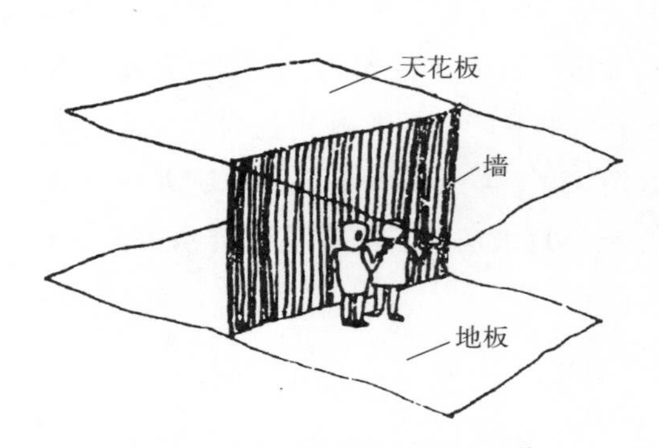

图3–2　限定建筑空间的三要素

又如，在空无一物的地面上空，如果吊起一块华盖似的物体，在它下面，就会出现一个在酷热的

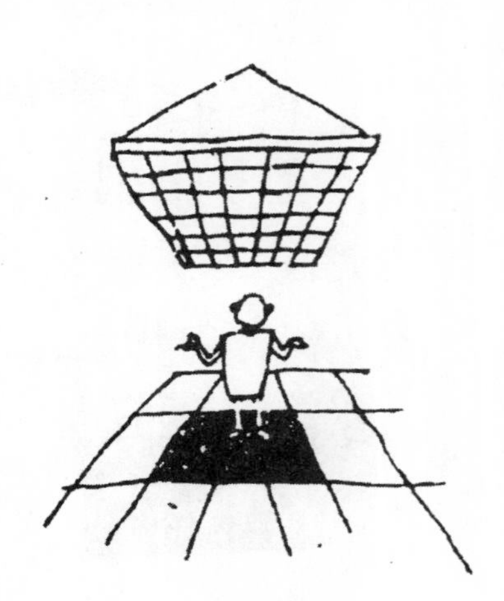
图3–3　建筑空间的创造

阳光下保护人们的休息空间。拆除这个华盖，则又恢复到原来的平坦土地。这样，由于出现墙壁或天花板，在那里就可以创造建筑空间，根据它出现的情况如何，空间的质的变化是很大的。

那么，究竟什么是建筑外部空间呢？首先，它是从在自然当中限定自然开始的。外部空间是从自然当中由框框所划定的空间，与无限伸展的自然是不同的。外部空间是由人创造的有目的的外部环境，是比自然更有意义的空间。所以，外部空间设计，也就是创造这种有意义的空间的技术。

由建筑师所设想的这一外部空间概念，与造园师考虑的外部空间，也许稍稍有些不同。因为这个空间是建筑的一部分，也可以说是"没有屋顶的建筑"空间，即把整个用地看作一幢建筑，有屋顶的部分作为室内，没有屋顶的部分作为外部空间考虑，所以外部空间与单纯的庭园或开敞空间自然不同。

如前所述，建筑空间根据常识来说是由地板、墙壁、天花板三要素所限定的。可是，外部空间因为是作为"没有屋顶的建筑"考虑的，所以就必然由地面和墙壁这两个要素所限定。换句话说，外部空间就是用比建筑少一个要素的二要素所创造的空间。正因如此，地面和墙壁就成为极其重要的设计决定因素了。

由于外部空间不是无限延伸的自然，而是"没有屋顶的建筑"，所以平面布置（平面规划）是首要的，对什么地方布置什么要进行充分的研究。因为是以二要素进行设计，所以无论对地面还是墙壁，都应进行仔细推敲。例如，不光是材料的质地，随着地面的高差变化，以踏步或斜道联系其间也是很重要的。关于墙面的材质，因为外部空间比内部空间距离大，所以也要事先很好了解在什么距离怎样才能看清材质。还有，墙的高度比视线高还是低，它的灵活运用也是很重要的。在外部空间设计时，等于比内部空间多了使用树木、水、石等的条件。而且，耐风化的焙烧材料、砖、片石、室外雕塑、室外家具等也被加以采用了。

3.1.2 外部空间的构成要素

外部空间可以有边界、场所、出入口、通道、标志、周边等要素分类。

（1）边界：可以划分、限定空间。通常来说大部分空间是有明确的边界的，比如城市广场，就是由道路或是建筑限定而成。也有些外部空间没有明确的边界，就是我们通常所说的模糊空间、亦内亦外的空间，如传统民居中常用的宽挑檐所形成的廊道，街道与廊之间所形成的界面由若干柱子形成，这种界面是不明确、不完整的，空间特性也模糊了，廊空间成为既非室内、又非室外的过渡空间。

（2）场所：是有中心，从内部可感受到的宽广的空间。场所是由边界限定而来，是真正容纳活动的区域。因此场所必须界定出活动的区域，或实围，或虚拟，或约定俗成，并且要界定出这个区域是属于什么人群。

（3）出入口：是一种空间的隔断与连接，与人的活动相联系。外部空间要渗入进去，内部空间要引出来，无论是空间形态还是人的活动，都会产生很多有趣味的东西。

（4）通道：是不同场所之间的线性连接，揭示空间的组织关系，很多时候也可以具有特殊的意义。

单一狭长的矩形空间是组织不同建筑空间的常见元素，其空间的高度、宽度与纵深距离的比例关系会对处于其中的人在心理上产生纵深引力。因此可以起到明显地引导人流行进的作用。

（5）标志：是特定意义和象征性的记号。标志一般是环境空间主题的体现，或者是用来活跃空间性格。

标志可以是建筑或雕塑，一般在空间的变化处出现，给人醒目的视觉提示，暗示空间的特征或是变化。地区差异往往也可以构成标志的要素。

当标志居于空间的中央时，易使整个空间产生向心感；而当其位于空间的一端时则能在空间中形成方向性。

（6）周边：是建筑以外向四周延伸的空间，具有模糊性特点。

3.1.3　空间性质与序列

空间的性质是在开始外部空间设计时应首先确定的东西。

空间的性质有了确定，才有可能去构思平面布局。平面布局是对相应空间所要求的用途进行分析，并确定相应的领域。

1）运动空间和停滞空间

运动空间包括：

（1）向某个目的地前进；

（2）散步；

（3）进行游戏或比赛；

（4）列队行进或其他集体活动；

（5）其他。

停滞空间包括：

（1）静坐、眺望景色、读书看报、等人、交谈、恋爱；

（2）合唱、讨论、演说、集会、仪式、饮食、野餐；

（3）饮水、洗手、解手；

（4）其他。

当然，在外部空间环境中，既有运动空间和停滞空间完全独立的情况，也有两种空间浑然一体的情况。不过，如果停滞空间没有完全脱离运动空间的话，那么停滞空间就不可能是真正安静的外部空间。

运动空间希望平坦、宽阔、没有障碍物。而且运动空间的路线设计方向性要明确，距离要便捷。因为有时人的活动要在短时间内完成，如果道路设计成沿着三角形的两条边，那么行人很有可能自己踏出一条道路，这条道路就是三角形的另一条边。

停滞空间要有目的地为人们设置长椅、遮阳设施或绿荫、景观以及照明灯具等，方便人们的休息、散步等活动。用于合唱、讨论等活动的特殊空间，要在功能上为活动的方便创造条件。例如，地面上有高差的变化，方便人们的观看，或者是背后有墙壁，围合成一个类似于舞台的空间等（见图3–4）。停滞空间的饮水、洗手和厕所等人人都需要的设施，要安排在容易找到又不受妨碍的位置上。

外部空间设计要尽可能赋予该空间明确的用途，根据这一前提来确定空间的大小、铺装的质感、墙壁的造型、地面的高差等，这些都能成为很好的着手途径。

图3-4　停滞空间

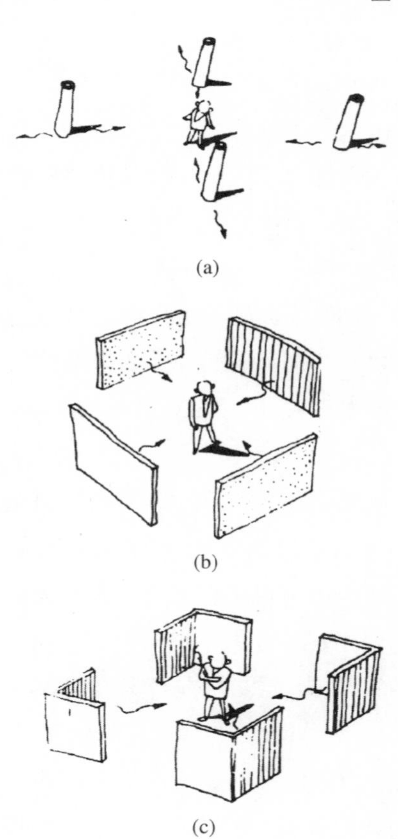

图3-5　空间封闭性的三个阶段

在外部空间布局上带有方向性时，希望在尽端处设置某种具有吸引力的物体或景观。假如一条道路在尽端处没有某种吸引人的内容，即使在路的两侧不断出现一些景物或变化，空间还是会由于扩散而难以吸引人。相反地，在尽端处有目的物或吸引人的内容时，就连途中的空间也容易动人。

2）封闭空间与开放空间

在进行外部空间布局时，有一种为各个空间带来一定程度封闭性，向心性地整顿空间秩序的方法。布局中应当注意墙的配置及其造型。

如图3-5（a）所示立有4根圆柱，这4根圆柱之间就发生相互干涉作用，外部空间在这里成立，但在另一方面，圆柱没有方向性，同时具有扩散性，没有充分形成封闭空间。其次，如图3-5（b）所示，在四面各立一段墙壁，在这里就发生了相互干涉，出现远比图3–5（a）有封闭性的空间，可是4个角在空间上欠缺而不严谨。相对地，如图3–5（c）所示，立起四段转折的墙壁，墙的总面积也与图（b）相同，空间的封闭性就大大地改善了，空间的严谨与紧凑感也就出来了。

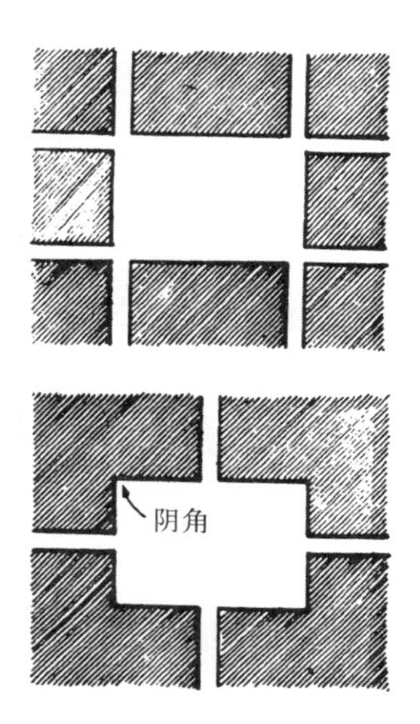

图3–6　阳角与阴角

一般来说，沿着棋盘式道路修建建筑时，建筑物转角成为以直角突出到道路上的阳角，而且，即使在创造连一幢建筑都不修建的外部空间时，外部空间的转角也会出现纵向缺口，从空间的封闭性来说效果较差。相对地，在保持转角而创造阴角空间时，即可大大加强空间的封闭性（见图3–6）。这一点在欧洲的广场上已经得到证实了。

对于一个外部空间来说，除了墙体的封闭程度，墙体的高度同样具有研究的意义。

讨论空间封闭性时，应当考虑到墙的高度与人眼睛的高度有密切关系（见图3–7）。在30 cm高度，作为墙壁只是达到勉强能区别领域的程度，几乎没有封闭性。不过，由于它刚好成为憩坐或搁脚的高度，而带来非常不正式

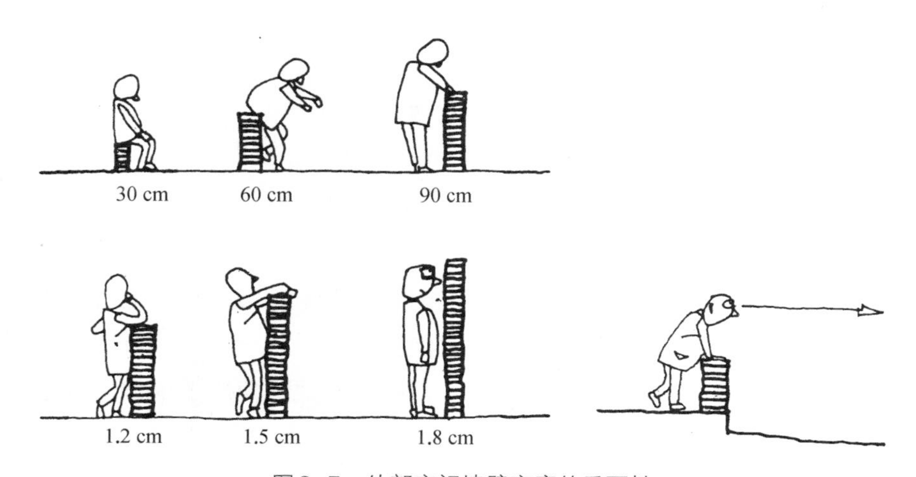

图3–7　外部空间墙壁高度的重要性

的印象。在60 cm高度时，基本上与30 cm高的情况相同，空间在视觉上有连续性，还没有达到封闭性程度，刚好是希望凭靠休息的大致尺寸。对于90 cm高度，也是大体相同的。当达到1.2 m高度时，身体的大部分逐渐被遮挡，产生出一种安心感。与此同时，作为划分空间的隔断性格加强起来了，但在视觉上仍有充分的连续性。达到1.5 m高度时，虽然每个人情况不同，不过除头部之外身体都被遮挡了，产生了相当的封闭性。当达到1.8 m以上高度时，人就完全被遮挡，一下子产生出封闭性。就像这样，所谓封闭性就是由比人高的墙壁隔断了地面的连续性时所产生的。

关于墙的配置，我们需要注意到：矮墙主要用于领域与领域之间的划分，在地面有高差处，或沿流水及绿化处，可以用矮墙作为边框来使用。

3）序列空间的安排

在外部空间构成当中，其空间有单一的、两个的和多数复合的等，不管哪种情况，都可在空间中考虑顺序。芦原义信（日本当代著名建筑师，1918—2003年）根据空间的用途和功能来确定空间领域，用这种方法建立起空间顺序，列出以下几种空间序列：

外部的→半外部的（或半内部的）→内部的；
公共的→半公共的（或半私用的）→私用的；
多数集合的→中数集合的→少数集合的；
嘈杂的、娱乐的→中间性的→宁静的、艺术的；
动的、体育性的→中间性的→静的、文化的。

这些不过是少数几个例子，实际上要考虑各种各样的组合。在人的多样意图范围内，要考虑一切组合。参照图3-8，具体地来表示一下“外部的→半外部的→内部的”这一空间秩序的构成。外部空间1是宽阔的，地面也比较粗犷，栽有树木等。空间2比空间1稍窄小，地面使用了相当人工性的材料。空间3则更比空间2小，由于墙壁而有了封闭性。地面使用了细致美观的材料，照明也不是通常室外照明那种灯柱，而是采用了从墙面挑出的精致灯具，以内部式效果为目标。而且，在这3个空间中还大大利用了室外家具、室外雕塑等。这样就可以创造出从外部过渡到内部的空间秩序。

其次，关于“公共的→半公共的（或半私用的）→私用的”这一空间层次，也可以从图3–9所示中加以说明。No.1空间是由行政办公楼和走廊围成的公共空间，设置了适于室外仪式及集会用的讲台和旗杆。No.2空间是由教室群围成的半公共空间，是学生们在课余进行谈话、读书和散步用的。No.3空间是由食堂、学生礼堂、图书馆围成的日常性外部空间，是弹吉他唱歌、谈论人生、谈笑、品尝烧烤的地方。具有这样3个空间层次的外部空间，利用自然的斜坡，以踏步为交接从高处依次布置。绿化、户外照明灯具等，也分别以适于公共的、半公共的、私用的形式进行设计，这正好相当于室内空间秩序的门厅、起居室、卧室。

“多数集合的→中数集合的→少数集合的”这一空间秩序，随着空间缩小，由于或是增加墙壁高度，或是使用细致的材料，把照明灯具加以变化，就可以强调出空间的层次。

嘈杂的、娱乐的外部空间可以设计，宁静的、艺术的外部空间也可以设计。削成一部分斜面而围成的外部空间可以创造，面临河流

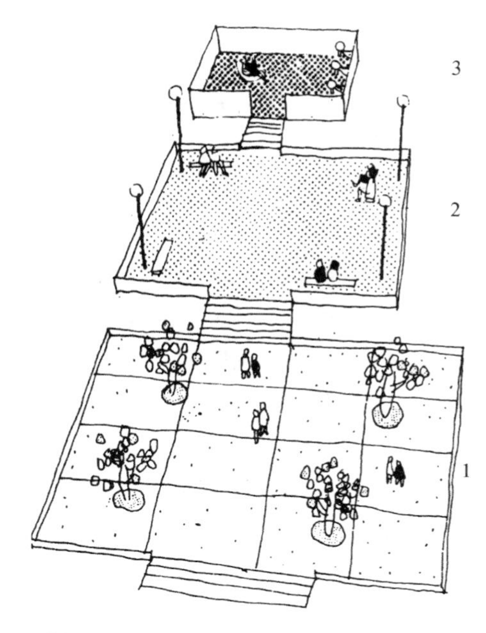

图3–8　从外部过渡到内部的空间秩序

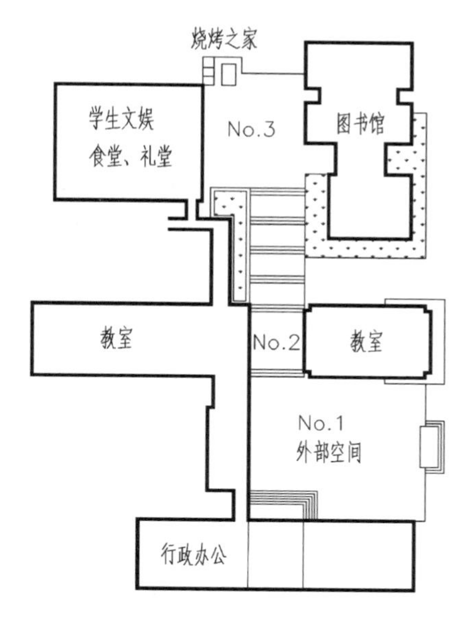

图3–9　富士山麓的贸易研究中心校园平面图

或湖泊的愉快空间也可以创造。总而言之，是在于充分克服和利用一切地理条件，适应空间所要求的功能种类和深度，创造出空间秩序富于变化的空间。

3.1.4 外部空间的设计手法

1）尺度

首先我们可以从人与人之间距离的变化来体验不同的感受（见图3–10）。

在0.5～1 km的距离之内，人们根据背景、光照，特别是所观察的人群移动与否等因素，可以看见和分辨出人群，这一范围可以称为社会性视域。

在70～100 m远处，就可以比较有把握地确认一个人的性别、大概的年龄以及这个人在干什么。70～100 m远这一距离也影响了足球场等各种体育场馆中观众席的布置。例如，从最远的座席到球场中心的距离通常为70 m，否则观众就无法看清比赛。

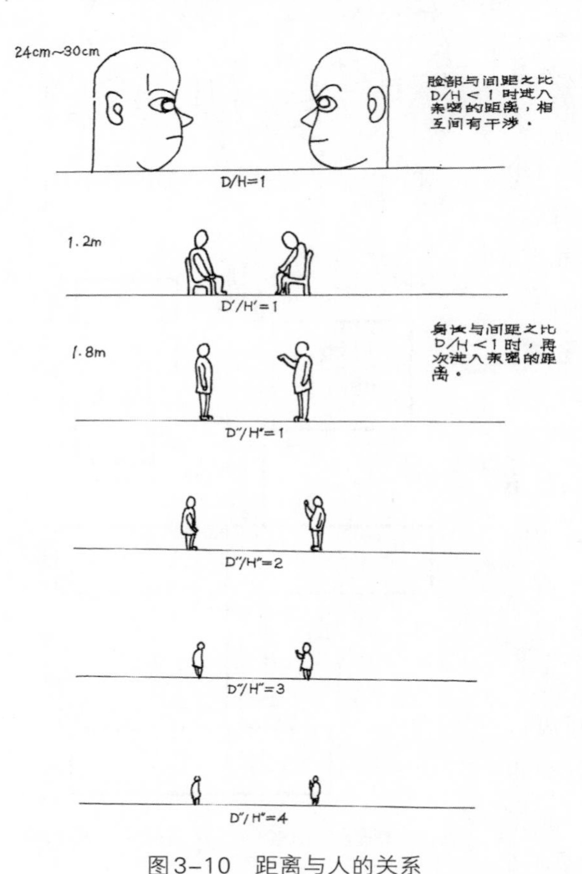

图3–10 距离与人的关系

距离近到大约30 m远处，可以看清细节时，才有可能具体看清每一个人。当距离缩小到20～25 m，大多数人能看清别人的表情与心绪。在这种情况下，见面才开始变得真正令人感兴趣，并带有一定的社会意义。例如剧场舞台到最远的观众席的距离最大为30～35 m。

在1～3 m的距离内就能进行一般的交谈，体验到有意义的人际交流所必需的细节。如果再靠近一些，印象和感觉就会进一步得到加强。

距离可以在不同的社会场合中用来调节相互关系的强度，在此基础上，爱德华（Edward Twitchell Hall，1914—2009年，美国人类学家）提出了“空间关系学”的概念，并在一定程度上将这种空间尺度加以量化：密切距离（0～0.45 m），个人距离（0.45～1.20 m），社交距离（1.20～3.60 m），公共距离（7～8 m）。

接下来再来看看外部空间中人与建筑之间距离的变化会给人怎样不同的体验。

行为心理理论认为，人类室外分析建筑的最佳注视夹角为54°，也就是以垂直视角为27°形成的视锥。当水平视角达到60°，四缘尺度就易产生变形，导致空旷无所适应感的发生（见图3–11和图3–12）。

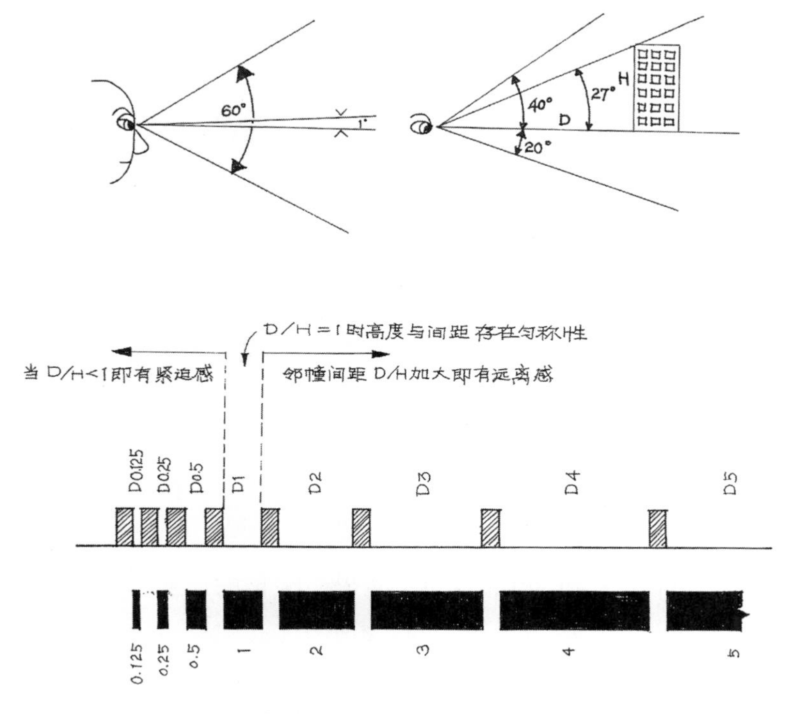

图3–11　建筑高度（H）与邻幢间距（D）的关系

如果用H代表建筑物的高度，用D表示人与建筑界面的距离，则有下面的结论：

（1）当$D/H=1$时，建筑物高度与距离的搭配显得均匀合适，人有一种内聚、安定、不至于压抑的感觉。

（2）当$D/H<1$时，两栋建筑开始相互干涉，内聚的感觉加强，心里感觉有贴近或过近的感觉，产生压抑感。其对面建筑的形状、墙面材质、门窗大小及位置、太阳入射角等都成为应关心的问题。

（3）当$D/H>1$时，心里感觉有远离或疏远的倾向。

（4）当$D/H=2$时，可以看清建筑的整体，内聚向心而不至产生离散感。

（5）当$D/H=3$时，可以看清实体与建筑的关系，两实体排斥，空间离散，围合感差。

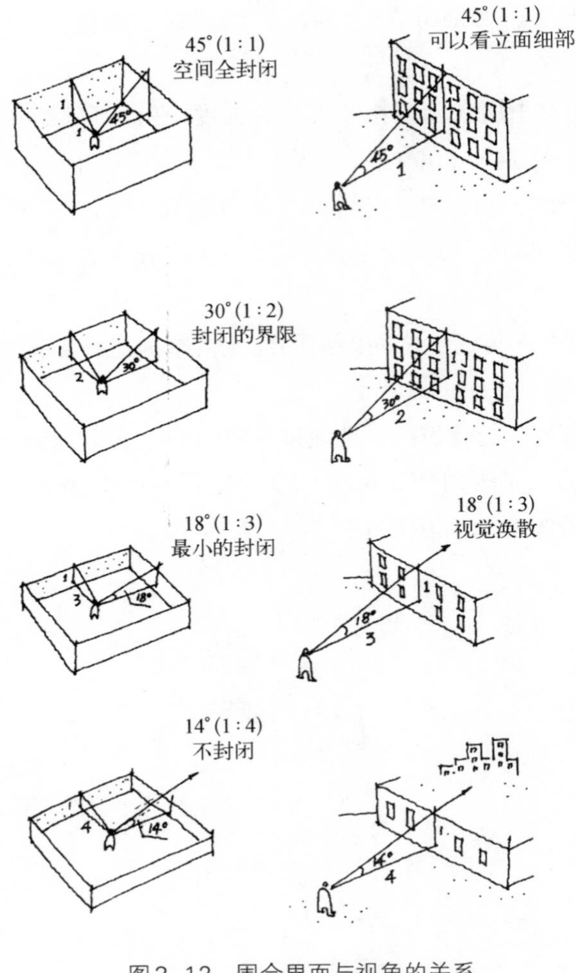

图3-12　围合界面与视角的关系

（6）当$D/H>4$时，各幢建筑之间的影响可以忽略不计。

当设计外部空间时，它的尺度同室内设计是有一些差别的，这一点应当注意。芦原义信基于自己的经验，提出外部空间的两个假说。

a. 外部空间可以采用内部空间尺寸8～10倍的尺度，称之为“十分之一理论”。

日本式建筑4张半席（2.7 m×2.7 m）的空间对两个人来说，是小巧、宁静、亲密的空间，芦原义信按此将尺寸加大至8～10倍，即得每边为2.7 m×

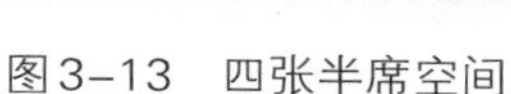
图3–13　四张半席空间

图3–14　小型室外广场

（8～10）=21.6～27 m的外部空间。这是正好包含着可以互相看清脸部距离（20～25 m）的广度，所以在这个空间里的人谁都可以看清楚，这样就可以创造出舒适亲密的外部空间（见图3–13和图3–14）。

80张席房间（7.2 m×18 m）或100张席房间（9 m×18 m）是日本宴会大厅的通俗称呼。这一广度的空间是按照人们进行联欢等活动来考虑的。把这一尺寸加大至8～10倍折算成外部空间就会得到以下两种广场的尺寸。

按8倍折算为：

80张席房间　　57.6 m×144 m

100张席房间　　72 m×144 m

按10倍折算为：

80张席房间　　72 m×180 m

100张席房间　　90 m×180 m

这些就成为统一的大型外部空间。它与卡米洛·希泰（Camillo Sitte，1843—1903年，奥地利建筑师）所说的欧洲大型广场的平均尺寸190 ft×465 ft（57.5 m×140.9 m）是大体上相称的（见图3–15和图3–16）。

这个十分之一理论，实际上也不是很周密适用的。只要把内部空间与外部空间之间有这样一个关系放在心上，作为外部空间设计的参考就行。

b. 外部空间可采用行程为20～25 m的模数，称之为“外部模数理论”。

关于外部空间，实际走走看就很清楚，每20～25 m，或是有重复的节奏感，或是材质有变化，或是地面高差有变化，那么，即使在大空间里也可以打

图3-15　大型会议室

图3-16　意大利锡耶纳坎波广场

破其单调，有时会一下子生动起来。这个模数太小了不行，太大了也不行。一般看来，可以识别人脸的距离刚好也就是20～25 m。

2）水平要素限定的空间

基面抬升与下沉

抬升或下沉的空间与周围环境之间，在空间与视觉上的连续程度取决于高程变化的尺度（见图3-17～图3-22）。

安排高差就是明确地划定领域的境界，运用高差就可以自由地切断或结合几个空间。地面低于基准地平面的下沉式庭园，具有与竖起墙壁同样的封

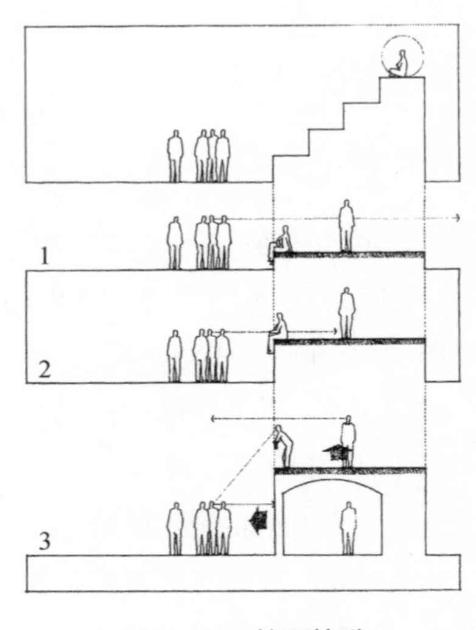

图3-17　基面抬升

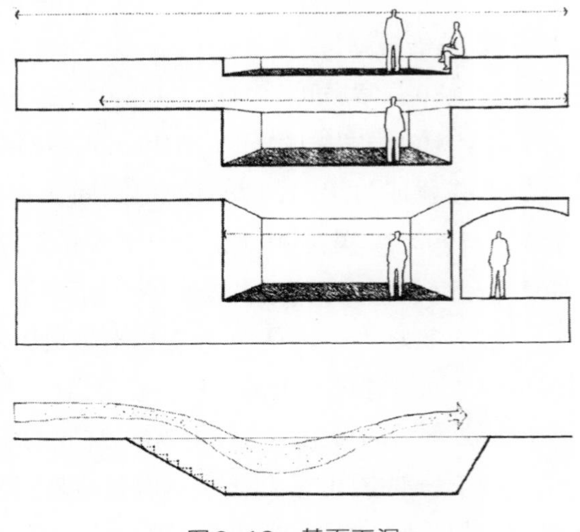

图3-18　基面下沉

图3-19　日本横滨大通公园

图3-20　纽约派雷袖珍广场

图3-21　日本横滨MM’21户外广场

图3-22　宁波北岸琴森居住小区内下沉广场

闭效果，而且，从地面看低的部分时，因为容易在一瞥当中掌握整个空间，所以在外部空间设计中是极有效的技法。下沉式庭园的手法可用于外部空间规模较大、平面复杂、人流大量集中的市中心地带空间难以掌握的情况，或是一方面使空间上连续，同时又把有入场券和无入场券者加以区分的情况，可以说它的适用范围是相当广的。

在地面出现高差部分，往往会用室外踏步或斜道相连接。在图3–23（a）中，设两个不同水平面的空间分别为A、B，且A比B高，联系A、B的踏步或斜道，基本上有3种方法。第一种是踏步进入B领域［见图3–23（a）（1）］，第二种是踏步进入A领域［见图3–23（a）（2）］，第三种是踏步进入既不属于A，又不属于B的中间性C领域［见图3–23（a）（3）］。如A领域延长到A′，B领域延长到B′，处于中间的C领域的情况为第三种的变形［见图3–23（a）（4）］。那么，从设计上判断，踏步或斜道是在A领域还是B领域？或是在C领域呢？乍一看好像很简单，可是从前述的外部空间布置的领域性来考虑，则是极为本质性的问题。而且，连接A领域同B领域时，踏步的位置是在端头？中间？还是整个宽度？根据其具体情况就能充分赋予某些地带通行之外的用途［见图3–23（b）］，例如在主要人流线之外而成为较安静处，可设置长凳或设置饮水器。这也是外部空间布局的重要问题。

外部空间的踏步最好宽度较大，人们能充裕地交错通过。而且，如前面所述，踏步高度与室内相同或是根据情况低一些较好，踏面则希望做得比室内宽些。

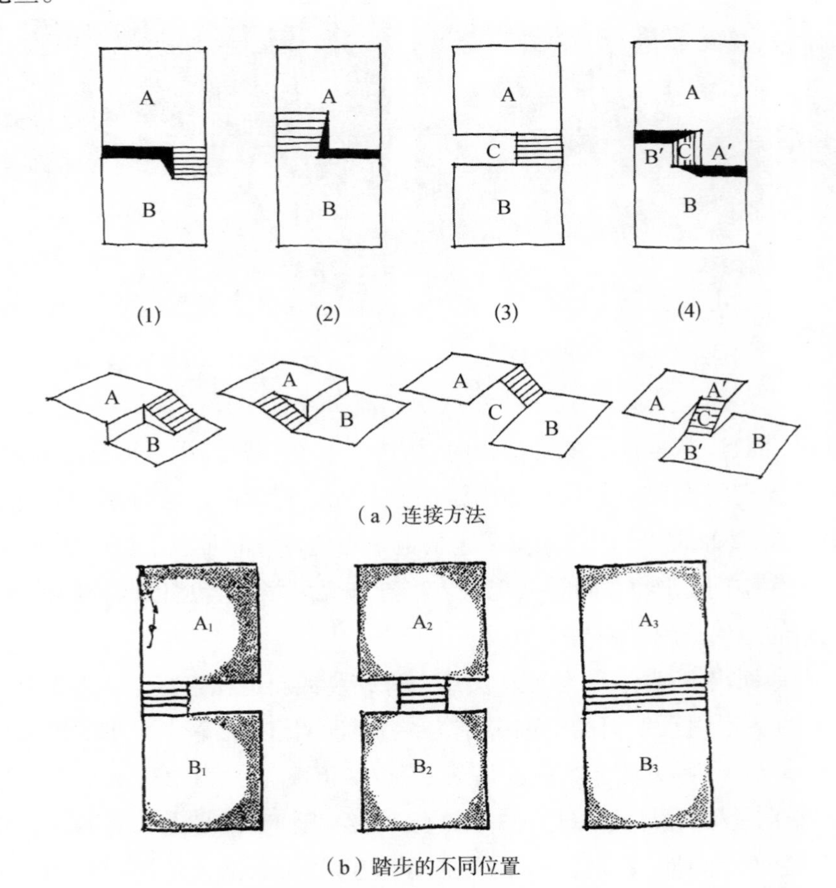

（a）连接方法

（b）踏步的不同位置

图3–23　不同高度水平面的连接

室外踏步根据休息平台的位置和深度，给人的印象大为不同。如图3–24所示，当站在踏步下面时，若休息平台深度较大，休息平台上面的踏步就看不到，起始一段踏步的最上面一步形成地平线。随着往上走，下一段踏步就开始看到了。当休息平台比较多时，就依次开始出现上面的踏步。相对地，在休息平台深度较浅时，就可以一目了然掌握踏步的全貌。

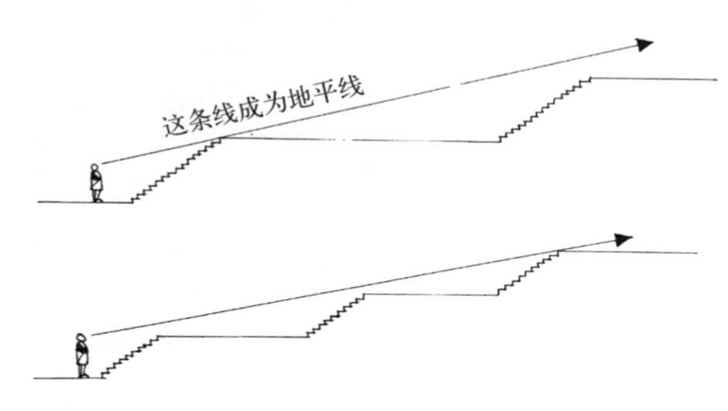

图3–24　踏步与休息平台的关系

3）垂直要素限定的空间

（1）一个垂直的线要素，如一根柱子、一座方尖碑或一座塔，它们在地面上确立了一个点，而且在空间中令人注目。一个垂直的线要素能够在空间中产生一个向它聚拢的空间（见图3–25和图3–26）。

（2）两根柱子之间会形成了一层透明的空间膜，限定出那些需要与周围环境保持视觉与空间连续性的空间的边界（见图3–27和图3–28）。

（3）各种垂直面的组合可以限定出不同的空间（见图3–29～图3–33）。

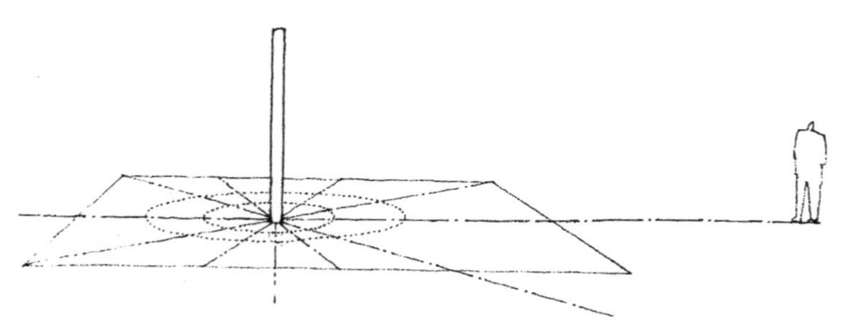

图3–25　垂直的线要素

图3-26 罗马圣彼得广场

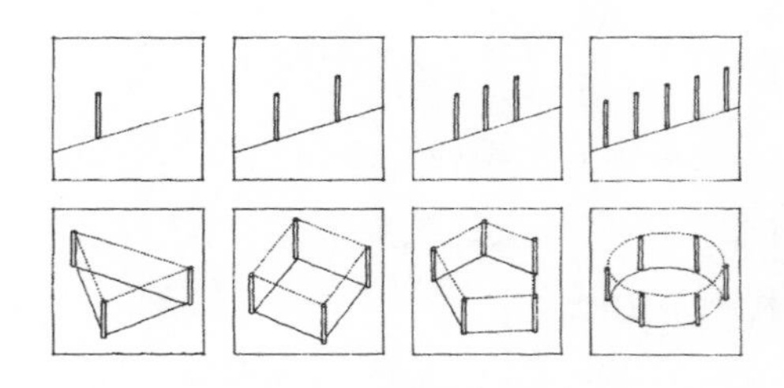

图3-27 垂直的线要素

图3-28 印度泰姬陵

4）其他

为了获得宜人、丰富的外部空间，仅仅一种手法是不够的、需要多种手法的综合运用。根据不同的建筑以及不同的环境需要综合运用不同的手法。

（1）水面。

外部空间中水是如何处理的呢？在气候寒冷的地方，水也许不是那么有意义的，但在气候温暖的地方，对外部空间来说，水就很重要。水可以考虑为静的或是动的。静止的水面物体产生倒影，可使空间显得格外深远（见图3-34）。特别是夜间照明的倒影，在效果上使空间倍加开

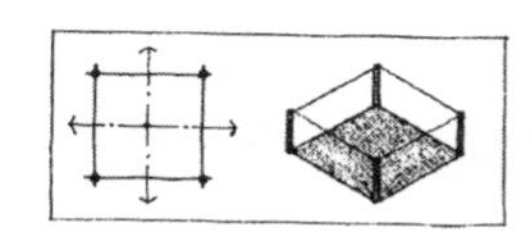
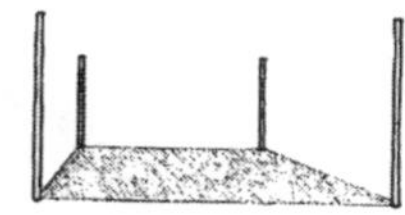
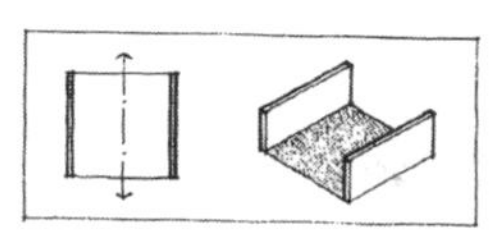
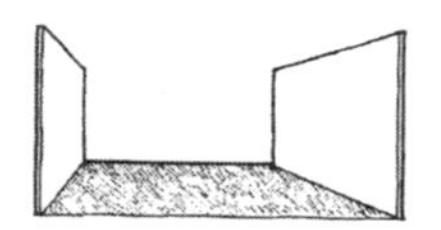
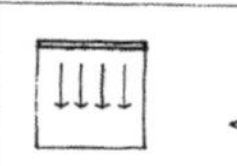
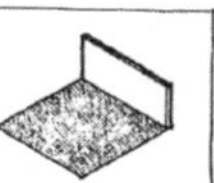
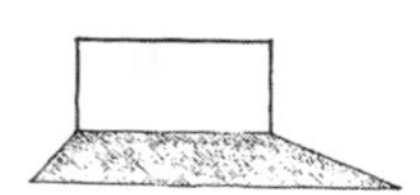
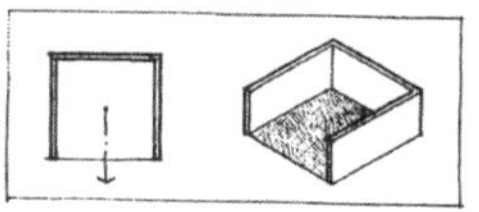
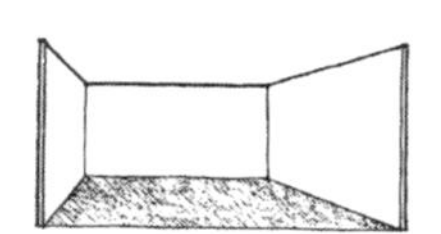
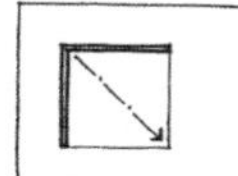
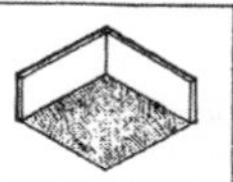
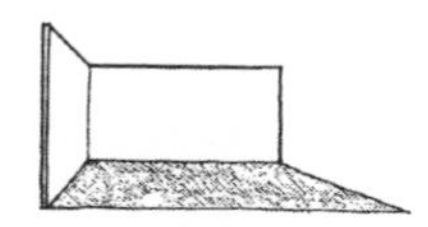
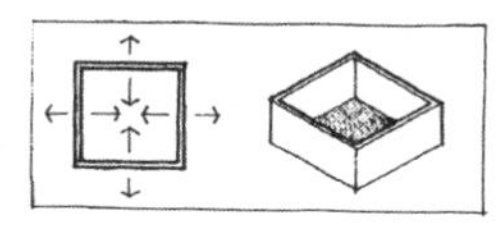

图3-29　垂直要素限定空间

图3-30　宁波帮文化公园

图3-31　宁波北岸琴森居住小区

图3-32　宁波帮文化公园

图3-33　宁波北岸琴森居住小区

阔。动水中有流水和喷水。流水低浅地使用，可在视觉上保持空间的联系，同时又能划定空间与空间的界线。流水如果在某些地方做成堤堰，还可以进一步夸张水的动势（见图3–35）。

水还有一种有趣的用法，就是在空间布局时不希望人进入的地方，可以用水面来处理。用这种方法，可以相当自由地促进或是阻止外部空间的人的活动，因此，外部空间的设计是非常有意思的（见图3–36）。

（2）铺地。

在外部空间设计中，常常需要用铺地来引导人的行进，或是区分领域。

当希望人流快速通过时，往往使用平坦的、尺度较大的铺地（见图3–37和图3–38）；相反，则可以选择尺度较小且有间断的铺地，或是高低有起伏，或是路线有曲折，这样的铺地使人自然而然地放慢了行进的脚步（见

图3–34　美国洛杉矶珀欣广场

图3–35　宁波日湖公园

图3–36　宁波帮文化公园

图3–37　宁波帮文化公园

图3-39和图3-40）。

铺地通过变换铺砌方式与纹理，可以用来区分与其他空间不同的领域，以达到不同使用功能的目的（见图3-41）。

（3）光影。

自然光是自然的一个最基本的要素，它总是与空气、自然景观、最美丽时刻的记忆联系在一起。光的到达将空间展示在我们面前，同时还对空间进行了二次创造和再组织。自然光赋予建筑材料颜色、质感、明度的特性（见图3-42和图3-43）。

光与影是真正意义上的动态构图，不仅在于光与影可以形成不规则的具有动感的图形，而且在于图形本身会随时间的变化而改变其形状、位置、深浅。

图3-38　宁波帮文化公园

图3-39　宁波日湖公园

图3-40　宁波日湖公园

图3-41　宁波北岸琴森居住小区

图3-42　澳大利亚悉尼岩石中心门廊过渡空间

图3-43　澳大利亚悉尼岩石中心入口

（4）借景。

借景是中国园林艺术的传统手法，有意识地把园外的景物“借”到园内视景范围中来。一座园林的面积和空间是有限的，为了扩大景物的深度和广度，丰富游赏的内容，除了运用多样统一、迂回曲折等造园手法外，造园者还常常运用借景的手法，收无限于有限之中（见图3-44和图3-45）。

在外部空间设计中，同样可以运用借景的处理手法，考虑周围环境对所处地块有利的因素，将其纳入设计之中，丰富使用者的空间感受。

图3–44　园林中的借景方法

图3–45　园林中的借景方法

3.2　材料　结构　空间

建筑空间是建筑材料以各种方式组成结构，开辟出来的空间。在建筑文化和历史中，建筑师对材料的感受、对形式的创作是非常鲜活的。本节着重于引导学生关注在建筑设计中的一个基本问题，即建筑材料、结构与空间的关系，并通过动手来体验和认知它们之间的基本关系。

对于自然物，每种材料都有自己的模样，即形式，而每种形式又赋予材料以特征，因此人们可以容易区别石头、木头和土壤；对于人工产物，也是如此，如砖、钢管、工字型钢材、混凝土等都有自己的颜色、密度和质地等材料方面的属性，这些材料在建成建筑以后也会有三维的尺寸、形状和在空间中的分布形态。

值得注意的是，材料和形式是在不断地转换中的，形成一定的等级序列。以“砖”为例，黏土是制作砖的基本材料，经过加工获得稳定的长方体形态和一定的力学和视觉性能，在这个阶段，黏土是砖的材料，长方体的形态和力学强度是砖的形式；进一步把砖砌成一片墙体，这时砖成为墙的材料，有一定体积的墙是砖的高一级的形式；以此类推，许多墙以不同的方式组合成为建筑时，墙是建筑的材料，建筑是墙的形式。这个等级序列越往高阶发展，其形式成分越大，而材料的原始属性剩余越少。建筑文化的丰富性在于不同的时代的不同的建筑师在不同的建筑中建立的那些等级序列是不同的。形式的演化并非线性地指向同一个方向，即使是完全相同的材料，不同的建筑师仍然会赋予其不同的形式，他们对材料的深层次感受和理解在形式上所表达的意味都有不同。路易斯·康曾说："砖想成为拱"。他注重砖适合受压力的力学性能，用拱券形式表达砖相互挤压的状态，拱券下面同时开辟出与重力感相反的轻盈的弧线洞口（见图3-46）。密斯曾说："建筑始于把两块砖仔细地摆一起。"他大概更注重砖是一个密实的长方形体，这个形体与其喜好的横竖正交形态相关，与基本建筑空间构成方式相关（见图3-47）。

本节的教学中，学生体验并认知以上的材料与形式的转换序列，以及与空间的一些基本关系是非常重要的。如果再加入建筑历史的视角，材料与形式的关系就有了更耐人寻味的文化价值。

结构构件的设计和结构体系的选择是表达材料特点、结构形式与建筑的空间、功能相统一的关键。建筑的结构体系也可以简单地分为水平与竖向两个部分，在此基本分类之外虽然存在水平与竖向没有明显区分

图3-46　印度管理学院

图3-47　德国克雷费尔德朗格住宅

的复杂结构体系，但对于初学者，掌握两个基本类别及其组合关系是理解更复杂空间形态和结构形式的基础（见图3–48）。

图3–48　水平构件和竖向构件

3.2.1　如何开辟空间

为了开辟空间，需要把各种材料以合理的形式组织成完整的结构，抵抗自然界对于建筑的作用力。某种意义上，建筑的目的就是抵抗这种自然的作用力，开辟适合人类文明发展的环境。作用在建筑的外力分为两种：

（1）直接施加于建筑结构，使它产生内力效应的称为荷载。主要有：结构自身以及建筑构造层的重力荷载，也称为恒载；施加在屋面上的雪荷载或者施工荷载；施加在楼面上的人群、家具、设备的使用活荷载；施加在外墙的风荷载等。

（2）由于某种原因使结构产生变形，从而产生内力效应，称为作用。包括：沉降作用、温差作用、地震作用等。

建筑的各种构件在上述外力作用下，将发生变形，与此同时，构件内部各个部分之间将产生相互作用力，称为内力。内力由外力引起，随外力的变化而变化。建筑构件之间有不同的连接和支撑方式，彼此相互连接成一个整体，将上述的荷载传递给地面，大地是所有建筑物的支持面（见图3–49）。结构工程师利用经验和知识决定结构体系，再进行结构体系和材料力学层面的计算，验证结构体系是否成立。虽然具体的计算将由结构工程师完成，但建筑系的学生也需要了解结构力学、材料力学和结构体系选型的基

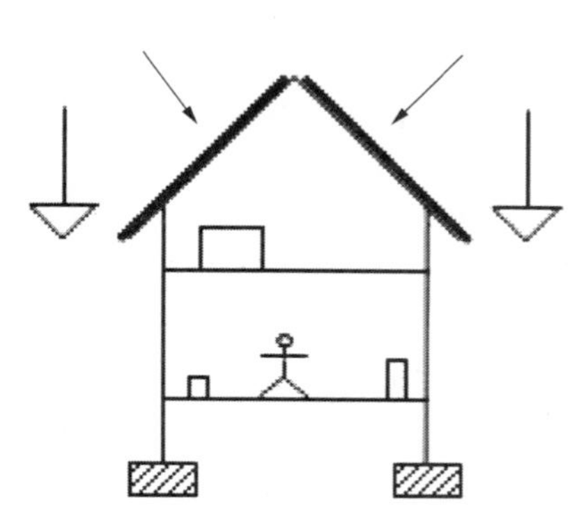

图3–49　楼层荷载与基础

础知识。

建筑的结构体系主要由两类基本构件组成，一类是跨越空间的水平构件：梁与楼板，一类是竖直的结构构件：柱和承重墙（见图3–50）。

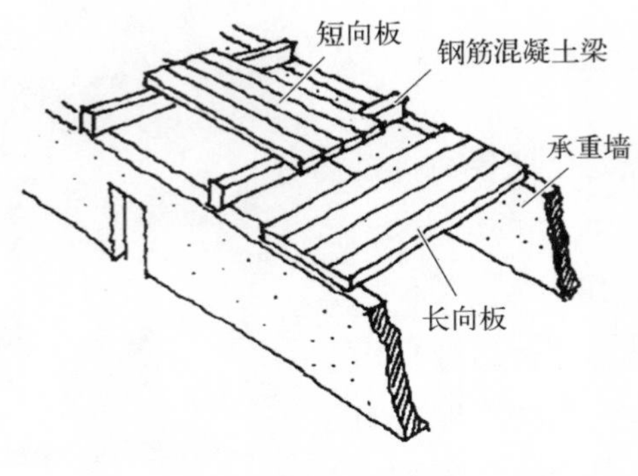

图3–50　梁与楼板

1）梁、楼板

除了建筑中常见的矩形截面梁，还有各种截面的梁，如工字型钢梁、箱型截面梁、T字型截面梁和各种组合梁（见图3–51），如果在不同方向搭建，还可以形成屋架、桁架、网架等。梁的材料、跨度、支撑条件和形式决定了其最终形态和空间分布。建筑学的学生要理解这些水平构件的形式变化，知道跨越多大的空间需要什么形式的水平构件。

楼板是水平传递荷载的结构构件，在多层的楼房中，楼板为各楼层提供人可以使用的平面。通常楼板可以是用钢筋混凝土、木材、钢制波纹板附加混凝土层等材料来建造。钢筋混凝土楼板通常用钢筋混凝土梁来支撑，与梁

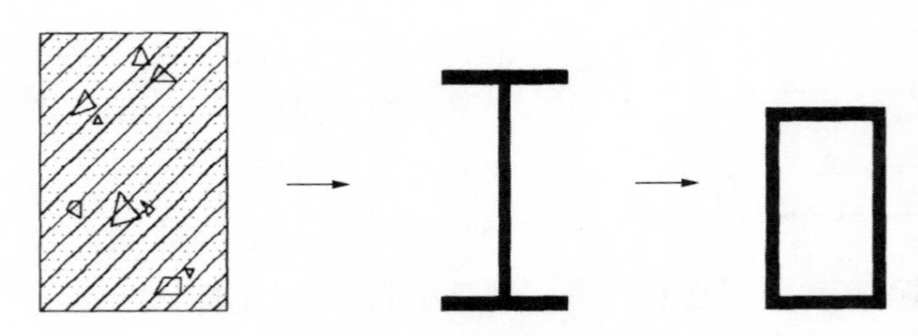

图3–51　不同的材料，截面面积和形式会产生变化

同时浇筑，形成刚性连接的整体。跨度不大时，钢筋混凝土楼板也可以做得比较厚实，直接由柱子支撑，形成板柱结构，这样做的一个好处是楼板下的室内空间易于用轻质隔墙灵活分割，不受梁的阻碍。木质楼板通常由木梁或木格栅来支撑；钢制波纹板附加混凝土层的楼板可以支撑在钢梁或桁架、网架上。跨度很大的情况下，楼板或屋面板可以由悬索、拉索等悬挂起来。

在不同跨度和柱网情况下，建筑学的学生由于结构知识和经验的不足，常常对于梁与楼板的形式和尺寸问题感到困难，在这里推荐《(材料　过程　结构)建构建筑手册》一书，学生可以通过图表了解各类材料与结构的特点，可以不经过繁琐的计算直接查到所需构件的截面大小，为结构设计提供了方便可靠的依据。学生应该理解，图表是有限的，构建的基本形式是有限的，但其组合可以创造出个性不同的空间形态。

2）柱子与墙

竖直的结构构件包括柱和承重墙。柱通常是承受压力的竖直线性构件，在形态上，可以认为柱是墙的一部分。如图3–52所示，两根柱子之间存在相互的视觉吸引力，暗示了一个面；在两根柱子之间增加柱子的数量，面的感觉增强；如果把四根柱子的上部相连，柱列前后的空间将被更加明确的分割开来；如果柱列下部再连接起来，一面开了3个窗洞的墙就出现了；而一面完全隔断的墙将墙两侧沟通的可能性降至最低。随着这一系列柱和墙的转变，空间的公共性降低，可沟通性降低，私密性则增强。

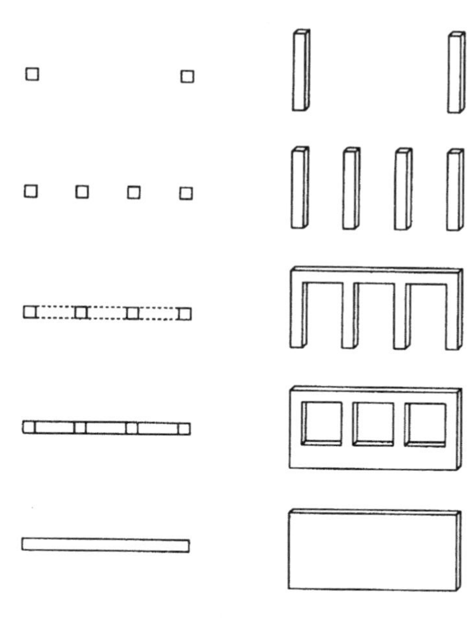

图3–52　柱子与墙的转换

竖向构件在平面中的布置是首先要予以重视的，同样的构件不同的布置方式可以形成不同的空间和形态。图3–53用平面图的简图的方式显示了一个基本的空间由开放到封闭的过程：从四角设柱子到四边设墙。

图3–53　一个方形平面从开放到封闭的过程

简单扼要地说，在需要封闭、私密、限定空间的地方，就使用墙，可以在墙上开洞口、安窗户；而在需要交流、公共、开放的地方，就使用柱子，可以在柱间安装落地门窗，以区别室内外。一些联排住宅使用平行承重墙体，不仅是结构构件，还可以隔声、防火。在不承重的方向上可以用来做各种开口，满足采光通风的要求。

3.2.2　结构体系

以上的结构构件根据材料的力学性能、空间功能的要求，通过不同的组成方式形成不同的结构体系。结构体系的分类可以有许多种不同的方法，但是就与建筑的关系而言可以分成4种大的基本结构体系：

1）以墙和柱承重的梁板结构体系

以墙和柱承重的体系是一种古老而年轻的结构体系。早在公元前两千多年，埃及建筑中就广泛地采用了这种结构体系，直到今天人们还利用它来建造建筑。

这种体系最大的特点就是墙体本身既起到维护和隔断空间的作用，同时又要承担来自屋面等的荷重，把维护结构和承重结构合二为一（见图3–50）。古埃及、希腊等建筑大体上都是以墙或柱承重的石梁、板结构（见图3–54），由于石梁本身的自重，不可能跨越较大的空间，因此当时的建筑不可能具有较大的室内空间。随着历史的发展，后期出现了以木材为梁、墙体用砖石砌筑（见图3–55），以及近代钢筋混凝土外墙内柱的结构形式（见图3–56），但由于墙体或柱作为承重结构，毕竟极大地限制了空间的自由分割和组合的灵活性。

2）框架体系结构

框架结构也是一种古老的结构形式，它的历史可以追溯到北美印第安人用树干、树枝和兽皮搭成的帐篷。我国古代建筑所运用的木构架也是一种框架结构（见图3–57）。

图3-54　石梁与石柱

图3-55　承重墙与木梁

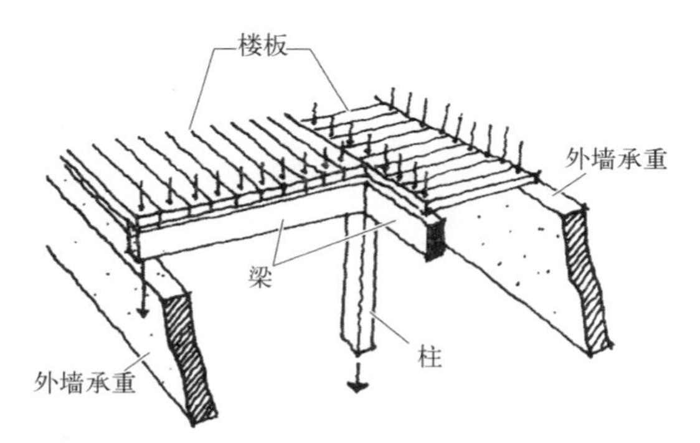

图3-56　外墙内柱结构

图3-57　中国传统木构架

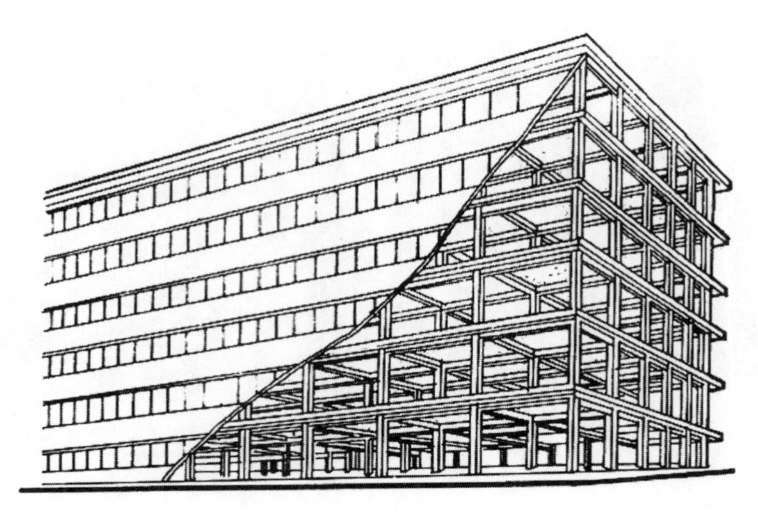

图3–58　框架体系

框架结构最大的特点就是把承重的骨架和用来维护或分隔空间的墙面明确地分开（见图3–58）。钢筋混凝土和钢材都是比较理想的框架结构材料，框架结构本身不形成任何空间，只为形成空间提供骨架，这样可以根据建筑物的功能或美观要求自由灵活地分隔空间，极大地丰富了空间的变化（见图3–59）。由于建筑的开窗、开门和立面处理也十分自由，在很大程度上也改变了传统的审美观念。

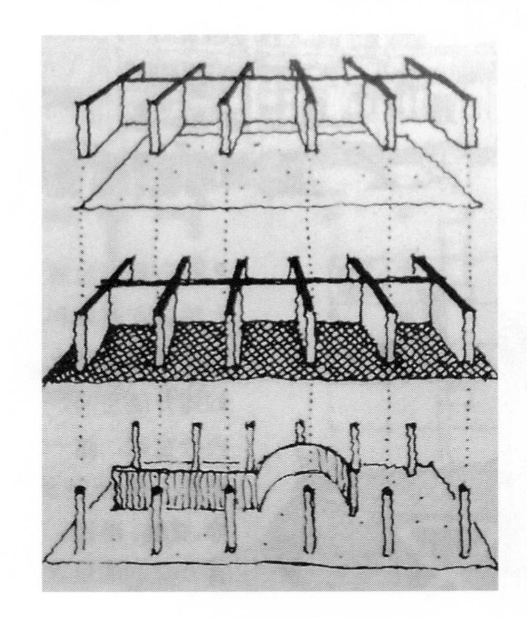

图3–59　结构与空间的分割

法国著名建筑师勒·柯布西耶在一系列住宅中提倡的“多米诺”体系（见图3–60），即由独立柱承载楼层重量，填充墙和轻质墙自由划分空间，立面上设置连续的水平长窗等，深刻地揭示了近代框架结构给予建筑创作所开拓的新的可能性。

3）大跨度结构体系

从古希腊的露天剧场的遗址来看，人类大约两千多年前就有扩大室内空间的要求。古代建筑空间的扩大是和拱形结构的演变密切相关的。

券和穹窿拱形结构可以看作是人类为了谋求更大室内空间的产物。拱和梁一样是完成水平跨度的有效方式，是富有情绪和表现力的构件。由石块或砖块一层层托举出挑，叠砌而成的称为叠涩（见图3–61）；由一组楔块形状的石或砖以一定的曲线方式相互挤压而成的称为发券（见图3–62）。发券方式形成的拱可以跨越很大的空间，是当今还在应用的主要拱券形式。拱与梁的重要区别是，同在竖直荷载作用下，拱会产生水平侧推力，而梁则不会，这是拱形结构和梁板结构最根本的区别。因此在拱脚处，支座必须提供足够的抵抗侧推力的反力以维持拱的形状。古罗马的万神庙，顶部是一个直径约43.2 m的穹顶，为了支撑如此巨大的穹顶并平衡其侧推力，万神庙的一圈外墙足足有6～8 m厚，厚墙中足以掏出一个小小的房间（见图3–63和图3–64）。

随着社会生产力的发展，铸铁、钢等金属材料在建筑中得到了大量

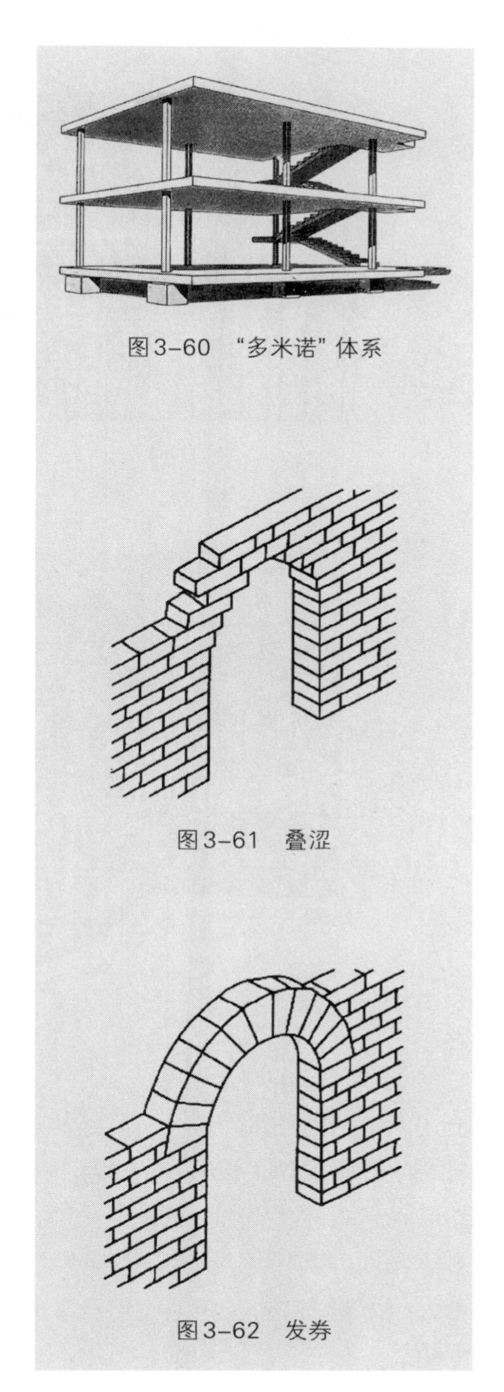

图3–60 “多米诺”体系

图3–61 叠涩

图3–62 发券

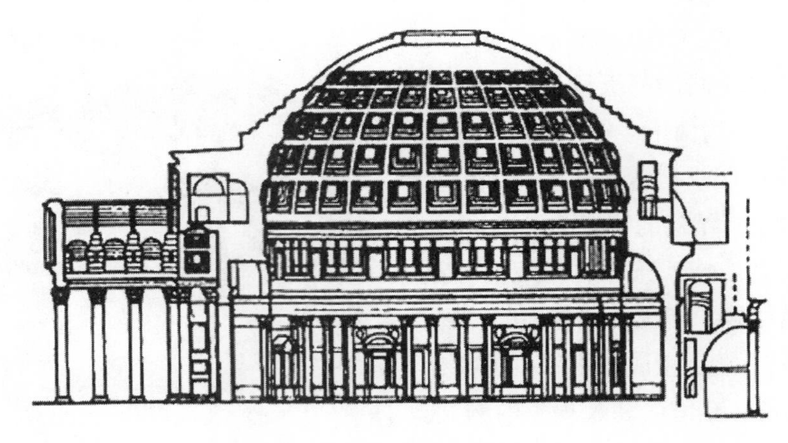

图3-63　万神庙剖面图

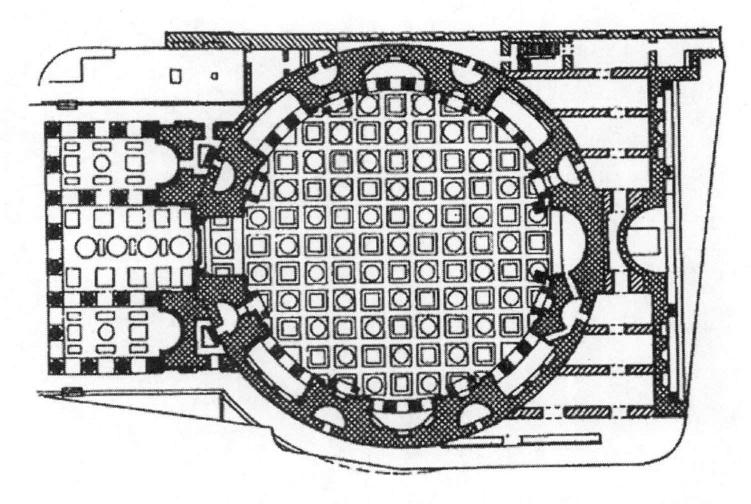

图3-64　万神庙平面图

应用，同时出现了金属大跨度结构，如桁架（见图3-65）；新型的轻质高强材料的开发推动了折板和壳体结构在建筑中的应用；二次大战后，高强度的新品种钢材相继问世，悬索结构应运而生（见图3-66）；近年来，国内外许多大跨度公共建筑普遍采用新型的网架结构来覆盖巨大的空间，网架结构可以用木材、钢筋混凝土或钢材来做，并且具有多种多样的形式，使用灵活方便。

图3–65 某机场候机厅

图3–66 日本 丹下健三 日本代代木体育馆

新型大跨度结构——壳体、悬索、网架等具有厚度薄、自重轻、跨度大、平面形式多样的优点。与古代的拱仅能适应矩形、方形和圆形的平面不同，新型大跨度结构可适用于三角形、六角形、扇形、椭圆形，甚至不规则平面，为适应复杂多样的功能要求开辟了宽广的可能性。

4）悬挑结构体系

悬挑结构的历史比较短暂，它需要钢和钢筋混凝土具有强大的抗弯性能。悬挑结构只要求沿结构一侧设置立柱或支撑，并通过它向外延伸，来覆盖空间。用这种结构覆盖的空间周边没有遮挡，适用于体育建筑的看台上部的遮篷、影剧院建筑的挑台和航空港建筑的雨棚等（见图3–67）。有些建筑为了使内部空间保持最大限度的开敞，外墙不设立柱，可以借助悬挑结构实现上述意图。

除了以上4种基本结构体系外，还有比较新的结构类型，如剪力墙结构、井筒结构、帐篷结构和充气结构等。

各种结构类型尽管各有特点，但是它们的共同之处是必须符合材料和结

图3–67　德国HENN Architects沃尔夫斯堡保时捷馆

构本身的力学规律，同时它们必须能够适应功能的要求。如果在建筑中能够把结构的科学性和实用性统一起来，还能体现出形式美的法则，那必然是一个优秀的设计。

3.2.3　几种常用的建筑材料简介

除了需要了解建筑的结构体系外，了解常用建筑材料的特性是设计前所需要的部分知识，重点是掌握材料的形式特点及其组织方式。以木材为例，木材的生长和加工过程决定了木材的形式主要是长条状的木方和长向尺寸较大的、宽度有限的板材。可以说从结构构件形态的角度，木建筑很大程度上是线条的造型与组合的艺术，这个特点类似于钢结构建筑，而钢筋混凝土材料较适合表现平面、折面、曲面和一些特殊的体积（见图3–68），砖和砌块材料也可以表现平面、折面、曲面和体积，只是钢筋混凝土可以表现夸张的洞口、大尺度的悬挑等动感的形态。而砌体材料由于其适合受压的力学性能，其最终效果趋于谨慎、稳重而富有表面肌理（见图3–69）。

需要注意的是上述材料造型特点的区分并非严格而一成不变的。

图3–68　表现平面钢筋混凝土墙面

图3–69　富有纹理的砖墙面

比如木结构和钢结构的“线条”可以通过不同的排列组合方式形成“面”，进而围合出体量。建筑材料为人们提供了多方面的审美感受，探寻材料自身属性与其形式、形态的深层联系是建筑师的工作之一，对材料和形式的独特的感受方式和表达方式是深刻影响建筑和建筑师的重要因素。建筑师只有深刻理解材料的自然属性、力学特点和相关的形式美，才能真正做到内容与形式的统一、理性与感性的统一。

1）石材

石材是人类历史上应用最早的建筑材料。古代人早就认识到石材的良好耐久性，因此许多重要的建筑和纪念性结构物都是用石材建造的，并得以保留至今（见图3–70）。

石材的耐水性好，抗压强度高，所以石块可以叠砌，建成大型建筑。但由于石材密度大，为了承受自重，墙体厚度较大，建筑使用面积率降低。同时也不适合现代高层建筑。所以现代建筑中石材作为承重材料很少使

图3–70　雅典　厄瑞克特翁神庙

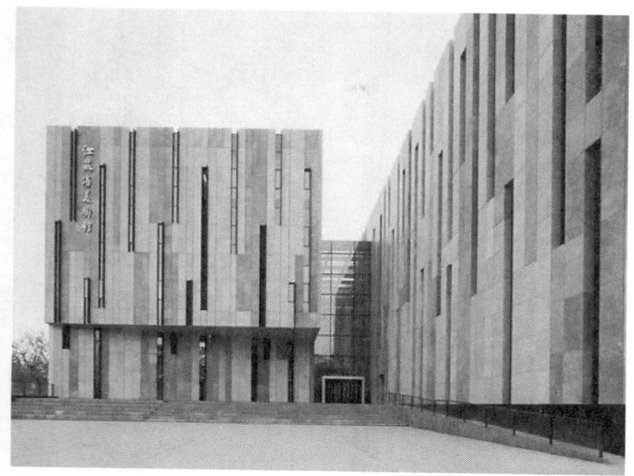

图3-71　石材饰面

用，但是人们依然怀念石材凝重、质朴的风格。所以目前石材往往作为内、外墙的饰面、大型建筑物的基础、踏步、栏杆或街边石等使用较多（见图3-71）。

性能不同的石材有不同的应用领域。致密的块体石材常用于砌筑基础等，散粒石材广泛用作混凝土骨料和筑路材料等，轻质的多孔的块体石材常用于墙体的材料，粒状石材可用作轻混凝土的骨料，坚固耐久、色泽美观的石材可用作土木工程构筑物的饰面或保护材料。天然石材具有抗压强度高，耐久性和耐磨性良好，资源分布广，便于就地取材等优点而被广泛应用。但岩石的性质较脆，抗拉强度较低，表观密度大，硬度高，开采和加工比较困难。

2）黏土砖

黏土砖是人类最早人工生产的建筑材料，几千年来一直是房屋建筑的主要墙体材料。作为建筑材料的烧土制品，黏土砖具有较高的强度和耐久性，建筑物可以较长时间保存下来，例如我国古代的宫殿建筑、传统的四合院都是用青砖建造的。黏土砖的色彩和质感常常给人以安静、安稳和可信赖的感觉，在建筑中占有重要的地位（见图3-72）。烧结普通砖是指以黏土、页岩、粉煤灰等为主要原料，经焙烧而成的标准尺寸的实心砖，标准尺寸为

图3–72　清华大学校园中的红砖建筑

240 cm × 115 cm × 53 cm，这样，4个砖长，8个砖宽，16个砖厚，加上砂浆缝厚度，都恰好是1 m。烧结普通砖是传统的墙体材料，主要用于砌体建筑的内外墙、柱、拱等，具有较好的保温性和隔声性能。

虽然黏土砖是集承重、保温与装饰于一体的墙体材料，但是其原料是天然黏土，要消耗目前十分有限的耕地，在我国已经禁止使用实心黏土砖作为常规墙体材料，而只能用于一些特殊的建筑物或某些部位，例如仿古建筑、装饰性墙体等（见图3–73）。

3）混凝土

混凝土是由水泥或类似的黏合剂材料加上骨料（碎石和沙子）和水混合，从而形成一种较容易塑造及压制的混合物，最后硬化成为一种高度耐加工材料，将钢材和混凝土混合在一起则制成钢筋混凝土。水泥是混凝土的灵魂。水泥的种类会大大影响成品混凝土的特性，混凝土的强度主要取决于混入水的比例。因此水泥中水的比例和水泥的种类很大程度上决定了钢筋混凝土的强度和耐久性。

图3–73　王澍　宁波博物馆

20世纪初时，混凝土因其优良力学特性开始广泛应用于建筑施工领域，到20世纪中期，建筑家们逐渐把目光从混凝土作为结构材料的具体利用转移到材料本身所拥有的柔软感、刚硬感、温暖感、冷漠感等材质对人的感官及精神的影响和刺激上，开始用混凝土作为结构材料所拥有的与生俱来的装饰性特征来表达建筑的情感（见图3–74）。

混凝土是一种高度工业化的材料，是目前应用最广泛、用量最大的工程材料。它具有原料丰富，便于施工和浇筑成各种形状的构件，硬化后性能优良，耐久性好，成本低廉，性能调整方便等优点。但是混凝土也存在一些缺点，如抗拉强度小、自重大、硬化过程需要较长时间的养护。目前水泥混凝土向着高强度、高性能、复合等方向发展（见图3–74 ～ 图3–77）。现在市场上有多种半透明混凝土，它们是用光纤或其他透明材料作为聚合物的。混凝土在可持续发展上也有重要的进展。如今使用再生材料作为聚合物是一个相当普遍的做法，在混凝土中添加二氧化钛可以创造出能够吸收大气污染的混凝土。

图3-74 “清水混凝土诗人”安腾忠雄 飞鸟博物馆

图3-75 扎哈·哈迪德设计的阿利耶夫文化中心中使用了玻璃纤维增强混凝土

图3-76　阿利耶夫文化中心

图3-77　阿利耶夫文化中心

4）玻璃

玻璃制造已经有一千多年的历史了，但是直到20世纪，随着制造技术的进步，它才成为重要的建筑材料。

19世纪的后半叶，在伦敦水晶宫以及英国皇家植物园热带植物温室这些著名的建筑中大量使用了玻璃。这些建筑的新奇之处在于玻璃并非做建筑外墙的窗口，而是首次用来构成建筑外墙的主要材料。1914年格罗皮乌斯设计的法古斯工厂（见图3–78）以及随后密斯·凡·德罗设计的德国展馆（见图3–79）等建筑都标志着玻璃建筑领域的决定性进步。勒·柯布西耶在推动新的建筑语言上发挥了关键性作用，他在设计中取消了承重墙和小的玻璃窗，使用大玻璃面，从此彻底改变了建筑采光的概念。

今天，玻璃大量的以外墙材料的形式出现，为建筑提供了充足的自然光线和视野，但是由于过多的阳光直射和低隔热性、低隔音性，玻璃的使用也造成许多问题。目前市场上有许多新产品用来专门解决这些问题，例如加入百叶的双层玻璃、由电流控制透明度的变色玻璃、半透明玻璃等。

图3–78　格罗皮乌斯　法古斯工厂

图3–79　密斯·凡·德罗　德国展馆

由于玻璃的易碎性，玻璃的固定系统技术成为新技术开发的关键点。从20世纪50年代开始，完全的玻璃外墙普遍使用框架系统固定，在接下来的几十年，不同的框架系统被开发出来，但是他们共同的缺点是破坏了视觉的连续性。目前，连续无框玻璃外墙被开发出来，例如诺曼·福斯特设计的杜马斯大厦（见图3–80）采用了这种无框架系统。

5）钢材

铸铁最早出现于公元前550年的中国，自公元前12世纪开始用于制造工具、武器和首饰。到了18世纪末19世纪初，铁作为结构部件开始被广泛应用。1776—1779年，英国建成了世界首座铸铁桥梁。到了19世纪，铸铁应用到建筑中，其中包括1851年伦敦世博会的水晶宫和1889年设计建造的埃菲尔铁塔。如今钢材等金属由于拥有杰出的特性，如特有的亮度、硬度、延展性，弹性和均质性，在建筑学中体现出了非凡的用途。但是由于它们在加工活动中需要大量的能源，因此仍然存在一些生态上的缺陷。

钢材可以根据用途进行分类。结构钢一般用做支柱、桁架和空间构架

图3–80　诺曼·福斯特　杜马斯大厦

等，这些依据其形状、规格和构成有多种型材，如实心的工字钢、T型钢和角钢，空心型材或钢管等。钢板或波纹钢可用于覆盖墙面、屋顶、幕墙、轻体墙和临时可拆卸楼板等（见图3–81）。钢材之间的连接方式一般为焊接、螺栓连接或节点连接。在建筑领域中人们致力于开发硬度更强但重量更轻的钢材及其他合金，从而能够用于建造轻体建筑，例如金属泡沫材料（见图3–82）。另外金属也是数字制造技术发展中的重要材料，可以用于非常复杂的形状（见图3–83）。

6）木材

木材是最古老的建筑材料之一，遍布地球的大部分地区，今天仍得到广泛的应用。

木材是人类所使用的第一种建筑材料，其使用可以追溯到数千年之前，例如在中国，木结构建筑有着悠久的历史（见图3–84）。人们使用木材最直接的方式是用原木当梁柱，或是把原木水平堆砌成墙。随着工业化的发展，木材由于固有的形状和结构的不规则曾被看作融入工业化生产的难

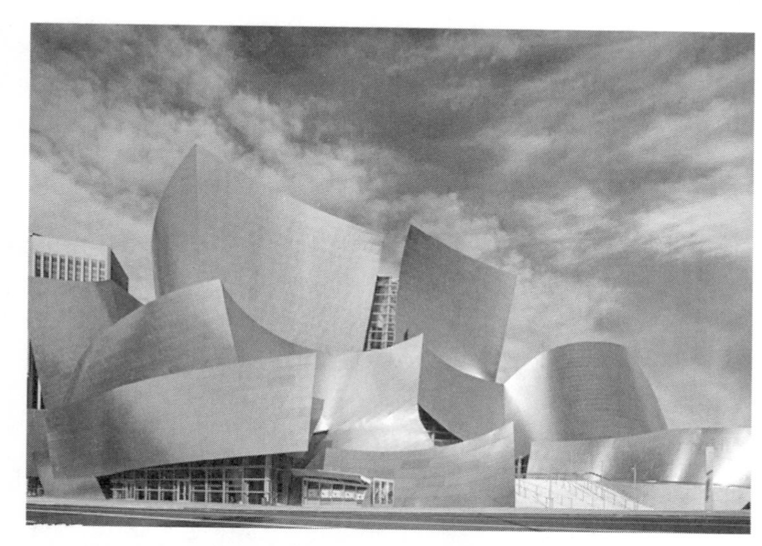

图3-81
弗兰克·盖里
古根海姆博物馆

图3-82
泡沫铝板墙面

图3-83　新型的技术可塑造各种起伏的金属表面

图3-84　广西木结构民居

题。然而近几年，随着建筑行业更强的环境意识和责任感，木材作为最重要的建材之一，已经在很大程度上恢复了其应有的位置。木材是当今世界主要建筑和工业材料中唯一可再生的材料。木材在视觉、触觉、听觉、嗅觉、空气调节等方面有良好的住室功效，一些种类的材料还有天然抗菌、抗虫害的功效。因此木材非常适合人的居住环境营造。

图3–85　坂茂　瑞士苏黎世Tamedia办公大楼

木材的内部结构天生就是非均质的，具有显著的方向性，其机械性能和物理性能与木材纹理方向有密切的关系。成型的木材多用于梁柱、屋顶和地板结构中（见图3–85）。加工的板材多用于维护屋顶、楼板和外墙。木结构的连接或咬合一直是最大、最难的挑战之一，在木质建筑的设计中已成为一个关键问题。最常用的是机械连接，包括钉子、螺栓、连接头和钉板等。近年来，木材工业的创新以及新型工程木产品的出现，为木建筑的复兴提供了技术条件。对木结构防火性能的深入研究，也为木结构的应用提供了重要的支持。

木材并不是建筑中唯一使用的植物产品，竹子、软木和杏木壳这些最具生态的植物也在建筑设计中得到关注，这些建材，即使回收利用也具有较高的美学价值。

3.2.4　结构体系与空间形态

构造是小范围的局部材料的结合方式，结构是跨越一定跨度，开辟一定空间时材料的结合方式。结构不仅是关于建筑中处理受力关系的一套体系，是建筑的骨架，而且对建筑形态有着内在影响。对结构原理的深入探索，意味着新建筑形态产生的可能性。因此学生不仅需要学习构造类、结构类的课程，掌握建筑材料的基础知识，还需要灵活理解结构与建筑空间的相互制约和相互启发的互动关系，把握结构的内在表现力以及结构对于室内外空间气氛的营造。

建筑师常常需要通过长期积累和工程实践才能较全面地掌握建筑材料的特性、结构和构造设计。通常详细的构造设计是在设计方案确定之后的施工图阶段进行的。但是许多优秀的建筑师在方案构思的初期已经在考虑结构和构造方面的策略了，结构和构造也的确是建筑表现的重要手段。建筑的技术性与艺术性密不可分，艺术表现需要技术支持，而技术的应用不能缺乏艺术的提炼。

在Kerez设计的House with one wall中，空间和结构是一体化的（见图3–86），这里的结构应该就是三堵墙，它既作为一种承重结构又分隔了空间，结构在完成其作为支撑的使命时，也创造了空间，或者说适应了空间。这其中，结构和空间是地位平等的，他们在一种相互博弈或者说相互适应的过程中，形成了最后一体化的结果。

在伊东丰雄设计的多摩美术大学图书馆中，用随机排布的拱形结构来营造一种通透延绵的感觉，这些拱门的跨度从1.8～16 m不等，厚度保持在200 mm。由钢结构和混凝土构成的拱门相互交汇，以便让拱形的底部更加纤细。在不同连线上的立柱和拱门把整个大空间分割开来，所有的这些小空间相对独立，又在视觉上成为一个连续的整体。而这些拱门给图书馆加入了些许神圣的意味，以至于学生表示进入图书馆就像步入修道院的走廊一般，感到心灵上的触动（见图3–87和图3–88）。

意大利工程师兼建筑师皮埃尔·奈尔维具有把工程结构转化为美丽的建筑形式的卓越本领。他开拓了钢筋混凝土在创造新形状和空间量度方面的潜力。他的作品大胆而富有想象力，常以探索新的结构方案而形成他的构思。他擅长用现浇或现场预制钢筋混凝土建造大跨度结构，这种建筑具有高效合理，造价低廉，施工简便，形式新颖美观等特点。他是运用钢筋混凝土的大师，他的作品形式优美，具有诗一般的非凡表现力。

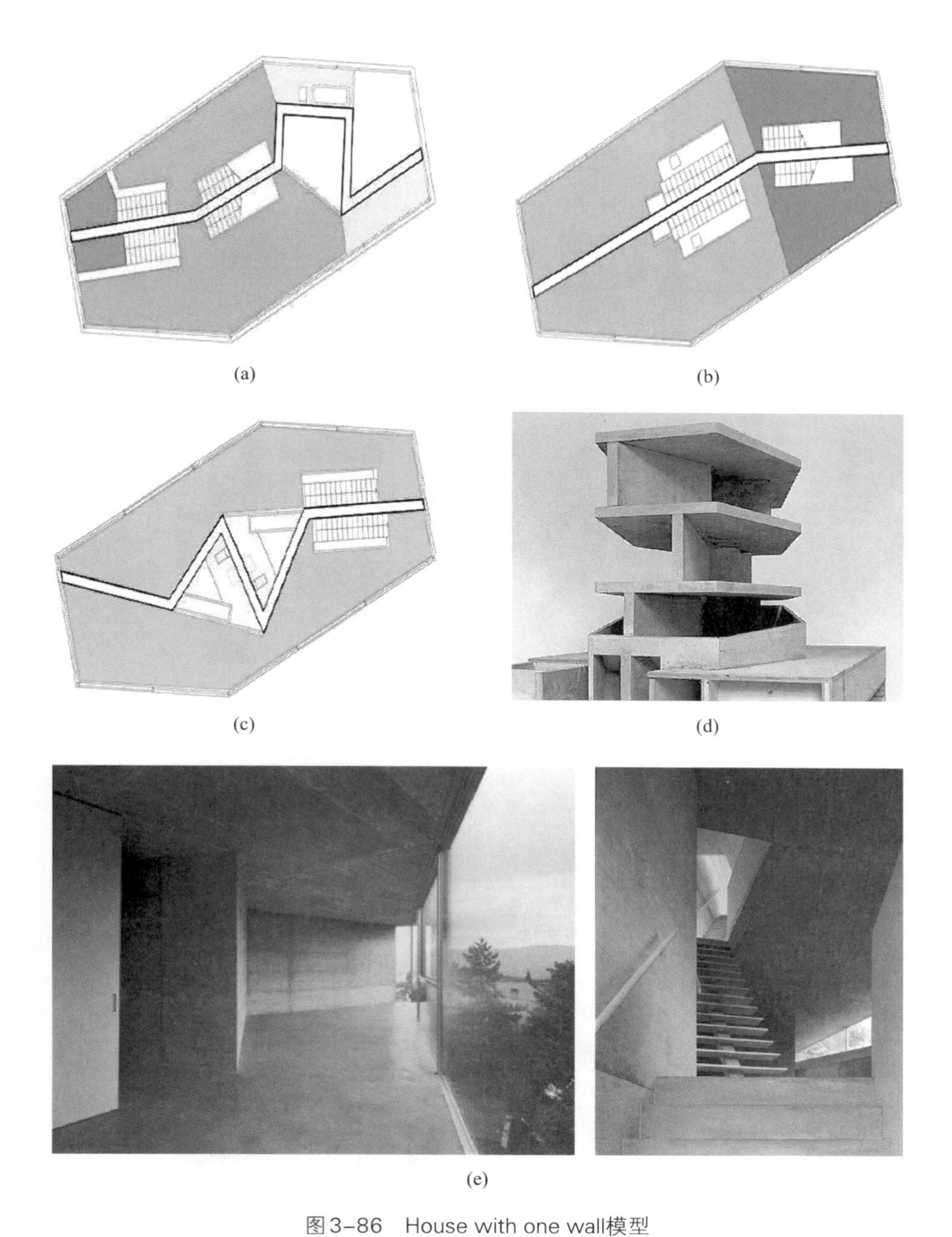

图3–86　House with one wall模型

（a）一层平面　（b）二层平面　（c）三层平面　（d）整体模型　（e）实体图

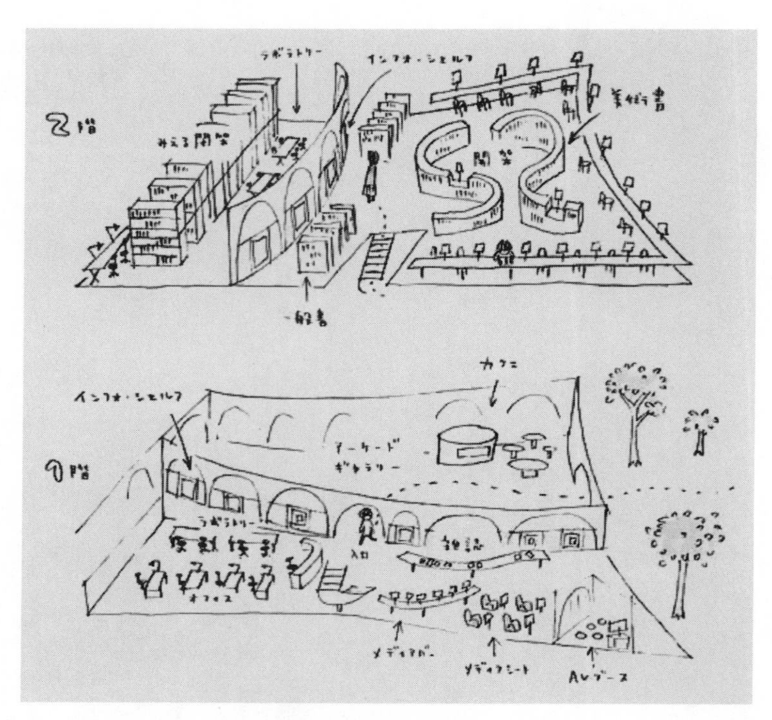

图3-87　多摩美术大学图书馆内部空间设计

图3-88　多摩美术大学图书馆

罗马小体育馆就充分地体现了奈尔维的设计风格。这座圆形体育馆是为1960年罗马奥运会修建的，主要供篮球和拳击比赛用，要求容纳6 000到8 000观众。奈尔维为它加了一个像是反过来的荷叶一样的圆顶。整个拱顶由1 620个壁厚25 mm的菱形槽板拼装起来。他还把支撑圆顶的36根Y形斜撑直接暴露出来，使建筑物立即获得了自己的特征，充分表现了"力量"，不仅显示出体育建筑的性格，结构也十分合理，又获得了良好的视觉效果，真是一举两得（见图3–89）。小体育馆天花非常美。一条条精致的肋组成了迷人的图案，轻盈秀巧，如同昆虫的薄翅。Y形叉是浅色的，支撑拱顶的支点也很小，从里面望出去，整个拱顶就像悬浮在空中一般（见图3–90）。

从以上的几个实例可以看出，空间的营造可以与材料、结构的逻辑相互契合，相互启发。建筑就是用材料构筑的空间构成艺术，而建筑设计就是驾驭材料组织空间的过程。材料的力学逻辑必须借助特定的结构形式才能表达。材料与形式的水乳交融是优秀建筑的必要条件。现代建筑师应洞悉材料的力学性能，并通过力学逻辑构思立意，同时，通过对结构中力的解析，理性地运用材料，综合以均衡、比例、尺度等形式处理，使材料建构成为建筑创

图3–89　罗马小体育馆

图3–90　罗马小体育馆顶棚

作的原点。材料和结构自古以来就像硬币的两面一样互相依存，新材料的出现必然导致新结构形式的诞生，而新的结构形式更使材料的力学特性和表现潜力得到更充分的发挥。建筑史上混凝土的出现使拱券结构如鱼得水，而钢铁的大量使用则促进了桁架、网壳、悬索等大跨结构的发展。材料的表现形式越来越取决于结构内在的力学逻辑，熟悉结构力学逻辑是当代材料运用的重要一环。建筑师在确切理解受力方式的基础上，艺术地赋予材料恰当的形式才是现代意义上材料应用的正道。

初学者在做建筑设计之前，不妨可以问自己一些关于设计的问题。比如，空间要求多高、多大？房间的跨度是多少？需要用哪些主要的材料来盖房子？这些材料给人什么感觉，应该创造出什么气氛？结构的构件要暴露吗？应该是什么样子？哪些房子需要开敞？哪些需要封闭而安静？需要多少光线进入房间？是直射而有活力的阳光，还是安静而稳定的北向光？相应地在哪些部位设计什么样的窗户？这些问题如果获得了好的答案，一个好的设计就诞生了。

3.3 建筑设计基本原理

本节内容主要讲述有关设计以及建筑设计的基本原理,对环境观的建立以及建筑内部空间的知识作了较为详细的剖析,其他方面的知识比较简略,但并不是说不重要。建筑设计是一综合而系统的工程,它需要多方面的综合考虑。

3.3.1 设计的基本认识

设计是一种不断地提出问题和解决问题的过程。建筑设计是通过上述的方式进行完善功能与形式的和谐与统一的思考过程。功能:表现为内容。形式:以空间的组合方式和形状排列形成。由于建筑的使用方式不同,所以也就形成了不同的空间构成方式及形状排列方式。所以建筑设计的基本内涵是:人的思想,建筑的功能,建筑的形式,这三者的和谐统一。

3.3.2 基本的环境观念

建筑从属于其周围的环境,这一点毋庸置疑。那么在设计之初如何研究基地与其周边环境的关系就成为我们设计的首要任务。在环境认知的论述中,对于我们周围的环境已有一个清晰的疏理。但由于环境本身的复杂性、多样性,针对一个具体的建筑项目,需要更好研究所处的环境。

在此我们提出一个文脉的概念。在建筑学的术语中,文脉一般是指建筑所坐落的地点或位置。文脉是影响建筑设计理念形成的具体而显著的因素。许多建筑师利用文脉来清晰明确地表述建筑设计概念与周围环境的关系。因此,最终实施的建筑一定是能与周围环境很好地协调统一,并最终成为环境的一部分。而另外一种设计手法则是完全与周围的环境相对立,随之形成的建筑将会显得与众不同,且独立于周围其他建筑和环境之外。无论通过哪种方式,关键的问题都在于首先要充分地研究分析文脉,并且在设计实践中谨慎而清楚地回应文脉(见图3–91)。

图3-91　dRMM模型展示了位于利物浦的一个多用途的开发项目，2005年

研究建筑的环境可以从下列几个主要因素入手：

1）基地

建筑属于某个地点，它依赖于特定的地点，即一块建设用地（基地）。这块基地具有与众不同的特征，其中包括：地形、地貌、朝向、位置以及它的历史定位。

（1）理解基地。

一块城市中的基地具有其独特的自然风貌和历史，它将影响到建筑设计的理念。在这片用地上会有周边其他建筑的回忆和踪迹，而这些建筑又具有各自重要的特征：从材料的使用、建筑的形式和高度，到房屋使用者可以接触到的细节的样式以及它的物理特性。一块景观用地也许对历史因素的考虑会少一点，但是，它的物理特性、地形、地质以及植被等都将对建筑设计起到指导性作用。

作为一名建筑师对于建筑所在基地的理解是一项最基本的要求，文脉将会提出一系列限定因素，包括朝向（太阳如何绕基地运动）和入口（如何到达建筑所在的基地？往返与建筑之间的路径是怎样的？）。具体的考虑因素包括相邻建筑的状况、高度、体量以及建成它所需要使用的材料。

建筑的选址不仅取决于它的建设用地，同时也取决于它的周边区域环境的状况，这又提出了一系列需要进一步去考虑的问题，比如周围建筑的尺度以及选用的建筑材料。

在建设用地中想象建筑的形式、材料、入口和景观是非常重要的。基地不仅为设计提出限制和约束，同时也提出大量的机会。使建筑物具体化和独特化的原因是没有两块基地是完全一样的，每块基地都有自己的生命周期，并通过演绎和理解的方式来创造更多变化。基地分析对于建筑设计非常重要，因为它为建筑师的工作提供了依据（见图3–92）。

（2）基地分析和绘制地形图。

记录和研究基地的技术和方法很多，包括从自然状况勘测（对基地内自然风貌的测量）到对声、光以及历史经历等方面的研究。最简单的方法就是亲临现场，去看、去记录基地的周围状况。这样做能够为设计提供依据，并使最终设计的建筑能够更加适应基地的状况。

图3–92　Casa Malaparte，Capri，意大利，建筑与基地的结合

文脉回应尊重基地内已知的限定因素，然而非文脉回应却故意与基地内现存的限定因素背道而驰，从而创造对比与变化。这两种方法无论采用哪一种都需要建筑师通过不同形式的基地分析来处理基地，并且恰如其分地理解基地的现状。

为了准确恰当地分析基地的现状，必须绘制地形图，这就意味着我们需要记录下目前基地中现存的各种形式的信息。绘制地形图所需要的信息不仅包括基地内的自然地理方面的信息，而且包括对于这块场地特性方面的个人经历体验以及个人理解的信息（见图3–93）。

有很多种工具可以被应用于绘制基地的地形图，人们研究它并在它的指导下进行设计。分析型的工具可以使基地以不同的方式被测量。

工具一：对基地现状的个人理解（见图3–94）。

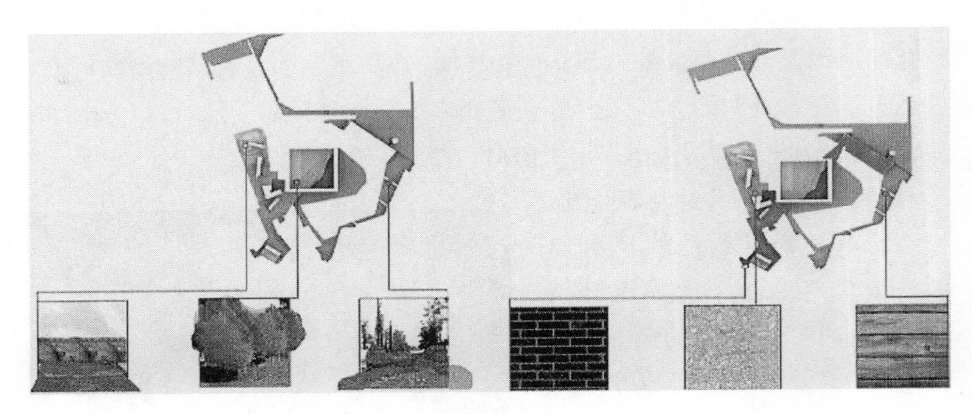

图3–93　基地分析

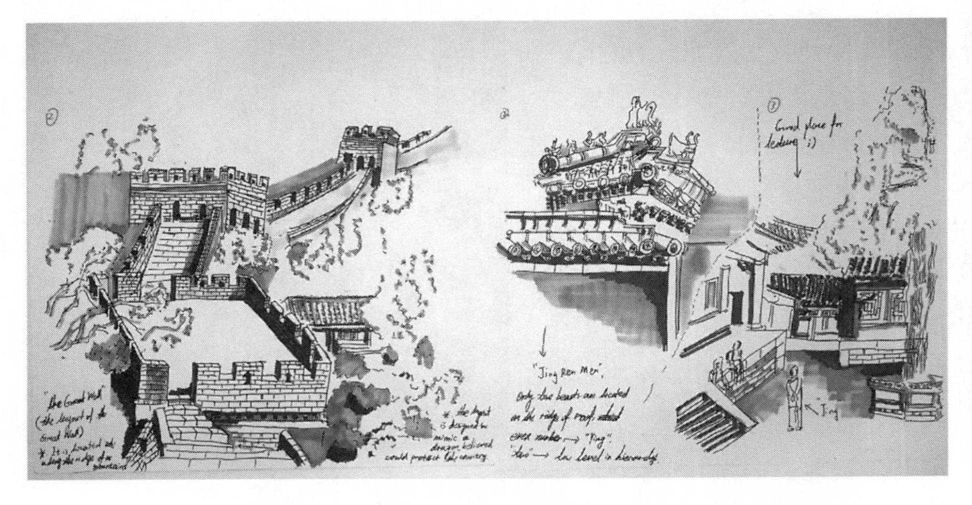

图3–94　对基地的个人理解（Watson提供）

工具二：基于图形背景的研究（见图3–95）。

工具三：探索基地历史发展的轨迹（见图3–96）。

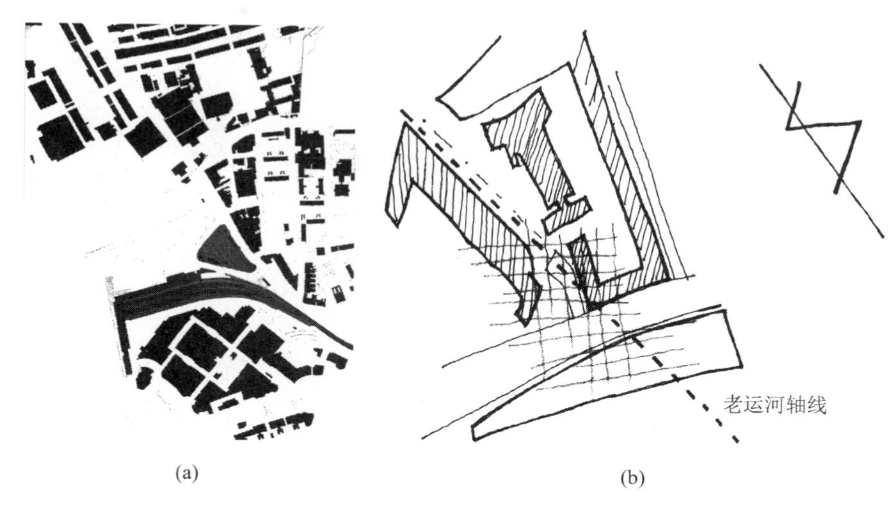

图3–95　基于图形背景的研究

（a）区分基地与周围环境　（b）研究建筑与空地关系

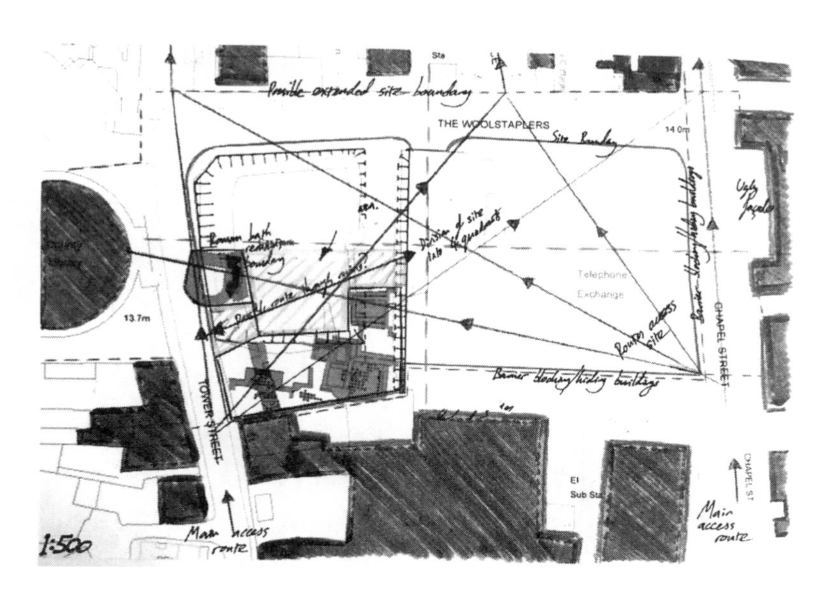

图3–96　探索基地历史发展的轨迹

（3）基地勘测。

任何一块基地的状况都需要被勘测记录，一份勘测报告可以被描述为对基地内现存状况的记录。它既可以用自然地图或模型的形式表达，也可以用更为严谨具体的通过测量得出的图纸来解释门、窗或现存建筑红线的具体位置以及基地内的海拔高度和地平面高程。

详细的基地分析和测量基地内的自然风貌。一份基地勘测报告将会为我们提供基地内基本的水平和纵深尺寸，显示出基地周围已有的和计划继续兴建的建筑，并以平面图、立面图和剖面图记录目前基地周边的现存状况。这是设计过程中必不可少的重要环节。

基地勘测同样可以用来记录不同的高差。一个基地的地形勘测能够显示基地内不同的等高线和坡面，而这些信息都将对设计构思的发展起到建设性的作用（见图3–97和图3–98）。

2）朝向与位置

对于建筑设计和建筑而言，“朝向”一词为我们解释了建筑在基地中的位置是多么重要，它是影响建筑设计的具体因素。光是如何影响我们对建筑的理解以及我们在建筑中的社会生活的？这是建筑设计中最基本的问题之一。室内空间中的自然光创造了生活，为我们带来了行动的标尺和参照，并且带来了时间和外部空间的联系。

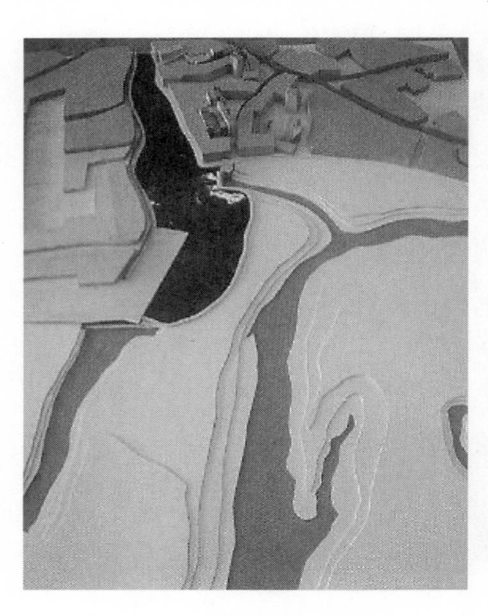

图3–97　基地勘测图

基地具有特定的和独一无二的场所特性，因此，位于基地中的所有事物都处于一种不断变化的状态之中。例如，建筑的影子每天都不同，并且建筑中每个房间的光线质量都不尽相同且处于不断的变化之中。

建筑的位置以及它获得日照的情况决定了其规划设计中的许多方

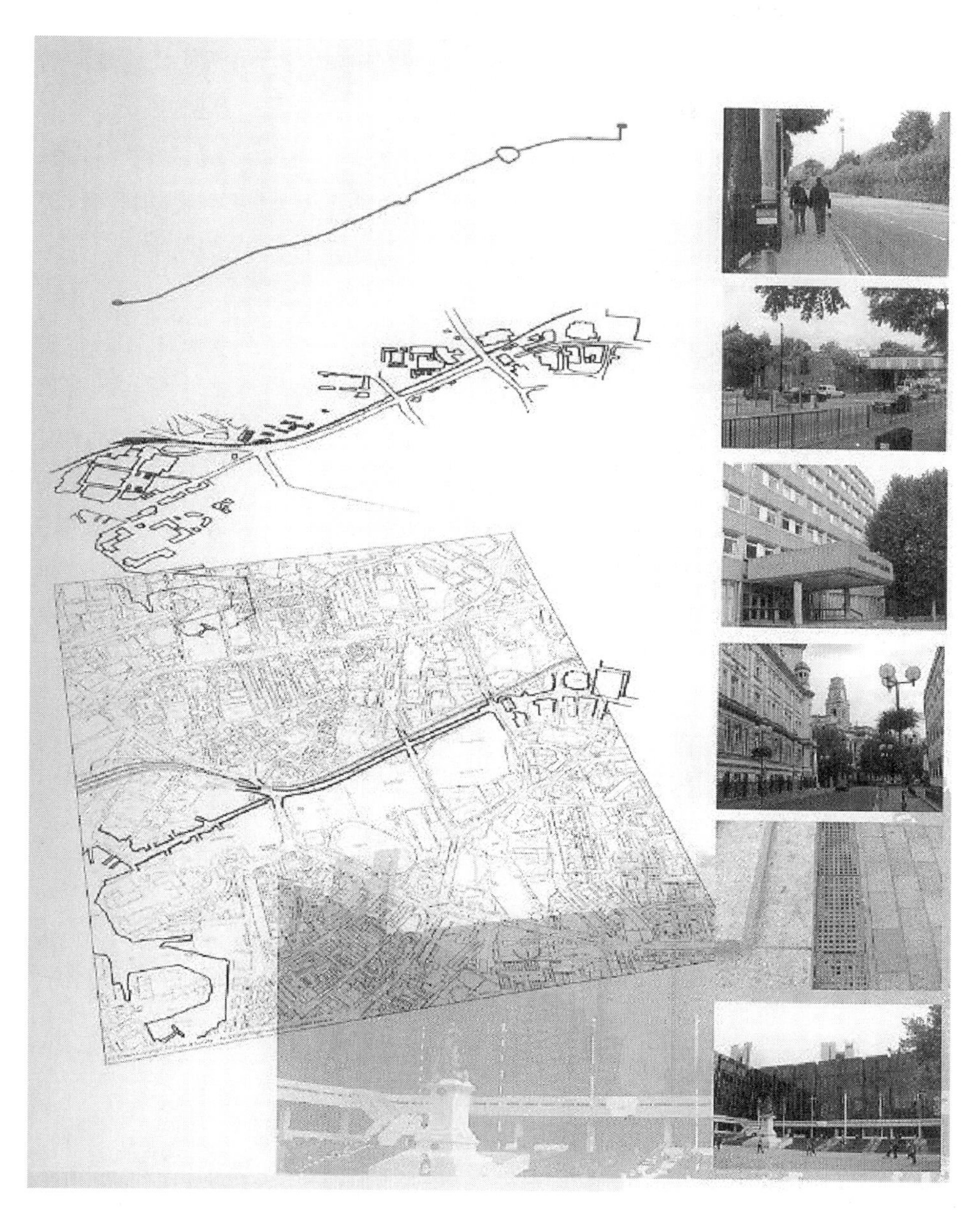

图3-98　基地勘测

面的内容。在一座房子里，花园阳台的位置或者说餐厅的位置设定完全取决于设计师对光影的把握。在更大尺度的建筑中，建筑的朝向能够显著地影响建筑在不同季节中热量的得失，这将最终影响建筑的能耗以及使用者的舒适度。

建筑的位置选择是对于基地的常规性理解的一部分，从日出到日落，从夏至到冬至，太阳高度的不断变化为我们带来了基地多样化的印象（见图3–99）。

3）气候

气候是反映基地内具体自然特性的关键因素，同时，气候的多样性也会影响与建筑设计许多相关的因素。建筑将为使用者起到从室外空间向室内空间过渡的调节器的作用。

（1）降雨。

有无数的案例证明建筑设计受制于气候条件的影响。这或许是因为人们有控制和改变气候的愿望，或许人们想利用在特定气候条件下形成的当地资源。

图3–99　位置与阳光　欧洲被害犹太人纪念碑（德国）
彼得 · 艾森曼及布罗 · 哈普达设计

图3–100　气温和降雨影响建筑形式

图3–101　实验性的临时建筑结构

气候直接影响到该地区的气温和降雨情况。在多雨的气候条件下，建筑室内和室外的状况截然不同。所有的建筑都必须采取防水措施以防止雨水进入。为了满足这些防水的需要，建筑需要设置雨水槽和排水管，并且使屋面倾斜成特定的角度，以便更加迅速有效地进行排水，而这些措施都将影响到建筑的形式和外观（见图3–100和图3–101）。

（2）温度。

在温和的气候条件下，室内外的温度差别没有那么大，但是如果在阴雨天或者是恶劣的气候条件下，建筑可以通过材质的运用变得更加鲜亮，并可作为框架来帮助定义空间。从这个角度来说，建筑更像是一套外衣，随着外部环境的影响而改变。

在极端的气候条件下，建筑设计需要随之进行调整以满足室内环境的舒适性和可居住性。举例来说，在寒冷的气候条件下，就需要厚实且隔热的外墙来保持室内温度的舒适性，减少坐落于寒冷气候条件下建筑的开窗也可以减少建筑的热量损失。

相反，在炎热的气候条件下，应鼓励在设计中采用降温设施，比如使用轻质材料等，以保护室内空间不会因为受到过多的太阳辐射而导致温度过热。

在这些气候条件下，建筑设计在构筑中需要更多地考虑空气对流以及通风，从而使室内更加凉快（见图3–101）。在炎热的气候条件下，适当地布置水体是一种非常有效的设计手法，可以用于降低空间的温度并保持空气湿润。

4）材料

为建造建筑而挑选的材料的特殊色彩将会共同发挥作用以表现建筑的特殊形象。对材料的特殊质感和色彩的选择要依赖于对基地现场的清晰理解，因为每一块不同的基地，无论是城市用地还是景观用地，都拥有其固有的材料和质感的特性。

从历史的角度来说，建筑师对于材料选择的控制权将严格地受到材料在当地的可应用性以及交通运输等因素的制约。因此，建筑应该由当地的建筑材料构建而成，例如来自当地采石场的石材，由当地黏土烧制而成的黏土砖以及基地周围生长的茅草等。这些建筑都是采用基地周边的材料建造而成的，因此它们看起来就像是周围景观环境的一部分。随着这些地域性材料的广泛应用，这种当地材料的特殊色彩肌理也被广泛地传播开来。

应用于建筑构造形式中的材料，可以被广泛地应用于不同地区的建筑设计当中，而不必局限于仅在它的原产地应用，这样做促进了建筑形式和风格的多样化。如混凝土这样的建筑材料的发展和广泛的应用给建筑形式的创造带来了无尽的可能性（见图3–102）。

图3–102　温泉浴，Vals，瑞士，Peter Zumthor，1990—1996年

5）地点与城市

我们的建筑或空间是工作、生活及一些事件所发生和上演的平台，因此成了具有意义的地点。熟悉并理解地点是相当重要的，尤其是当应对处于历史性基地内或处于历史保护区域内的建筑设计时。在设计中需要加强对于历史和记忆因素的考虑（见图3–103）。

图3–103
Castelvecchio，维罗纳，意大利。改造项目：卡洛·斯卡帕，1954—1967，庭院景观设计：彼得·埃森曼

城市是由许多重要空间构成的，城市本身也是一个地点。具有丰富历史遗留的城市，千百年来延续了其特殊的形态。也有全新构筑的城市概念，如英国的Milton Keynes以及印度的昌迪加尔等。这些新型的城市首先存在于人们的想象之中，然后，作为一种全新的和完整的生活理念被创造出来。这些新型的设计并没有受到历史遗留的公共设施以及可供使用的建筑材料的限制，相反，却获得了更多的进行全新建筑设计并构建出我们全新未来的机会。

3.3.3 建筑空间

1）基本的建筑空间概念

建筑的空间观念是以人为的空间为主题的。

最基本的人为空间环境设计包括：① 人对空间的制约性；② 空间的大

小、位置、朝向与建筑功能之间的关系；③ 空间的限定方式、封闭与开敞；④ 基本构件的运用、墙体、地面、道路等。

建筑的空间不是抽象的形式构成，它是由很多复杂的“关系”联系起来的。一个良好的建筑空间，是由功能关系、结构关系、造型关系建立起来的系统。虽然在空间的构成形式上人们所体验的是一个个几何的组群或造型，但是这些组群和造型与人们日常的行为，是联系在一起的。这是人们对形态的一种理解与认识。也就是说，在“形”的背后存在着深深的意味。

（1）功能与空间：建筑的空间是具有实用性的。内部空间就像是一种容器——一种容纳人的容器，由于功能不同，功能所要求的空间也就不同，功能与空间有一种相互的制约关系。

如住宅。无论是什么样式的住宅，它的基本功能构成是：

a. 卧室；

b. 厨房；

c. 卫生间；

d. 起居室。

为了适应不同的使用要求这些房间在大小、形状、朝向和门窗设置上都应有不同的特点与形式（见图3–104）。

a. 空间的大小，容量受功能的限定；

b. 空间的形状受功能的制约。

（2）结构与空间：结构是建筑的骨架，建筑的结构是使建筑能够坚固的根本保证。对于空间来说是一种制约，同时也是水平空间、垂直空间相互联系起来的内在逻辑。结构的形式也使得空间产生着不同的形状与特征。现代建筑结构形式复杂多样，把结构与空间结合起来并且充分显示结构本身的形式将产生非常好的效果。

如壳体、悬索、充气、网架等（见图3–105和图3–106）。

（3）造型与空间关系：功能、结构、造型这三者在建筑的形式上是相互制约的，这三者充分的谐调才是优良的建筑。造型是实体形态，空间是实体与实体之间的“场”，实体的形态直接影响着空间的形状。实体形态对空间的品质也有着根本性影响。下面列举的是仿生及具像的建筑造型（见

图3-104
普通住宅的组成

图3-105　华盛顿杜勒斯国际机场候机楼悬索屋顶

图3-106　西格拉姆大厦，纽约

图3-107　鸟巢，北京

图3-108　原始形态的鸟巢

图3-107～图3-109)，当今的建筑形态更是丰富多彩，如何追求最佳的表现形态与环境等众多的因素都紧密相关。

2）内部空间、外部空间和“灰空间”

内部空间与外部空间是一个对应的关系。建筑的内部空间与外部空间是由建筑空间性所决定的，一般说具有一定的围合性与相对封闭、封闭性强的空间为内部空间，这是由围合的程度所决定的。外部空间是具有开敞性、中界性这样形式特征的空间，无论是内部空间还是外部空间，对于建筑的整

图3-109　密尔沃基市艺术馆(Milwaukee Art Museum)，卡拉特拉瓦(Santiago Calatrava)

体构成来说，都是在空间的处理过程中需要认真研究与思考的。对于建筑的每一个构件都要考虑到它对于空间的影响。

图3–110 三角亭，宁波月湖公园

建筑空间有内、外之分，但是在特定条件下，室内、外空间的界限似乎又不是那样泾渭分明，例如四面开敞的亭子、透空的廊子、处于悬臂雨棚覆盖下的空间等（见图3–110）。

“灰空间”是指上述介于室内与室外之间的过渡空间，也就是那种半室内、半室外、半封闭、半开敞、半私密、半公共的中介空间。这种特质空间一定程度上抹去了建筑内外部的界限，使两者成为一个有机的整体，空间的连贯消除了内外空间的隔阂，给人一种自然有机的整体的感觉。一般建筑入口的门廊、檐下、庭院、外廊等都属于灰空间（见图3–111）。

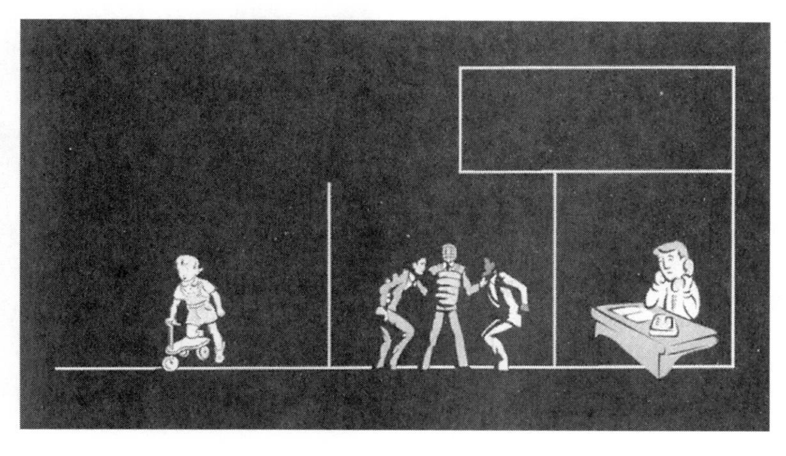

图3–111 建筑空间的分类

3）学会认知与体验

其实我们每天都是在空间认知与体验中度过的：早上在自己的卧室里醒来，穿过客厅到餐桌吃饭；或者走过长长的走廊到教室里上课；午后在阳台上晒太阳；可能去逛商场，在各个柜台前流连忘返，也可能窝在咖啡厅的一角消磨时间，如此种种。我们总是从一个房间到另一个房间，从事着这样那样的活动，只是我们没有意识到我们已经在认知体验的过程中了。建筑内部空间的认知和体验与生活是融为一体的。

（1）量度及尺度。

量度：主要指空间的形状与比例。

由各个界面围合而成的室内空间，其形状特征常会使活动于其中的人们产生不同的心理感受。著名建筑师贝聿铭先生曾对他的作品——具有三角形斜向空间的华盛顿国家美术馆东馆有很好的论述，他认为三角形、多灭点的斜向空间常给人以动态和富有变化的心理感受。

如图3-112所示，巴黎圣母院是哥特式代表作，外部造型与内部空间都

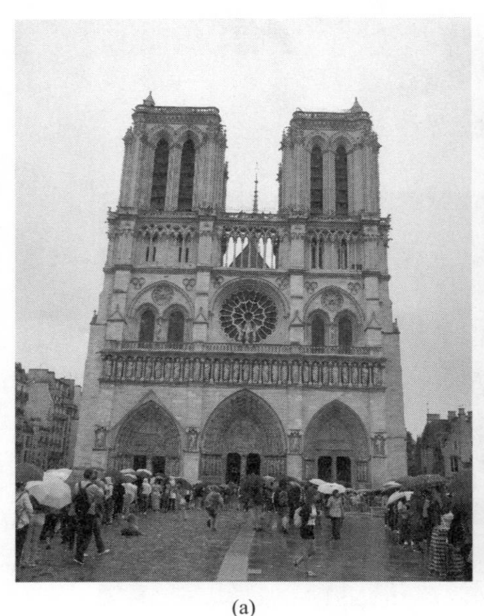

(a)

(b)

图3-112　巴黎圣母院

强调竖向性和向上的感觉。

尺度：其含义是建筑物给人感觉上的大小印象和真实大小之间的关系问题。

人体各部位的尺寸及其各类行为活动所需的空间尺寸，是决定建筑开间、进深、层高、器物大小的最基本的尺度（见图3–113）。

一般而言，建筑内部空间的尺度感与房间的功能性质相一致。日本和室以席为单位，每席约为190 cm × 95 cm，居室一般为四张半席的大小。日本建筑师芦原义信曾指出：“日本式建筑四张半席的空间对两个人来说，是小巧、宁静、亲密的空间。”日本的四张半席约相当于我国10 m²左右的小居室，作为居室其尺度感可能是亲切的，但这样的空间却不能适应公共活动的要求（见图3–114）。

纪念性建筑由于精神方面的特殊要求往往会出现超人尺度的空间，如拜占庭式或哥特式建筑的教堂，又如人民大会堂，以表现出庄严、宏伟、令人敬畏的建筑形象。

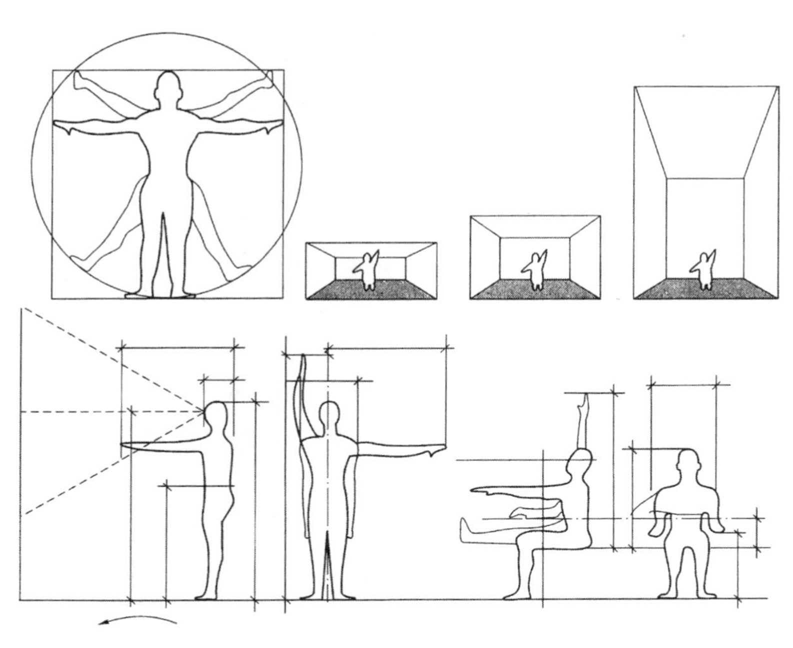

图3–113　人体尺度

如上海金茂大厦高度达34层的凯悦大酒店中庭（见图3–115），空间极其高耸，气魄宏大，是超人尺度的范例。

（2）限定要素：限定要素是指空间是由哪些界面形成的。对于建筑空间来说，它的限定要素是由建筑构件来担当的，包括天花（屋顶）、地面、墙、梁和柱、隔断等（见图3–116）。

空间限定是指利用实体元素或人的心理因素限制视线的观察方向或行动范围，从而产生空间感和心理上的场所感。

实体如墙等围合的场所具有确定的空间感，能保证内部空间的私密性和完整性。

利用虚体限定空间，可使空间既有分隔又有联系。

利用人的行为心理和视觉心理因素以及人的感官也可以限定出一定的空间场所，如在建筑的休息区，一条座椅上如果有人，尽管还有空位，后来者也很少会去挤在中间，这就是人心理固有的社交安全距离所限定出的一个无形的场，这个场虽然无形，却有效地控制着人们彼此的活动范围（见图3–117）。

（3）材质：是指空间限定要素所使用的材料。

图3–114　京都桂离宫松琴亭茶室

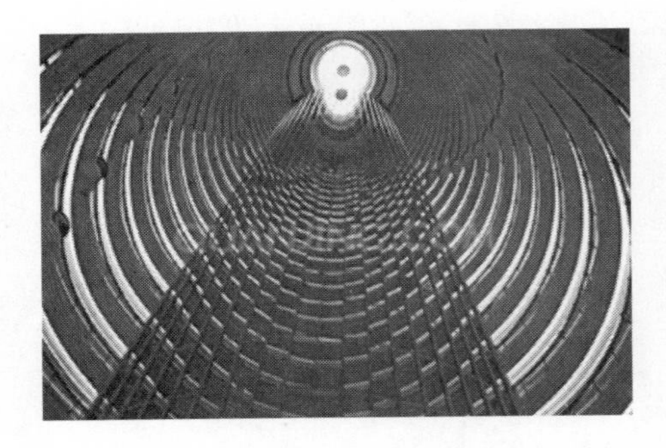

图3–115　上海金茂大厦SOM设计事务所设计

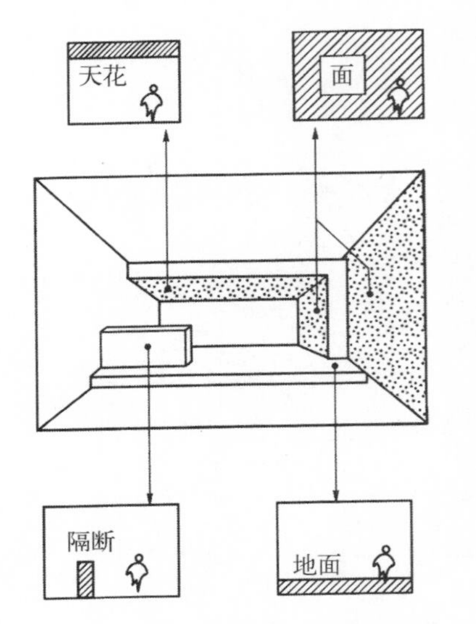

图3–116　建筑内部空间限定要素示意图

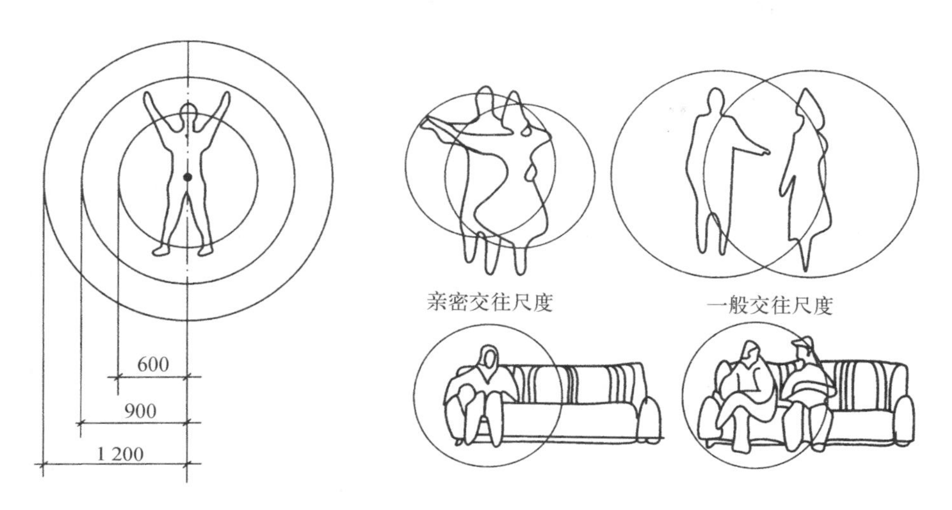

图3-117　人的行为心理尺度所限定的空间（单位：mm）

现代建筑使用的材质很多，砖的运用使围合体界面形成了丰富的层次纹理变化，体现出建筑的朴实质感；粗糙的石、混凝土等材质的运用容易形成粗犷、原始甚至冰冷的质感；天然的木纹理的运用可以让室内空间很贴近自然，容易产生温柔、亲切的感受；特别是玻璃材质的出现使建筑技术得到了新的发展，它明亮、通透的质感，改变了以往的建筑形式，使室内与外界有了一定的联系，增加了室内的明亮；金属构件则给人精致、现代的印象（见图3-118和图3-119）。

图3-118　麻省理工学院小教堂
Eero Saarinen设计

图3-119　长城脚下的公社竹屋
隈研吾设计

图3-120　爱丁堡圣吉尔斯主教堂

图3-121　乌镇民居院落

材质还具有历史意义以及地域特征。比如中国主要是木构为主，欧洲则是石材，而西亚建筑以黏土砖和玻璃砖为主。

（4）光线特征：是指建筑内部空间产生光的效果。

建筑中的光不但是室内物理环境不可缺少的要素之一，而且还有着精神上的意义。

如图3-120所示，爱丁堡圣吉尔斯主教堂，透过彩色玻璃窗射入的光象征着神的光辉。

如图3-121所示，乌镇民居中，光透过天井一直延伸到厅堂檐口。开阔的天井成了晾晒蜡染布的好场所，形成了自然生动的光影变化。

光影效果在空间概念加入了时间因素，光影的变化使人们不再从静止的角度观赏空间，而可以动态地体验空间序列的流动感。

（5）文化意义以及心理因素的影响。

路易斯·康设计的孟加拉国国民议会厅，是一组世俗、宗教相结合的建筑群。其灵感来源于"卡拉卡拉浴场"，作品渗透着作者对西方之外的文化——印度文化的理解，也体现了康对和谐秩序的重构及他对材料、光、结构的塑造。平面图所暗示的纹样显示出宗教的非凡气质，具有神秘感以及亚洲特色装饰美感。当人们处于这样的空间中，会不自觉地将该空间与社会环境、文化心态等模式联系在一起，形成空间的文化意义（见图3–122）。

(a)

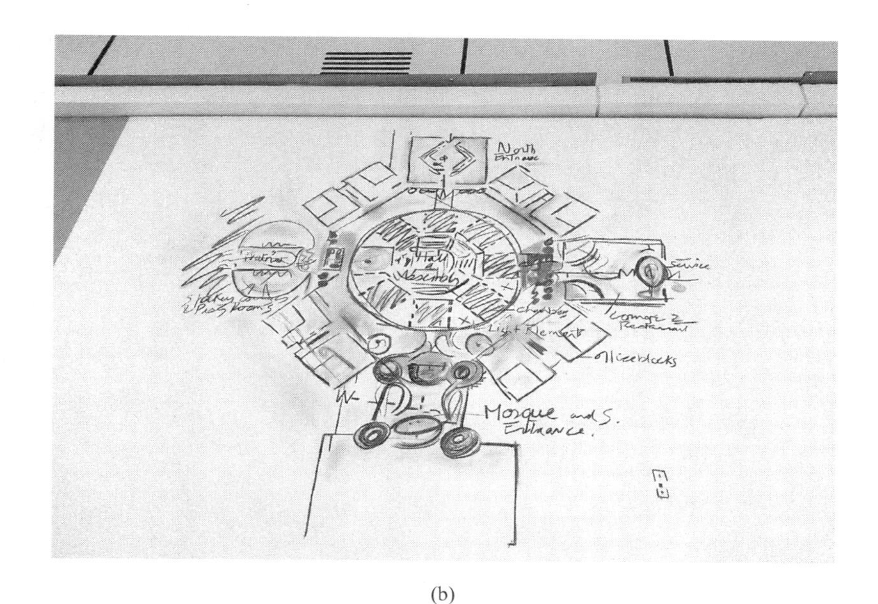

(b)

图3–122　孟加拉国达卡国民议会厅　路易斯·康设计

4）建筑内部空间设计

建筑师在设计中不但要考虑建筑空间与环境空间的适应问题，还要妥善处理建筑内部各组成空间相互之间的内在必然联系，直至推敲单一空间的体量、尺度、比例等细节，更深一层的空间建构还需预测它能给人以何种精神体验，达到何种气氛、意境，以及未来的使用变化。从空间到空间感都是建筑师在建筑设计过程中进行空间建构所要达到的目标。

密斯·凡·德罗成功在哪里？他所设计的简单的玻璃盒子，除了完成玻璃和钢的构造艺术之外，还创造了非常简洁动人的内部空间，甚至于每一件配置的家具都是十分完美的。还有迈克·格雷夫斯，他的建筑里各种陈设都非常讲究。因此，好的建筑师不仅仅是做一个壳子，还必须把内部空间搞清楚，这样才能把建筑设计做完整。

因此在一年级建筑设计基础的学习中，需要引入内部空间观念的训练。训练有两个要点：第一是对三度空间想象能力的挖掘，第二是创造性能力的提升。

值得注意的是，建筑设计的内部空间和室内设计的空间又有不同的理解方式。建筑的空间是由人运用实的形态要素对"原自然空间"进行限定，即一次空间限定；而室内环境艺术的空间则是在建筑空间的"笼罩"下，进行再加工，进一步深入进行再限定，即二次空间限定（见图3–123和图3–124）。

我们应该关注空间分割、空间组合、空间序列、界面处理和室内物理环境这些问题。

（1）空间分割。

美国建筑师查尔斯·莫尔（Charles Moore）在他所著《度量·建筑的空间·形式和尺度》一书中有趣地指出："建筑师的语言是经常捉弄人的。我们谈到建成一个空间，其他人则指出我们根本没有建成什么空间，它本来就存在那里了。我们所做的，或者我们试图去做的只是从统一延续的空间中切割出来一部分，使人们把它当成一个领域。"

空间分隔在界面形态上分为绝对分隔、相对分隔、意象分隔三种形式。空间分割按分割方式则主要分为垂直要素分割（见图3–125）与水平要素分割（见图3–126）两种。实例中会有不少非常灵活的空间分割，在平时生活及学习中注意观察分析（见图3–127）。

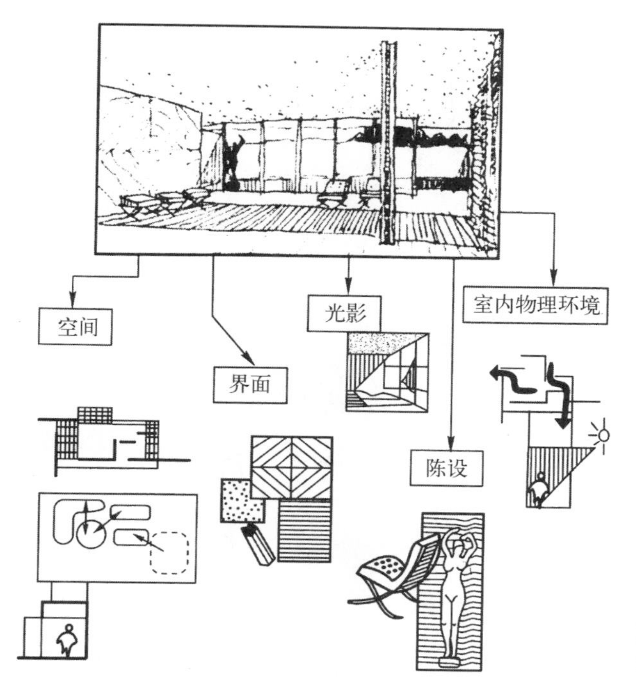

图3-123　内部空间设计分析模型

图3-124　莱特芝加哥别墅餐厅

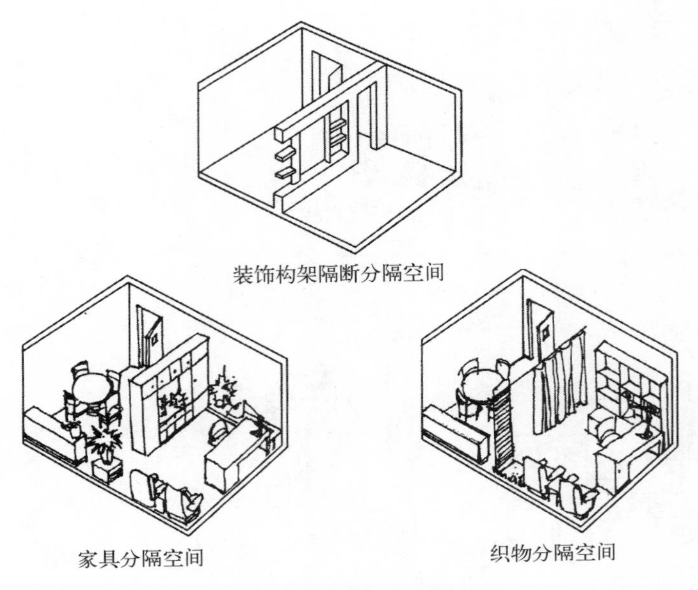

图3-125　垂直要素分割

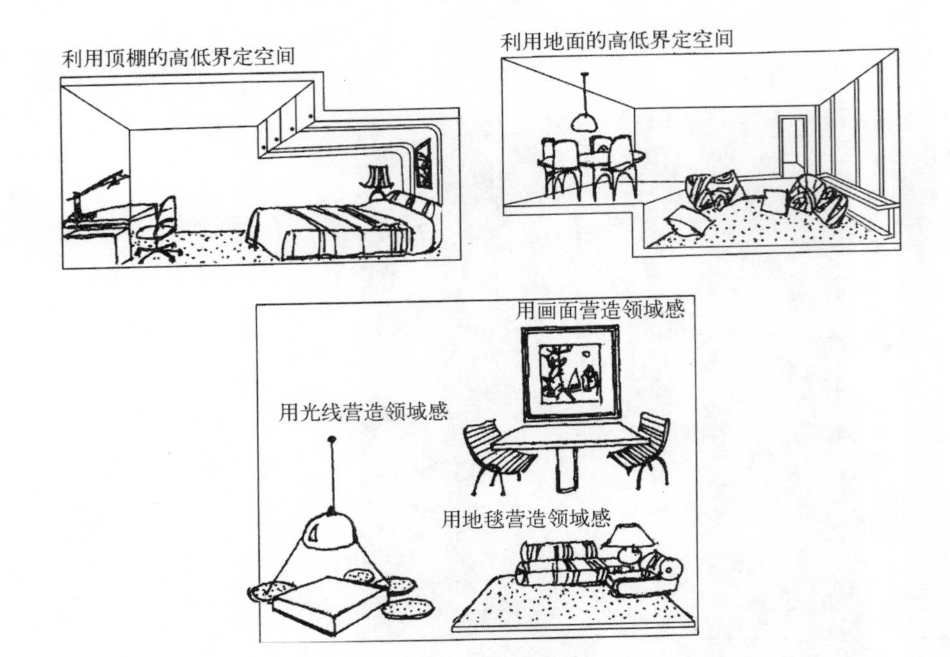

图3-126　水平要素分割

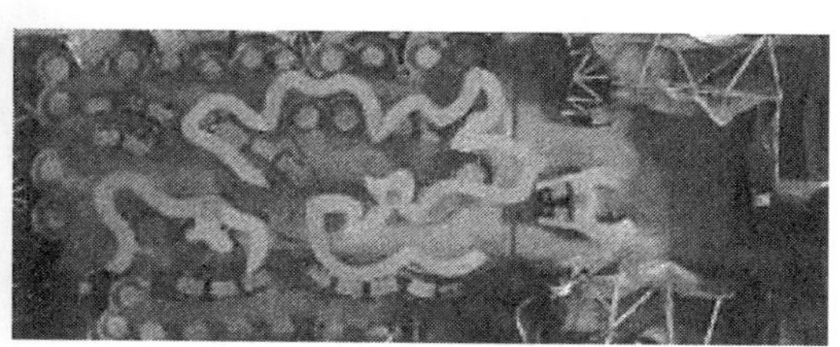

图3–127　纽约某咖啡馆通过曲线的座椅来分割空间，弗兰克·盖里设计

（2）空间组合。

建筑设计中，单一空间是很少见的，我们不得不处理多个空间之间的关系，按照这些空间的功能、相似性或运动轨迹，将它们相互联系起来，下面我们就来讨论一下，有哪些基本方法，把这些空间组合在一起（见图3–128）。

a. 包容性组合

在一个大空间中包容另一个小空间，称为包容性组合。

美国圣路易斯天文馆的空间与造型是以圆弧曲线构成的奇异效果，充分反映出天文馆的性格特征。平面图中大圆（陈列厅）包容着小圆（天象厅），剖面图中也非常清晰地看出这种包容关系，可谓是现代建筑中两层维护实体包容性的典型个案（见

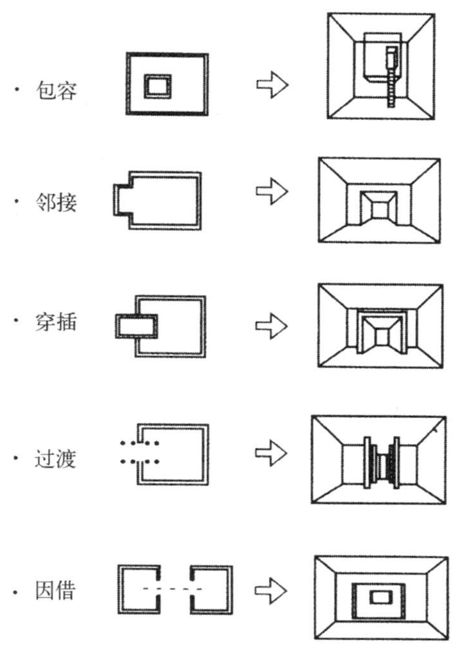

图3–128　空间组合的方式

图3–129）。类似的建筑案例还有荷兰Delft科技大学图书馆，圆锥体中的阅览空间被包容在平面之中，并在造型上突出倾斜屋面形成一个焦点（见图3–130）。

b. 邻接性组合

两个不同形态的空间以对接的方式进行组合，称为邻接性组合。

它让每个空间都能得到清楚的限定，并且以自身的方式回应特殊的功能要求或象征意义。两个相邻空间之间，在视觉和空间上的连续程度取决于那个既将他们分开又把他们联系在一起的面的特点。美国勃兰德大学天然光源画室，三组不同用房围绕庭院布置，画室朝北，每个画室之间都由一个过渡空间连接，呈现一组凹凸变化有致的空间形态。锯齿形墙面及大面积玻璃采光，光线充足（见图3–131）。

(a)

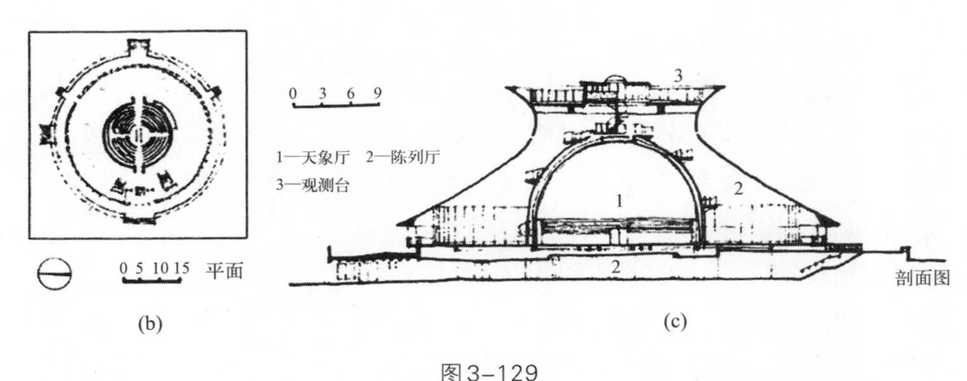

(b) (c)

图3–129

（a）圣路易斯天文馆（美国）（b）圣路易斯天文馆平面图 （c）圣路易斯天文馆剖面图

(a)

(b)

图3-130　荷兰Delft科技大学图书馆，设计师Mecanoo

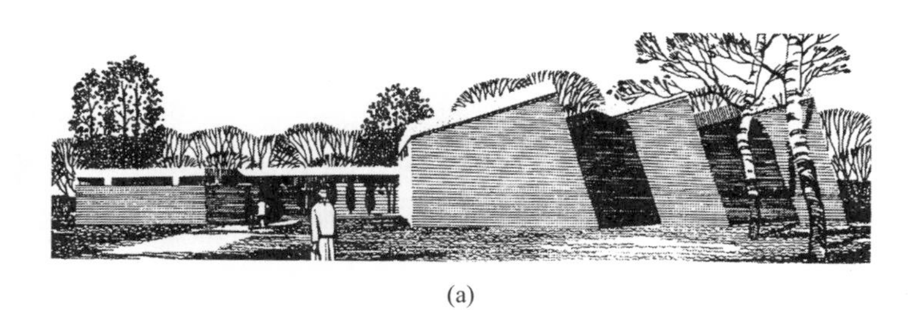

(a)

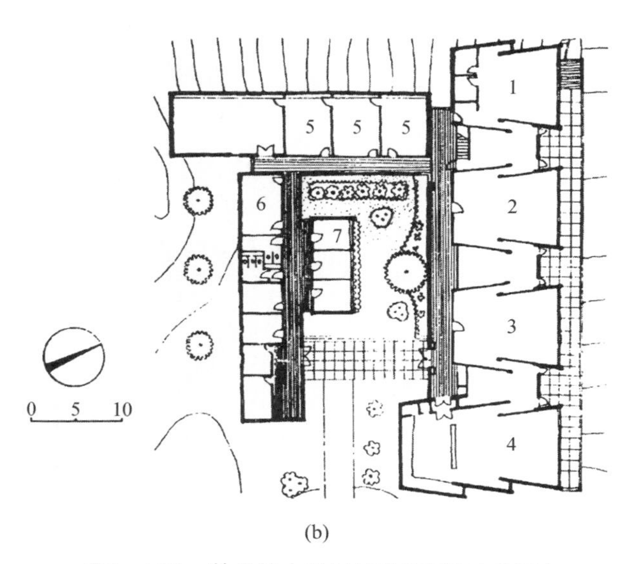

(b)

图3-131　勃兰德大学天然光源画室（美国）

c. 穿插性组合

以交错嵌入的方式进行组合的空间，称为穿插性组合。

穿插性组合的空间关系来自两个空间领域的重叠，在两个空间之间出现了一个共享的空间区域。用一句话来形容就是“你中有我，我中有你”，所形成的空间相互界限模糊，空间关系密切。华盛顿国家美术馆东馆，其建筑中庭部分成功地塑造出交错式空间构图，交错、穿插空间形成的水平、垂直方向空间流动，具有扩大空间的效果，空间活跃、富有动感（见图3–132和图3–133）。

d. 过渡性组合

以空间界面交融渗透的限定方式进行组合，称为过渡性组合。

空间的限定不仅决定了本空间的质量，而且决定了空间之间的过渡、渗透和联系等关系。不同空间之间以及室内外的界限已不再仅仅依靠“墙”来进行限定和围合，而是通过空间的渗透来完成。过渡空间可以说是两种或两种以上不同性质的实体在彼此邻接时，产生相互作用的一个特定区域，是空间范围内对立矛盾冲突与相互调和的焦点。这种过渡性空间一般都不大，所限定的空间没有明显界限，但是韵味无限（见图3–134）。

图3–132　剑桥大学法律系馆　诺曼·福斯特

图3–133　华盛顿国家美术馆东馆中庭

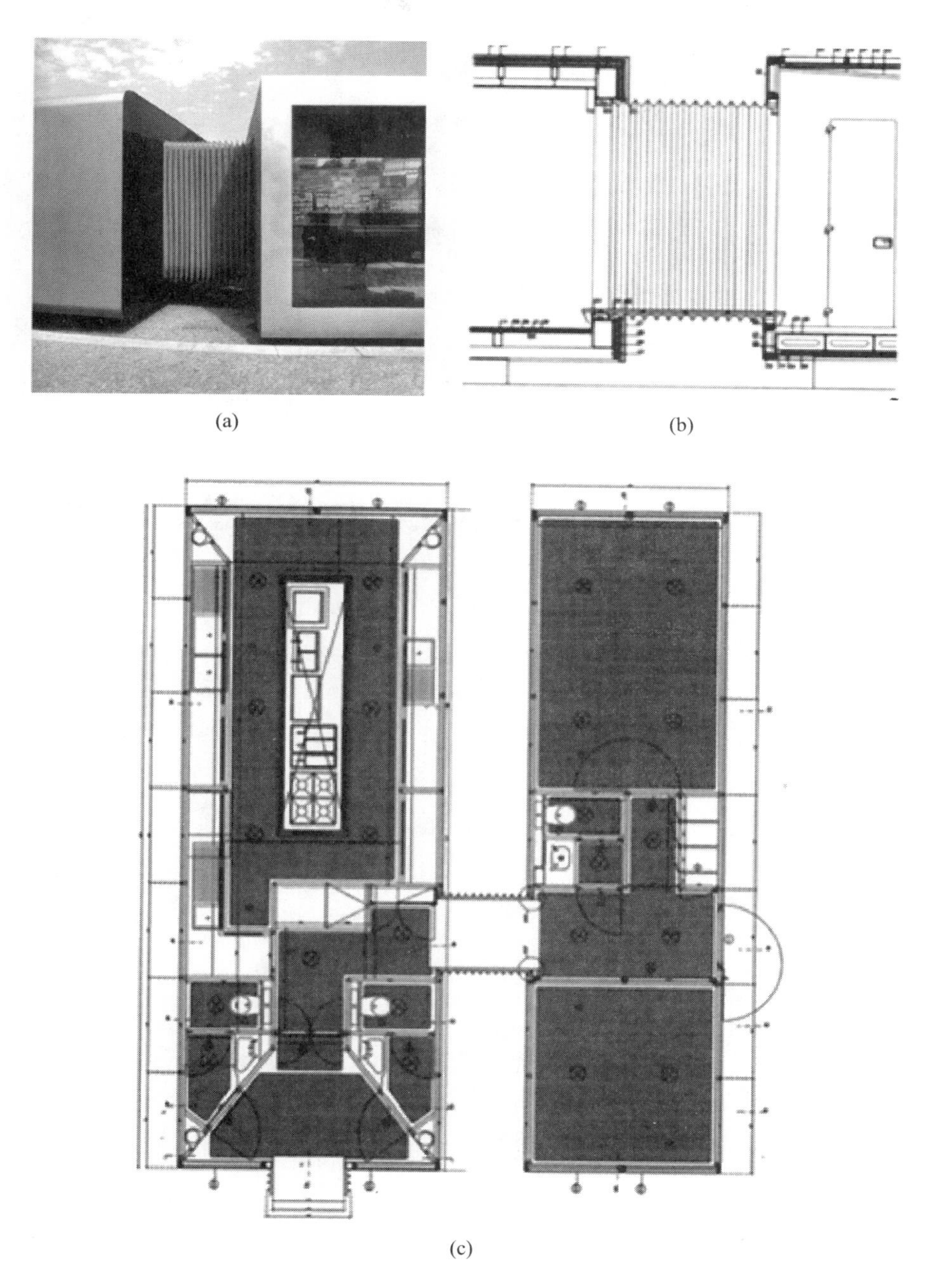

(a)

(b)

(c)

图3–134

（a）加亚新城卡莲酒吧室外景观图 （b）加亚新城卡莲酒吧剖面图 （c）加亚新城卡莲酒吧平面图

图3–135　廿八都古镇民居　浙江江山市

e. 因借性组合

综合自然及内外空间要素，以灵活通透的流动性空间处理进行组合，空间之间相互借景，称为因借性组合。

图3–136　日本美秀博物馆入口

中国传统建筑中非常善于运用空间的渗透与流通来创造空间效果，尤其古典园林建筑中"借景"的处理手法就是一种典型的因借式关系。明代计成在《园冶》中提出"构园无格，借景有因"，强调要"巧于因借，精在体宜"。把室外的、园外的景色借进来，彼此对景，互相衬托，互相呼应。苏州园林是这方面的典范。在现代建筑空间中，也可以利用这种手法，将空间的开口有意识地对应或是错开，"虚中有实"、"实中有虚"，都是为了在观赏者的心理上扩大空间感（见图3–135和图3–136）。

5）制造空间留出空间

社会以及人们生活变化是如此之快，建筑不得不随着工作方式、组织形式、资产转移、区划和功能的改变、扩张、减少、对效率的极端要求、繁荣或不同需要等的变化而改变。这都是无人可以控制的力量。一幢建筑如果不能适应这个变化，它的前途是暗淡的。

唯一有条件去满足社会变化的建筑是那些更加符合都市化的方式组织的，它们的处理方法像规划一座城市，拥有一个街道和广场的结构，作为秩序的支撑，从根本上不受使用形式变化的影响。

作为建筑师我们常常需要满足客户的需求，但是客户的要求越是精确详细，越接近你关于建筑的概念，那么建筑将比预期更快地变得无用。所以不必严格死板地坚持客户的要求，转而整理资料，深入分析各种限制条件，寻求一种被大众所认可的集体感觉作为思想的出发点。

一个清晰的空间结构或基础结构容许持久性，而且由于它而制造了更多的能适应变化需要的空间，这增加了时间上的以及不可预料的空间。有许多建筑上的例子，它们在散失了原有的使用形式以后，仍可以重新利用，因为它们的“能力”证明了不仅完全适应于另一新内容，甚至激发了新内容。因此我们看见仓库极适宜于改作办公室和住宅，不仅因为它们丰富的空间和坚固的结构，还有它的基础组织结构。普遍认为越少强调建筑最初的计划功能，反而越能满足新功能或使用的需要（见图3–137和图3–138）。

图3–137　北京798艺术区原为原国营798厂等电子工业的老厂区所在地，由厂房改造的展厅

图3–138　法国阿尔勒竞技场，由最初的战车及徒手格斗转变为目前斗牛及戏剧、音乐会场所

3.3.4　建筑的外部造型

建筑造型的美感不是单纯在形体的塑造上完成的。建筑造型的设计是具有下面几个特点的。

（1）外部形体暗示了内部空间。内部空间的形式也带来了建筑形体的基本轮廓。

莱特芝加哥别墅中设有一个评图及展室空间，平面形状为八边形，室内空间及外形也与此呼应，自然地展现出八边形空间的造型（见图3–139）。

（2）不同类型的建筑，具有不同的性格特征。工业建筑、商业建筑、体育建筑等由于建筑的不同功用，所要求的外部造型也是具有很明显的区别的。工业建筑简洁、庄重，商业建筑灵活、富于变化，体育建筑坚实、壮观。在建筑的体形上都反映着与之相应的造型特点（见图3–140和图3–141）。

(a)

(b)

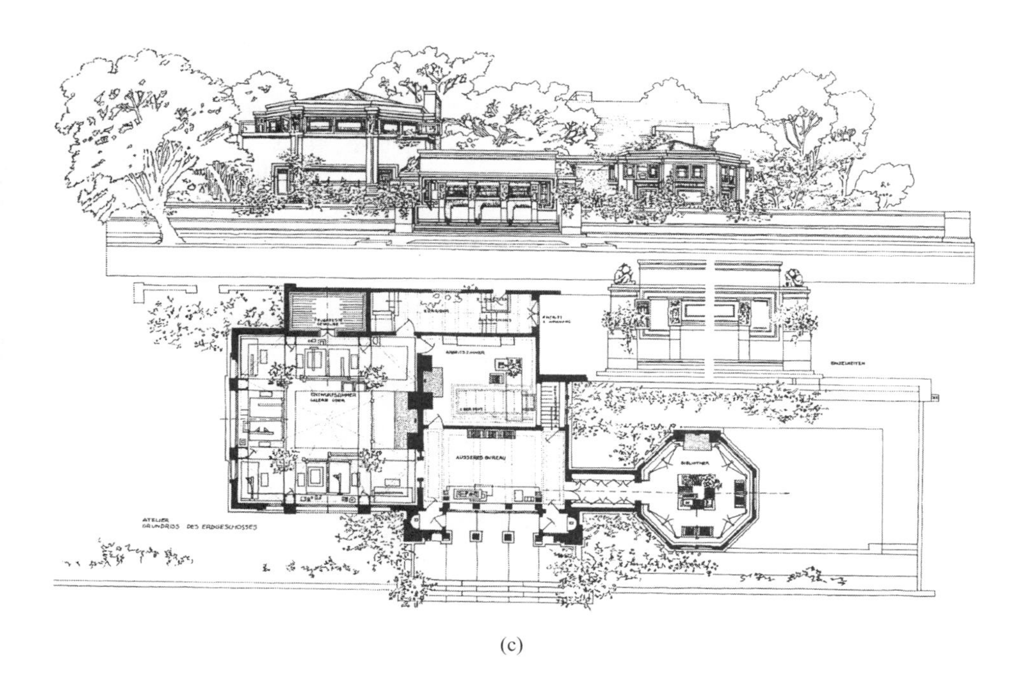

(c)

图3-139　莱特芝加哥别墅

（a）评图及展室室内　（b）评图室外观　（c）平面及立面

图3-140　天一广场商业建筑，宁波

图3-141　杉杉PLAZA，宁波南部商务区

（3）主从分明、有机结合。建筑造型的组合与功能分区的主次是有关系的，主体与群体的关系，要反映出一定的层次。并且在形式的组成上要充分地反映出主次之间的有机结合（见图3-142）。

（4）外轮廓线：建筑的组群结合在一起与建筑以外的环境结合，无论是在天空的衬托下，还是在森林、高山、建筑物的衬托下，建筑物所具有的实体形象必须是完美的。这是一条线的节奏、变化与秩序（见图3-143和图3-144）。

（5）比例与尺度：我们前面已经讲过了关于尺度的基本原则。空间的尺度是给建筑的美学范畴提供根本点。比例是建立在尺度之上的美学系统。建筑物的每个部分归属于某一个比例系统是使得建筑物从根本上完善的因素。它可以提供诸如空间秩序、形式的连续性、内外部空间的联系等在建筑物构图中视觉统一的方法。如图3-145所示，KANSAS CITY原火车站室内，巨大尺度的拱洞与两侧壁柱及拱底的细小装饰线脚形成极好的对比，使空间既高敞又精美。

图3–142　上海某高层建筑主楼与裙房的有机结合

图3–143　芝加哥美丽的天际线

图3-144　旧金山山地别墅阶梯形轮廓线

图3-145　KANSAS CITY 原火车站，美国

3.4 建筑设计方法入门

所谓建筑设计就是通过设计者的设计思想和意图，把建筑使用功能的要求转化到具体对象上去，并将其形象化的过程。

本节从建筑设计方法入门开始关于建筑设计的讨论。

对于建筑学一年级的学生而言，重要的不是设计了什么，而是怎样进行设计，在设计中学到了什么。开始时，不过是在收集、整理前人的材料，并尝试对这些材料进行分析，到了二三年级从简单的材料整理进入学习阶段，把学习到的成果运用到自己的设计中去。到高年级就可以从学习模仿进入问题研究了，能够提出自己的问题，并能提出自己独到的见解。1998年，贝聿铭在东京大学和师生交流时所强调“强烈推荐旅行，旅行能将所学的东西变成自己的东西。”同时他也指出要先学好历史，这是想要收获大量信息的前提。而在旅行中所作的视觉笔记是个人极好的建筑记录及思考，可以手绘，也可以采用图片粘贴等多种手法（见图3–146）。在阅读建筑杂志时进行临摹抄绘也是一种极好的学习方法（见图3–147）。

很多同学在建筑设计基础的学习中一直存在这样的误区，即过于重视技法的训练，忽视能力的培养，认为初级阶段打基础，高级阶段做设计，把打基础和做设计分割开来，而忽视了创造力、批判思维、独立思考的能力、分析问

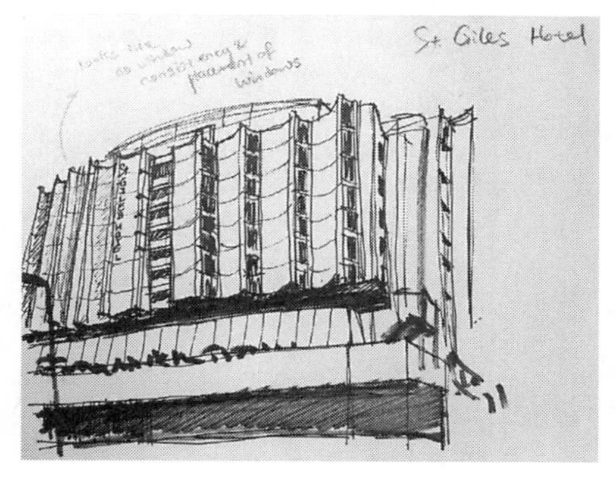

（a） 手绘建筑及简要分析（Amy提供）

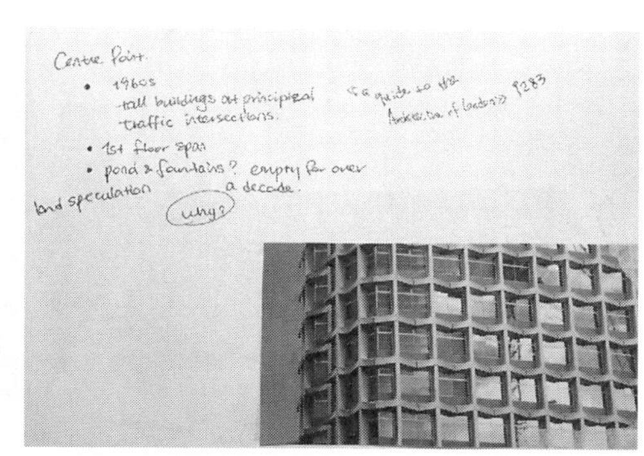

（b） 粘贴建筑图片及简要分析（Amy提供）

图3–146

题解决问题的能力的培养，其实，这两者应该是同步进行的（见图3–148）。

下面我们就具体介绍一下建筑设计一般是怎么样进行的（见图3–149）。

一般建筑设计工作应包括方案设计、初步设计和施工图设计三大部分，即从业主提出建筑设计任务书一直到交付建筑施工单位开始施工之全过程。这三部分在相互联系、相互制约的基础上有着明确的职责划分，其中方案设

图3–147　建筑实地写生及作品抄绘（密垒提供）

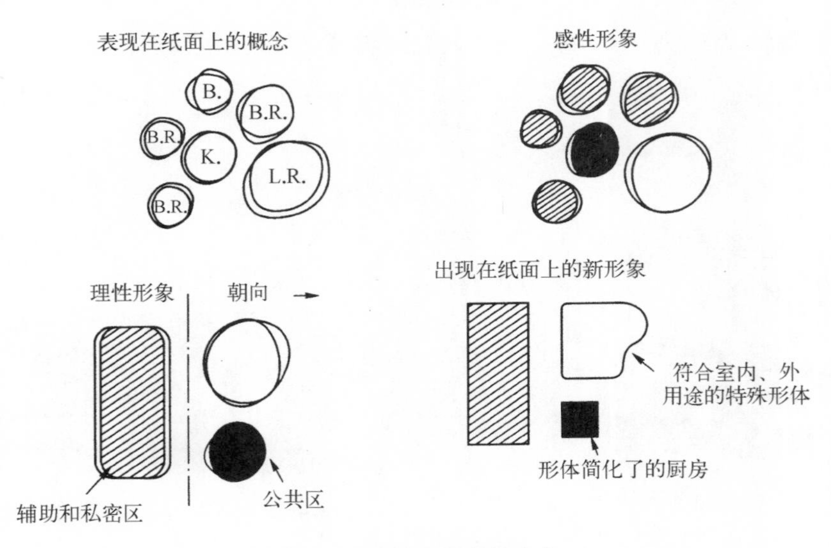

图3–148　建筑形象的演变

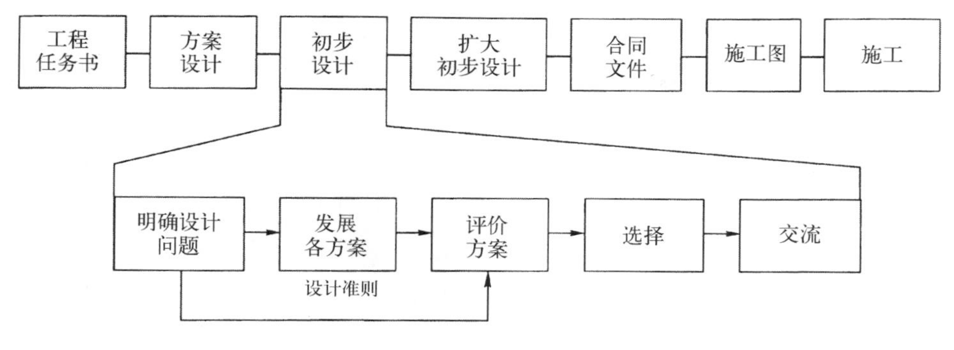

图3-149　建筑设计的程序

计作为建筑设计的第一阶段，担负着确立建筑的设计思想、意图，并将其形象化的职责，它对整个建筑设计过程所起的作用是开创性和指导性的；初步设计与施工图设计则是在此基础上逐步落实其经济、技术、材料等物质需求，是将设计意图逐步转化成真实建筑的重要筹划阶段。

无论是设计什么工程、由谁来设计，都有一个共同的目的，就是把业主的要求转化为具体房屋或者符合他所有要求的其他实体。我们通常可以采取以下四个步骤来完成设计。

3.4.1　设计的起点：分析与调查

对设计问题的分析是设计过程的起点，面对庞大的信息量，我们不妨从设计任务书开始，那么第一个要了解的问题就是：

1）问题一：什么是任务书？（或者说我们从任务书中能获得什么？）

建筑师着手设计前，首先获得的信息是设计任务书，它是任何一项建筑设计的指导性文件，从多方面对设计提出了明确的要求和有关的规定，以及必要的设计参数，只有充分理解了设计任务书的内容，才能开始着手设计的各个环节。

设计任务书通常包含了以下内容：

（1）工程名称及立项依据。

（2）用地环境、使用性质及设计标准。

（3）服务对象：任何一项建筑设计都是为人而使用的，有单一使用对象，也有众多使用对象。因此，必须在设计前搞清是为哪一类人而设计。如铁路客站建筑设计，旅客就有进站旅客和出站旅客之分，还有母子旅客、军人旅客、贵宾旅客以及残疾人旅客等。他们对设计分别提出各自的要求。

（4）房间内容以及各房间的面积规模。除必要的使用面积外，对于交通面积、辅助面积（如厕所等）一般不列出，但建筑师必须在设计中给予考虑。

（5）工艺资料、投资造价、有关参数及其他。

上述各项内容不是所有设计任务书都一一罗列，小建筑只言片语即可交代清楚，复杂工程则千言万语方可说明，不论设计任务书是概略还是详尽，建筑师第一步就是要熟知文件内容，做到任务理解、方向明确。

2）问题二：任务书能反映出全部设计要求吗？

答案是否定的，掌握了设计任务书的内容仅仅是信息输入的一部分，要使建筑设计建立在更扎实的基础上，还必须获得更多的第一手资料。调查研究是获取大量信息的有效手段。那么哪些信息是我们需要掌握的呢？我们又是如何获得这些信息的？

（1）他／她想要什么？

书面的设计文件并不能全部包括建造者所要交代的内容，建筑师往往需要帮助并参与设计任务书的完善工作。因此，更需要摸清业主的意图以及各项详尽要求，提出合理的建议以取得业主的共识和认可（见图3–150）。

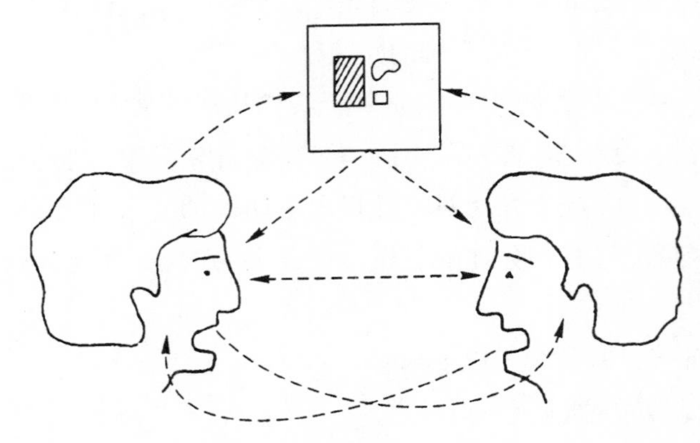

图3–150　信息的多次交流

建筑师必须通过反复与业主交流，来获得他/她对建筑的全部要求

（2）房子是建在什么样的环境里？

古今中外的建筑师都十分注意对建筑所处的地形、环境的选择和利用，具体的调研可以采取现场踏勘、访问对象以及资料收集三种方式进行。

我们需要获得的是以下几个方面的资料：

a. 基地状况：主要是了解基地本身的状况，包括基地的地形、地质条件、景观朝向、道路交通、周边建筑、在城市中的方位等，对该地段做出比较客观、全面的环境质量评价（见图3–151）。

b. 太阳角度、东西向的基地脊坡和夏季的清凉微风，决定了建筑的主要朝向，基地的现有入口通道、树木分布以及南岸小河构成了杰出的景色和基本环境，通过进一步的分析，就可以对建筑体量和位置作初步的探讨和选择。

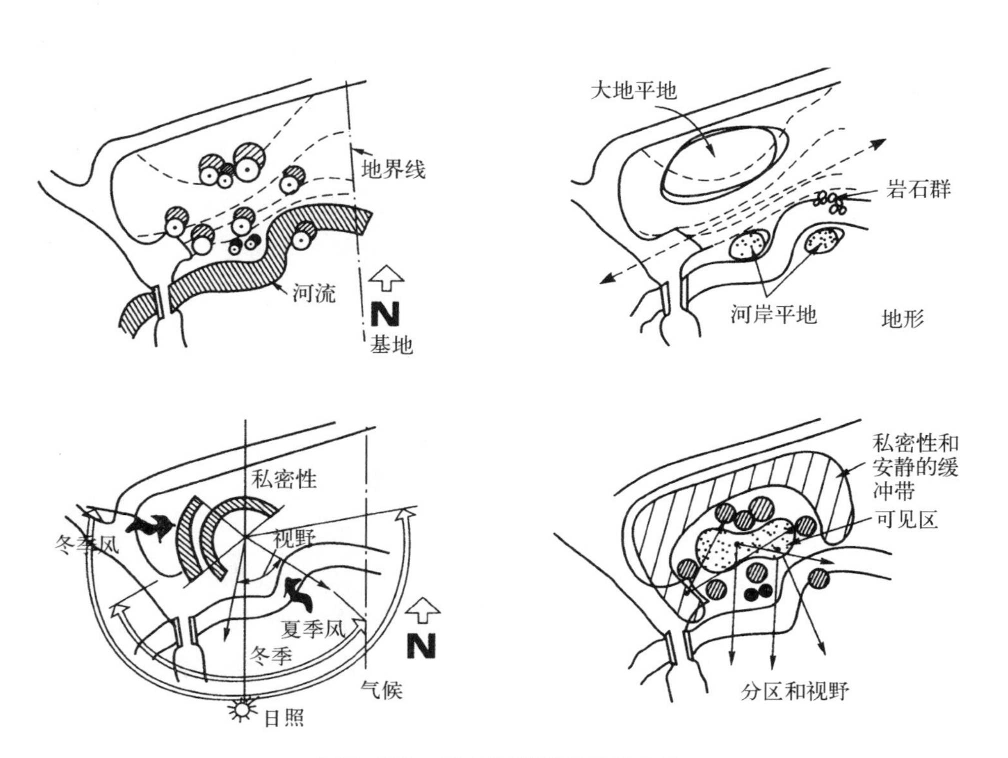

图3–151　对假期别墅基地的分析

通过对基地条件的调查分析，可以很好地把握、认知地段环境的质量水平及其对建筑设计的制约影响，可以分清哪些条件因素是具有优势，应该充分利用的，那些因素是劣势的，必须回避或是改造的。

c. 城市规划资料：主要是依据城市总体发展规划，明确所处城市性质规模、区域规划情况以及限制条件等，以确保与城市总体发展相协调。

对于故宫来说，如果前门、天安门、午门、太和殿等这些建筑没有一个空间序列的轴线把它们串起来，它们将失去独特的涵义。在美国的华盛顿，林肯纪念堂、国会大厦、白宫、华盛顿纪念碑，这些建筑离开了那个理性的城市设计格局，也就不成气候了。这就是为什么学建筑学的人只琢磨房子还不够，还要把视野扩展到城市的角度（见图3–152）。

d. 文脉情况：每个城市在发展过程中都会因为社会和自然条件的原因形成自己明显的地区性特征，建筑设计应该尊重这些已有的文脉，而不是破坏它。例如，卢浮宫扩建工程，把新建建筑全部埋于地下，外露形象仅为一宁静而剔透的金字塔形玻璃天窗，从中所显现出的是建筑师尊重人文环境、保护历史遗产的可贵追求（见图3–153和图3–154）。

例如，诺曼·福斯特对柏林议会大厦的改建设计，在重新修建古建筑国会大厦时在顶层增加一个巨大的玻璃穹顶。不仅与古建筑精美结合，而且把现代科技和生态原理运用到建筑之中（见图3–155）。

（3）除此之外还有什么是要考虑的?

a. 经济技术因素分析：是指建设者实际经济条件和可行的技术水平。它决定了建筑的档次质量、结构形式、材料应用以及设备选择等因素。

b. 规范要求：是指建筑设计必须要符合国家以及地方制定的建筑设计规范，其中影响比较大的是关于日照、消防、交通、节能方面的规范与规定。

（4）借鉴式的学习。

学建筑如同学习外语、中国画一样，都离不开早期的鹦鹉学舌、拷贝临摹的过程。学习并借鉴前人的实践经验，开拓自己的视野，既是避免走弯路，走回头路的有效方法，也是认识熟悉各类型建筑，提高设计水平的最佳捷径。建筑学是个积累型学科，特别需要对前人的作品进行不断地分析和学习（见图3–156）。

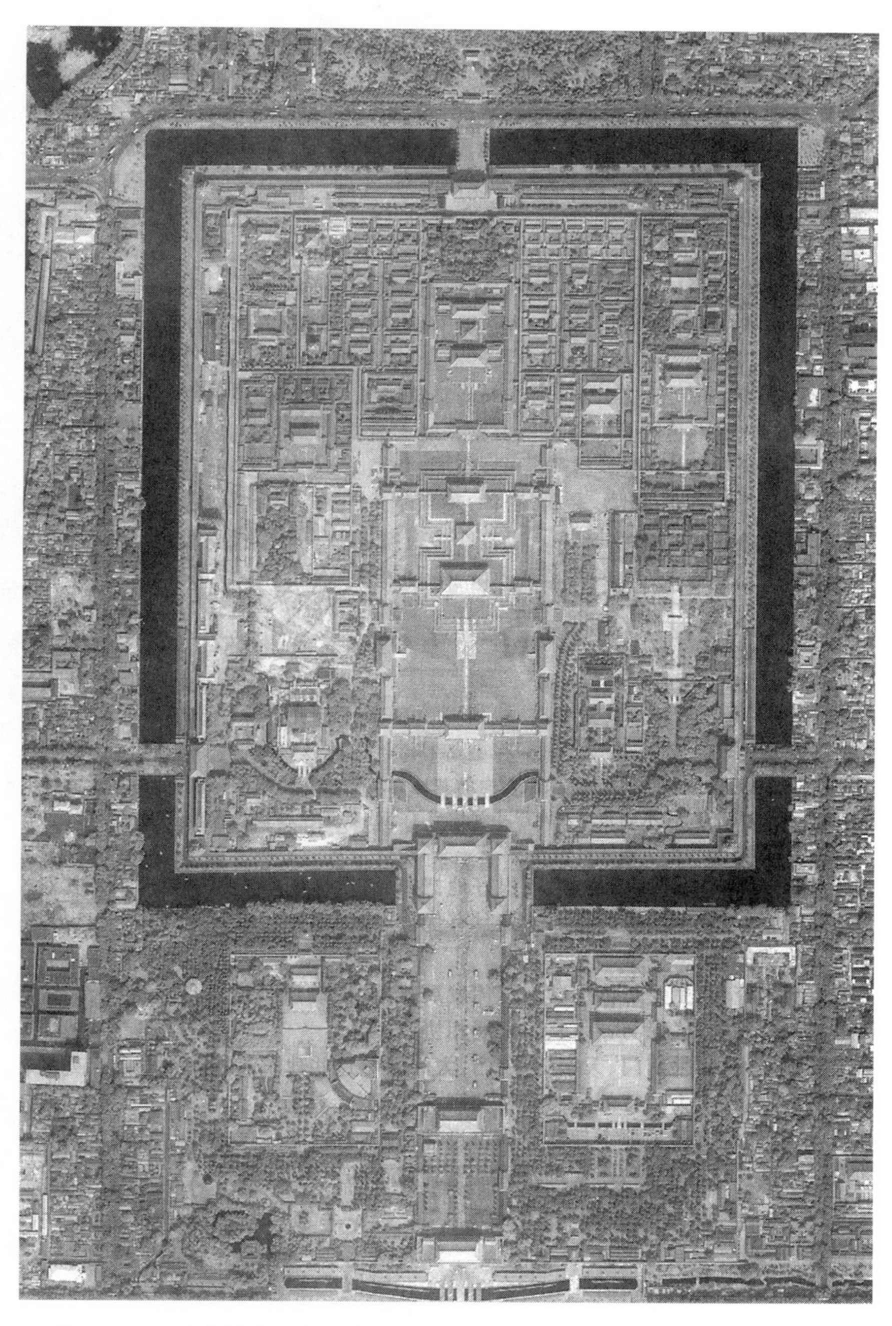

图3-152　北京故宫的中轴线与城市中轴线的统一，反映了森严的等级观念

图3-153　北京故宫全景

图3-154　卢浮宫的玻璃金字塔

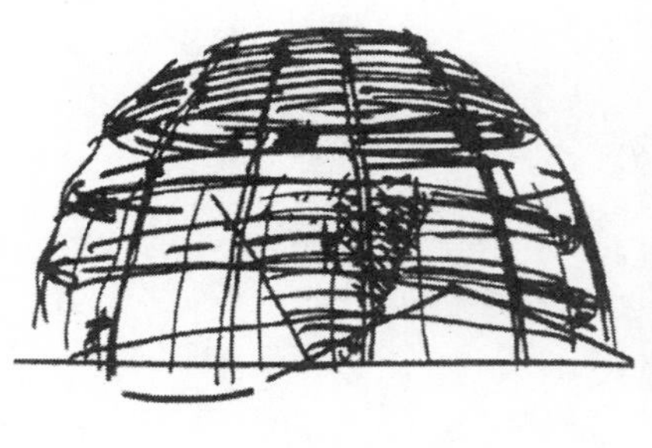

(a)

(b)

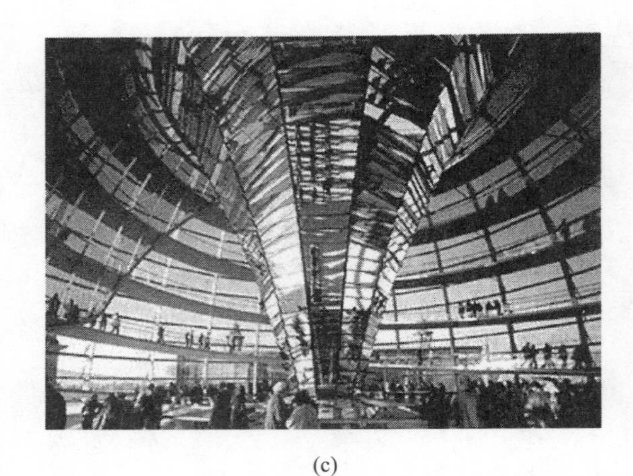

(c)

图3-155　柏林议会大厦的改建设计，诺曼·福斯特

（a）穹顶的构思草图 （b）柏林议会大厦 （c）柏林议会大厦穹顶内景

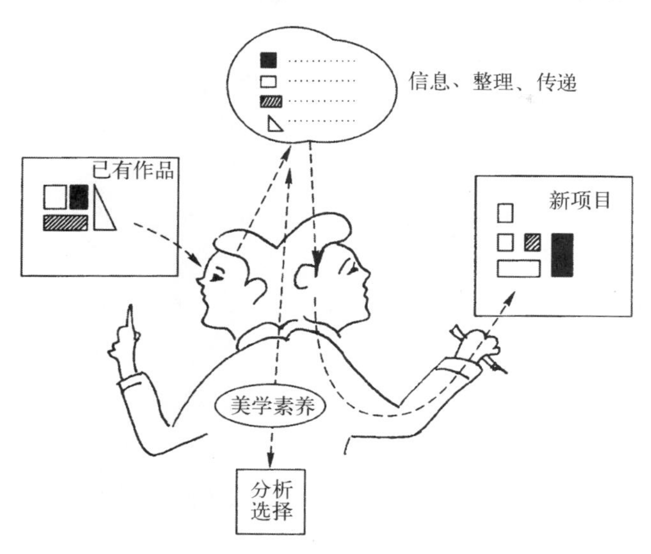

图3-156　设计分析的思维过程

3.4.2　设计的立意——意在笔先

建筑设计开始阶段的立意与构思具有开拓的性质，它对设计的优劣、成败具有关键性的作用。

1）立意

所谓立意即是确立创作主题的意念，就好比文章少不了主题思想一样，立意作为我们方案设计的行动原则和境界追求，也是必不可少的。唐代画家张彦远有句话“骨气形似，皆本于立意。”

设计的立意不是凭空而生，它有赖于设计者在全面而深入的调查研究基础上，运用建筑哲学思想、灵感与想象力、知识与经验等，对所要表达的创作意图进行决断。

建筑中立意新颖的名作很多，比如安滕忠雄的光之教堂，利用光线来营造教堂的“神圣与神秘气氛”（见图3–157）。

2）立意离不开想象力

想象力与创造力不是凭空而来的，除了平时的学习训练外，充分的启发与适度的形象“刺激”是必不可少的。比如，可以通过多看（资料）、多画（草图）、

图3–157　安藤忠雄的光之教堂，光的十字架成为人们信仰的引导

多做（研究性模型）等方式来达到刺激思维、促进想象的目的。

3）有关灵感

灵感从哪里来呢？

柯布西耶创作的朗香教堂直到今天一直令人赞叹［见图3–158（a）］。它的形象引发了人们无数的想象，图3–158（b）给出了朗香教堂造型的几种联想（Hillel Schocken作），它的构思，被世人赞誉为神来之笔。

他是从哪儿想出这一切来的呢？人们试图从朗香教堂的创作过程中来寻找答案。

（1）立意的由来。

创作朗香时，在动笔之前柯布同教会人员谈过话，深入了解天主教的仪式和活动，了解信徒到该地朝拜的历史传统，探讨宗教艺术的方方面面。柯布专门找来有关朗香地方的书籍，仔细阅读，并作摘记，大量的信息输进脑海。

一段时间后，柯布第一次到布勒芒山区现场时，他已经形成某种想法了。柯布说他要把朗香教堂搞成一个“形式领域的听觉器件”（acoustic componention the domain of form），它应该像（人的）听觉器官一样的柔软、微妙、精确和不容改变。

把教堂建筑视作声学器件，使之与所在场所沟通，信徒来教堂是为了与上帝沟通，声学器件象征人与上帝声息相同的渠道和关键。可以说这是柯布设计朗香教堂的建筑立意，一个别开生面的奇妙立意［见图3–158（c）］。

（2）灵感来自积累。

柯布是有灵感的建筑师，但灵感不是凭空而来的，灵感也有来源，其源泉就是柯布毕生广泛收集、储存在脑海中的巨量资料信息。

柯布讲过一段往事：1947年他在纽约长岛的沙滩上找到一只空的海蟹壳，发现它的薄壳竟是那样坚固。正是这个蟹壳启发出朗香教堂的屋顶形象。

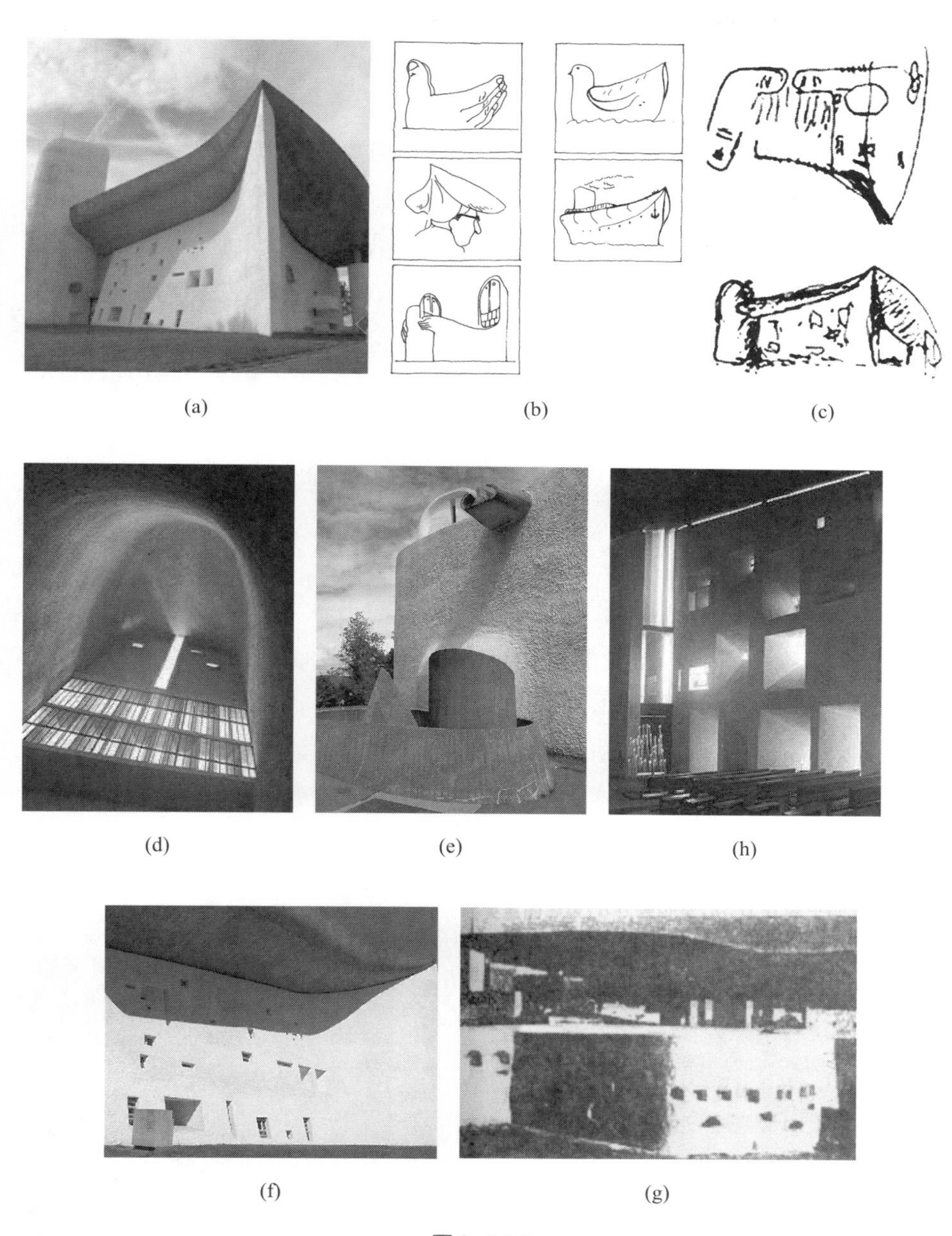

(a) (b) (c)

(d) (e) (h)

(f) (g)

图3-158

（a）朗香教堂 （b） 人们对朗香教堂的5种联想 （c）柯布西耶朗香教堂的构思草图 （d）天光从采光井的侧高窗中进入 （e）采光井和卸水管 （f）朗香教堂的立面开窗 （g）莫桑比克小清真寺的立面开窗 （h）朗香教堂的光影效果

1911年，柯布参观古罗马建筑，发现一座岩石中挖出的祭奠的光线，是由管道把上面的天光引进去的。柯布当时画下这特殊的采光方式，称之为“采光井”。几十年后，在朗香教堂的设计中，他有意识地运用这种方式[见图3–158（d）]。

1945年，柯布在美国旅行时经过一个水库，当时他把大坝上的泄水口速写下来。朗香教堂屋顶的泄水管同美国水利工程的泄水口确实相当类似。而朗香教堂的墙面处理和窗孔设计，得益于他在北非对当地居民的调研[见图3–158（e）～图3–158（h）]。

这些情况说明像柯布这样的世界级大师，其看似神来之笔的构思草图，原来也都有其来历。灵感从现象来看是偶然因素在起支配作用，但必然性如果没有丰富的知识经验作根底，而坐等偶然因素来触发灵感就如同守株待兔一样毫无希望。

（3）最有效的方法。

柯布告诉人们，建筑师收集和存储图像信息最重要的也是最有效的方法是动手画。他说：“为了把我看到的变为自己的，变成自己的历史的一部分，看的时候，应该把看到的画下来。一旦通过铅笔的劳作，事物就内化了，它一辈子留在你的心里，写在那儿，铭刻在那儿。要自己亲手画。跟踪那些轮廓线，填实那空档，细察那些体量等，这些是观看时最重要的，也可以这样说，如此才够格去观察，才够格去发现……只有这样，才能创造。你全身心投入，你有所发现，你有所创造，中心是投入。”（见图3–159）

(a)

(b)

图3–159　柯布西耶的速写及办公室

柯布常讲他一生都在进行“长久耐心地求索”。朗香教堂最初的决定性草图的确是刹那间画出来的，然而刹那间的灵感迸发，是他“长久耐心地求索”的结晶，诚如王安石诗所说“成如容易却艰辛”！

3.4.3 从设计构思到方案设计

方案设计是建筑设计的关键环节，也是创作的最困难阶段。

1）抽象与具象

如果说设计立意侧重于观念层次的理性思维，并呈现出抽象语言，那么方案的构思则是借助于形象思维的力量，在立意的指导下，把第一阶段分析研究的成果落实为具体的建筑形态，由此完成了从物质需求到思想理念再到物质形象的质的转变。设计过程可以看作是从含糊通向明确的一系列变化。

如图3-160所示为一个住宅设计从构思到方案设计的过程。

第一幅图用简单的抽象符号来代表各项功能要求和功能间的相互关系，并且标出了这些关系的等级（B.R.代表卧室，M.B.代表主卧室，L.R.代表起居室，K代表厨房，B代表浴室，D.R.代表餐厅，Deck代表平台，Entry代表入口）。

第二幅图则表示出位置和气候信息，确定各功能的朝向和位置，考虑了景观、入口及功能分区。

第三幅图反映出适应功能要求的空间尺度和形式。

第四幅图着手确定结构、构造和围护物，进入方案设计阶段。

这个阶段所用的表现手段可以是徒手草图也可以是概念模型、工具模型（见图3-161），初学者以能快速表达自己的设计思路为首选，不必苛求草图与模型的精美，随着学习的深入，各方面的能力都能得到逐步提高。

2）设计切入点

形象思维的特点决定了具体方案构思的切入点必然是多种多样的，可以从功能入手，从环境入手，也可以从结构及经济技术入手，由点及面，逐步发展，形成一个方案的雏形。

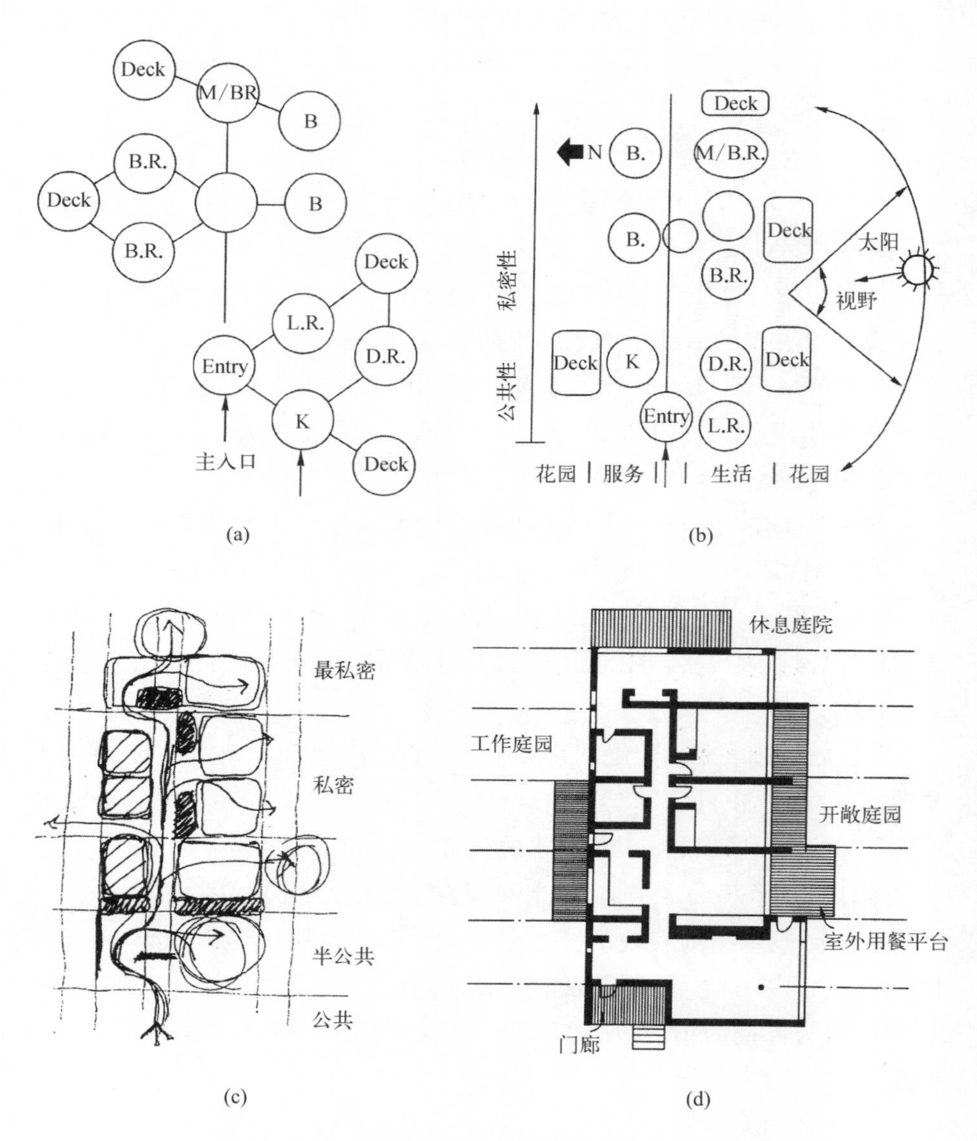

图3-160　一个住宅设计从构思到方案设计的过程

（a）功能关系　（b）位置和方向　（c）空间尺度和形式　（d）墙和结构

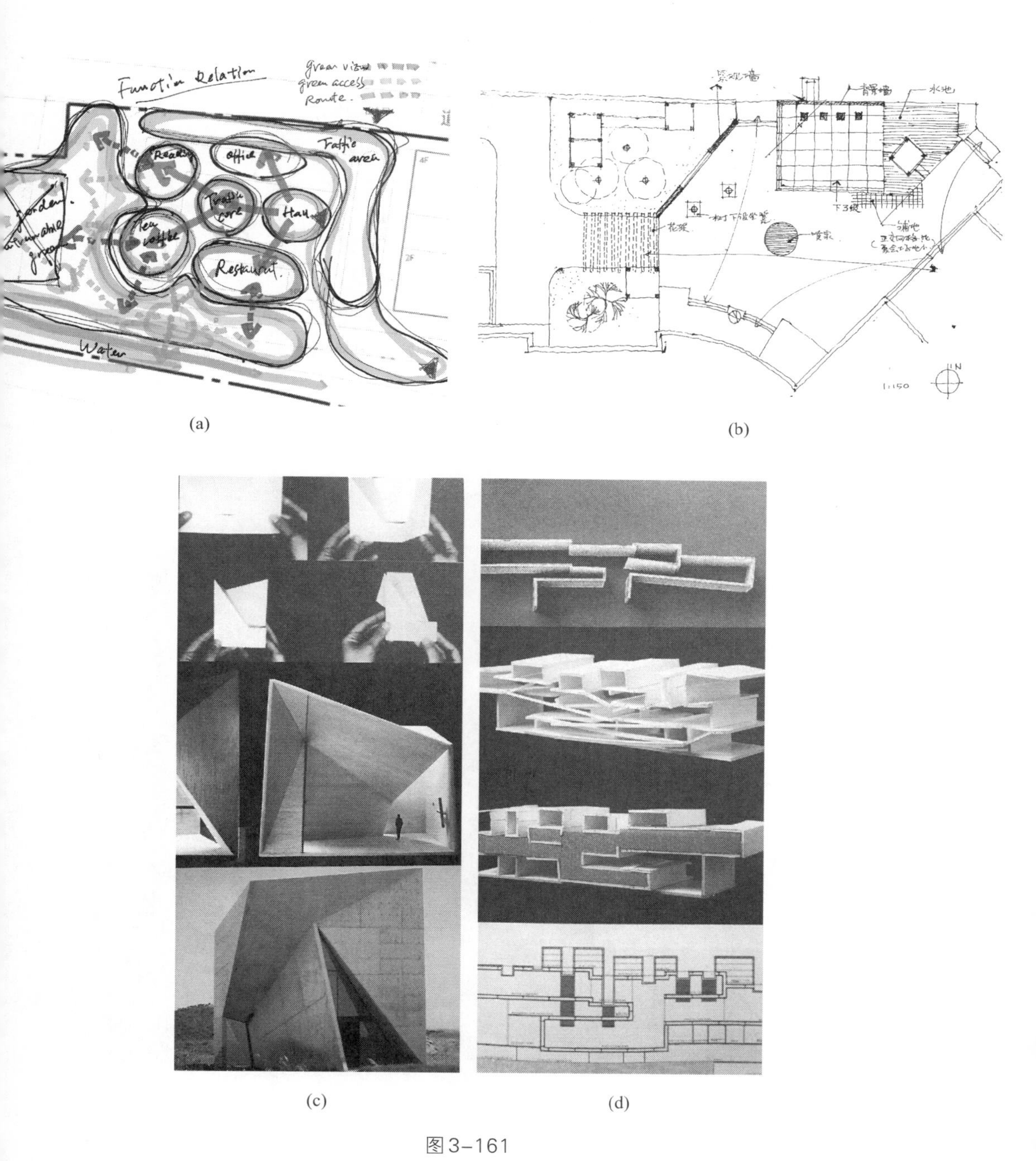

(a)

(b)

(c)

(d)

图3-161

（a）陆海教授指导学生所绘草图 （b）编者指导2014级学生绘制草图 （c）工作方法决定形式—由纸板获得的灵感 （d）一个设计过程的模型

（1）从环境特点入手。

富有个性特点的环境因素如地形地貌、景观朝向以及道路交通等均可成为方案构思的启发点和切入点。建筑设计只有与环境特色相结合，才能够真正形成建筑的场所精神。

然而建筑师对待环境的态度上也有所不同。例如赖特，作为现代建筑设计的巨匠，他极力主张“建筑应该是自然的，要成为自然的一部分”。和这种观点针锋相对的是马瑟·布劳亚，他在论到风景中的建筑时说：“建筑是人造的东西，晶体般的构造物，她没有必要模仿自然，它应当和自然形成对比。”尽管他们所强调的侧重有所不同，但都不否定建筑应当与环境共存，并互相联系，这实质上就是建筑与环境相统一。所不同的是，一个是通过调和而达到统一；另一个则是通过对比而达到统一（见图3–162和图3–163）。

图3–162　昆迪希设计的假日小木屋，“小房子，大景观”尊重自然环境

图3–163　圣维塔莱河住宅，严谨的几何体明显与场地保持着一种距离感，Mario Botta设计

（2）从功能要求入手。

更圆满、更合理、更富有新意地满足功能需求一直是建筑师梦寐以求的，具体设计实践中，它往往是进行方案构思的主要突破口之一。

早在19世纪80年代，建筑师沙利文就首先提出“形式服从功能，建筑设计从内到外”的观点。其后，由格罗庇乌斯设计的包豪斯校舍，采用先内后外的设计方法，以功能作为出发点，被誉为现代主义的代表作（见图3–164）。

由密斯设计的巴塞罗那国际博览会德国馆（见图3–165）之所以成为现代建筑史上的一个杰作，功能上的突破与创新是其主要原因之一。一般参观

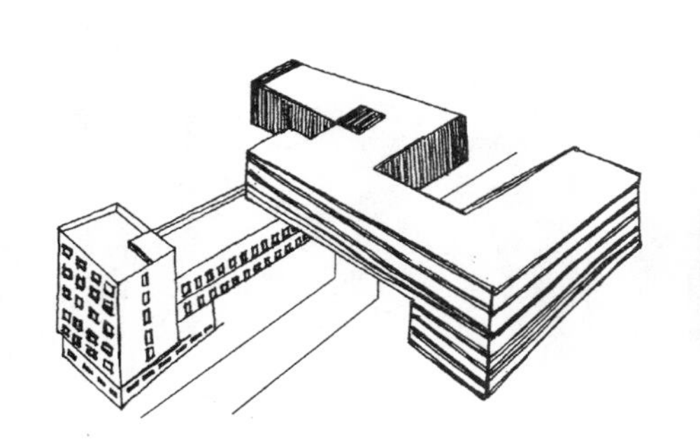

图3–164　包豪斯校舍，把功能、材料、结构和建筑艺术紧密结合起来

路线是固定的，也是唯一的，这在很大程度上制约了参观者自由选择游览路线的可能。在德国馆的设计中，基于能让人们进行自由选择这一思想，创造出具有自由序列特点的“流动空间”，给人以耳目一新的感受。

同样是展示建筑，出自赖特之手的纽约古根汉姆博物馆却有着完全不同的构思（见图3–166）。由于用地紧张，该建筑只能建为多层，参观路线势必会因分层而打断。对此，设计者创造性地把展示空间设计为一个环绕圆形中庭缓慢旋转上升的连续空间，保证了参观路线的连续与流畅，并使其建筑造型别具一格。

赖特设计的古根汉姆博物馆内部螺旋上升的参观流线与外立面的几何构图完美结合，形成个性化的设计。

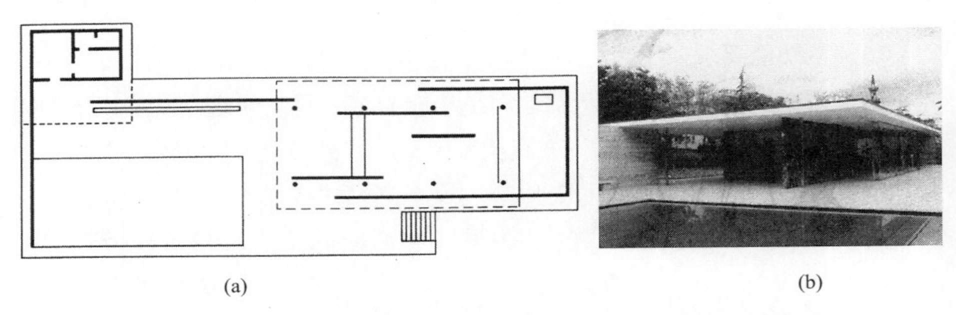

图3–165　密斯设计的巴塞罗那博览会德国馆以内部的流动空间而著称

图3–166　古根汉姆博物馆

（3）从造型特点入手。

有时候建筑师会从建筑造型入手设计，先确定建筑的形象特征，再考虑如何将形象与功能相结合。

建筑的造型可以采用直接象征的手法，比如小沙里宁设计的肯尼迪机场环球航空公司候机楼，形象就是一只展翅欲飞的大鸟，与功能形成巧妙的暗喻，非常引人注目（见图3–167）。它极具表现力的混凝土外部造型和高大的内部空间使公众产生丰富的想象，也使它成为极富魅力的建筑之一。相同的例子还有伍重设计的悉尼歌剧院（见图3–168）。建筑造型也可以从几何或是抽象意义中寻找建筑造型的特点。比如香港中银大厦是一种组合的棱柱形建筑（见图3–169）。

图3–167　肯尼迪机场环球航空公司候机楼

图3–168　悉尼歌剧院

图3–169　采用几何造型的中银大厦造型简洁干净，极具雕塑感，是香港的地标

建筑造型除了象征意义外，也常常与风格相联系。比如现代风格的建筑一般强调点、线、面的造型，强调几何形，重视建筑体量关系的变化；古典建筑则强调构图，强调外部形式特征，如坡顶、线脚、比例等。

值得注意的是：形式先于功能并不等于形式决定功能，在设计中，仍要随时把功能要求放入考量，以达到功能和形式的统一，切忌抱住一个形式不放手，生搬硬套、牺牲功能的建筑不会是一个好建筑。

（4）从结构技术入手。

结构技术的发展对人们探索建筑设计有非常大的推动作用。

2015年普利兹克建筑奖得主德国建筑师弗雷·奥托（Frei Otto）以技术进步和可持续使用轻量级、灵活的结构，取得了非凡的工程壮举（见图3–170和图3–171）。

不同的结构形式不仅能适应不同的功能要求，而且也各自具有其独特的表现力。

图3-170　1967年国际和环球博览会或世博会，加拿大蒙特利尔，弗雷·奥托（德国）

图3-171　1972年慕尼黑奥林匹克体育场屋顶，德国慕尼黑，弗雷·奥托（德国）

近代科学技术手段的艺术表现力，为我们提供了极其宽广的可能性。巧妙地利用这种可能性必将能创造出丰富多彩的建筑艺术形象，特别是那些对结构技术有很高要求的建筑如体育馆、机场、高层建筑等，更是如此，甚至很多建筑都是以表现结构之美而著称的（见图3–172）。

密斯是重视建筑结构技术的一位先行者，他的一生都在进行着对钢框架结构和玻璃在建筑中应用的探索（见图3–173）。

与密斯温和的讲究技术精美倾向不同，高技派更乐于彰显新技术的发展，蓬皮杜国家艺术和文化中心是代表作之一（见图3–174）。

（5）建筑观的影响。

好的建筑师既要了解哲学，又要与他的工作、他的作品表现有机地结合起来，最终形成属于自己的建筑哲学。

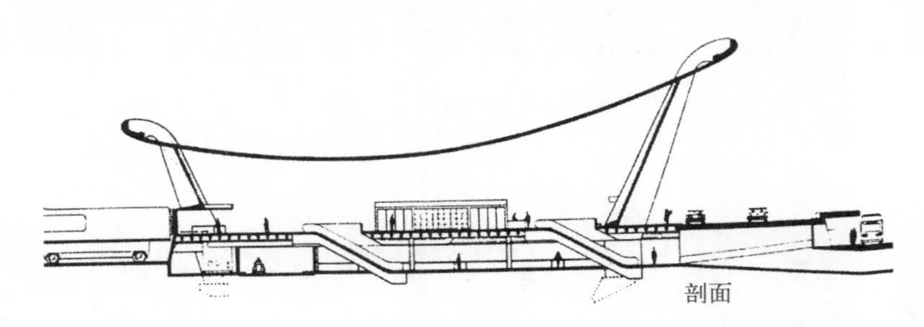

图3–172　杜勒斯国际机场的悬索结构，小沙里宁设计

图3–173　Crow Hall

图3–174　蓬皮杜国家艺术和文化中心

如图3–175所示，基于表现主义哲学设计的爱因斯坦天文台，门德尔松设计。

图3–175　爱因斯坦天文台

如图3–176所示，施罗德住宅，里特维德设计，受立体主义影响，强调构成美。

图3–176　斯罗德住宅

2014普利兹克建筑奖得主坂茂始终坚持着对人类最本质的关怀，又或者是当大多人追求着高造价建筑材料时，他像一位孜孜不倦的实验者，捡起硬纸板、竹子等可循环材料为无数灾民搭建避难所——让建筑真正成为人类精神意义上的庇护（见图3–177）。

图3–177　坂茂为阪神地震灾民搭建的纸木宅

马里奥·库西内拉（Mario Cucinella）设计的宁波诺丁汉大学可持续能源技术研究中心——中国首座零碳排放节能大楼，是展示最新生态节能和建筑技术的示范样板楼，在环境及能源问题日益突出的今天为我们打开了一扇希望之窗（见图3–178）。

对于初学者来说，有自己的建筑哲学还是一件太遥远的事情，但是了解建筑大师们的建筑观，不但可以帮我们更好地理解大师作品的精髓，而且不知不觉中将对我们设计观念的形成带来深远的影响。

3）探索所有的可能性

对于建筑而言，没有唯一固定的

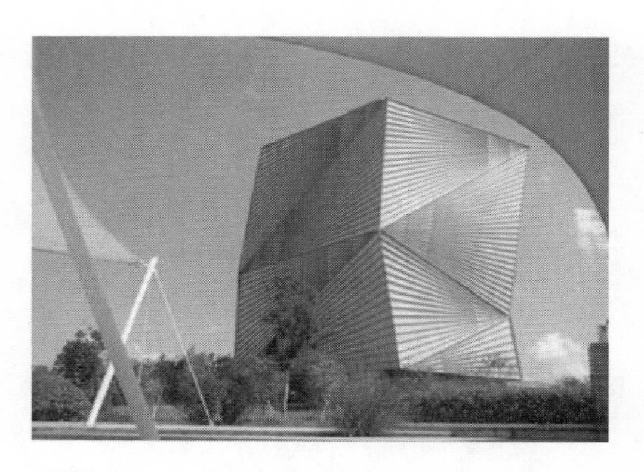

图3-178　宁波诺丁汉大学可持续能源技术研究中心

答案，解决问题可以有很多的可能性，思维的发展更是千变万化、天差地别的。在设计过程中我们要不停地审问自己：只能这样设计吗？有没有其他更好的思路和方法？思维的桎梏是一件很可怕的事情，决不能有了一个好主意就拍板决定了，必须经过多种方案的比较，才可探寻得到最佳方案。就如同达·芬奇往往在速写本的同一页纸面上表达许多不同的设想，他的注意力始终不断地从一个主题跳向另一个主题（见图3-179）。

我们也把这种探索其他可能性的过程称为方案再生。一是从构思开始，提出多个不同的概念设计；二是在解决设计问题时尝试使用不同的方法；三是从多个造型母题上去探索，多做形态设计。这个时候不宜做深，重点在新思路的开拓上。

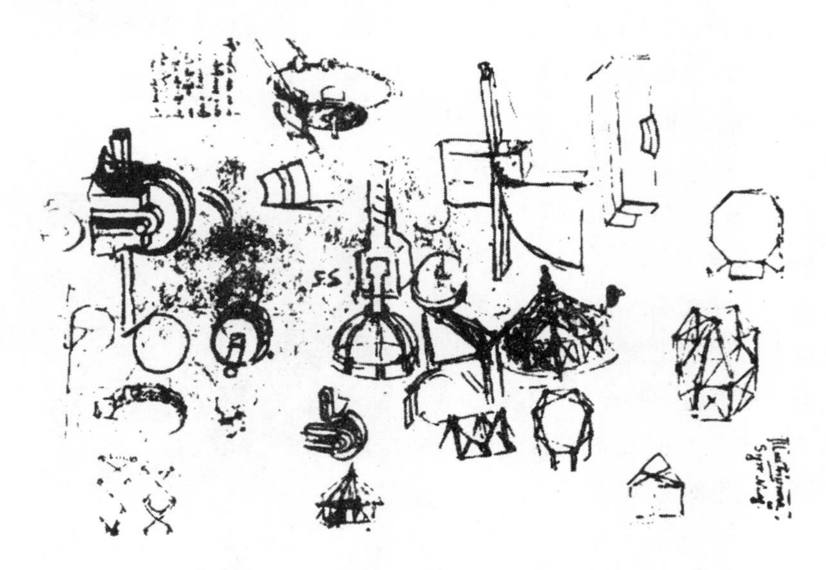

图3-179　达·芬奇草图：节日临时建筑的研究

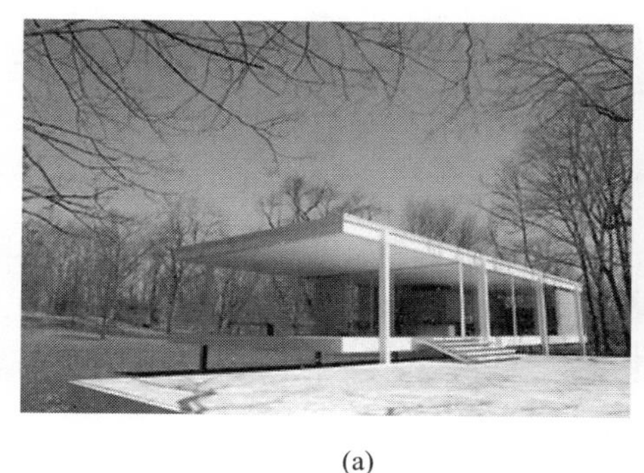

(a)

(b)

图3–180　范斯·沃斯住宅

密斯设计的范斯沃斯住宅如一透明的玻璃盒子，除卫生间外全部对外开敞

4）方案比较和选择

在多个方案经构思形成之后，我们往往要对这些方案进行评判和比较，最后选出较为满意的方案或集中各方案的优点进行改进。

比较的重点应集中在三个方面：

（1）是否能满足基本的设计要求，即是要审核建筑的功能、环境、结构等方面是否符合使用需要。

（2）是否具有突出个性特色，缺乏个性的建筑方案是难以打动人的。

（3）是否具有修改和调整的可能性，即是否有致命的缺陷。

当然每个建筑师由于关注的方面不同，他选择的结果也不同，他的选择往往反映了在大多数设计中他认为重要的设计概念。有些建筑师比较倾向理性，即他们更重视平面组织与使用要求这类因素；而倾向于感性的建筑师则对室内外的个人直接体验比较感兴趣。建筑师必须意识到方案选择中的不同倾向，并且力求寻找一个相对平衡的评价标准，避免走到极端。密斯的范斯沃斯住宅从形式上无疑是成功的，但是他的功能设计上却远远偏离了一般人对居住的要求（见图3–180）。

3.4.4　方案成形

发展方案选出之后，并不意味着我们的建筑设计就要大功告成了，相反，我们还有非常多的工作要做。

我们不得不反复地确认最终设计出来的作品是否是合理的，是否能够建造起来，每个房间是否可以满足它的使用要求，任何一个细部都不能放过。

我们把这个阶段称为方案最终形成阶段。

方案的形成阶段不是一次性、单向的发展过程，而是反复循环的过程。

如图3–181所示，方案形成模式有四个基本阶段：

（1）推敲——根据方案比较过程中所发现的矛盾和问题，对发展方案进行调整和选择，使方案尽可能地与实际设计要求结合起来。

（2）验证——根据设计要求与设计立意，对调整后方案进行检验和评价。

（3）成形——建筑师经过前两步，逐步形成完整、深入的建筑设计方案。

（4）表达——通过图示语言表达设计形象。形象出现之后往往会给予建筑师新的想法，由此建筑师必须重新对设计进行推敲，循环过程就开始再次运转了。

1）推敲是一种态度更是一种方法

这一阶段的主要设计任务是对已经过全局调整的可供发展方案在平面、立面、剖面、总平面几个设计方面展开进一步的推敲和深化工作。特别是解

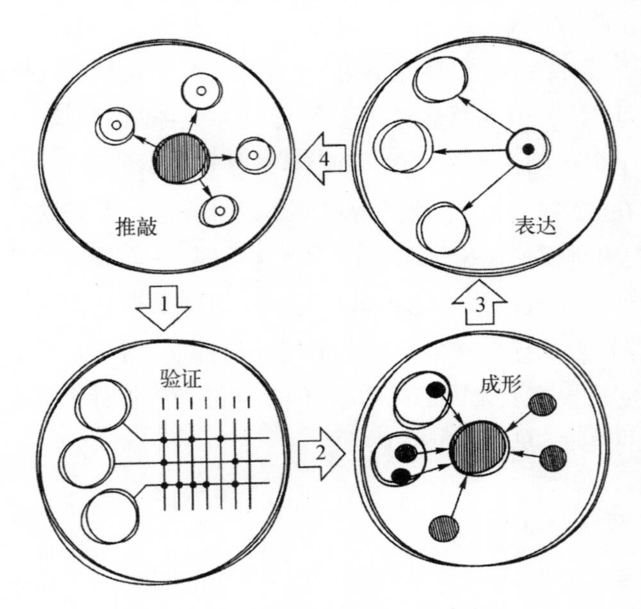

图3–181　方案形成的4个基本阶段

决在多方案分析、比较过程中发现的问题，弥补设计缺陷。建筑师必须确信自己的设计构思经得起下列问题的考验：各局部功能是否合理？能够相互配合吗？细部设计经受得起检验吗？

与前述各阶段的设计工作相比，两者是整体与局部的关系，对于设计目标的实现都是缺一不可的重要环节。局部的修改与补充，应该限定在适度的范围内，力求不影响整体布局和基本构思，并能进一步提升方案已有的优势水平。

2）验证要从实用性与艺术性出发

在建筑设计领域，验证涉及房屋竣工交付使用后的实用性和艺术性评价，但是这在建筑方案设计的形成阶段毫无可能。我们惯常试行的是一种预先验证的过程，是根据设计要求与建筑师意图，对设计方案进行的检验和评价。

这就需要我们重新回到设计之初的分析和立意过程，逐条比对，检验设计是否解决了全部问题。

比如说环境验证。任何一个建筑设计都是从环境设计入手。同时，又必须注意到，单体建筑既是最终要达到的设计目标，又是初始环境设计的因素。进入单体设计时，环境设计的初始成果就成了单体设计的限定条件。一旦建筑设计方案被认可，反过来又成为环境再设计的条件。如此思维螺旋式上升，使环境设计深化到新的层次。

许多初学设计者常常掌握不了这种规律，总是一开始就钻进单体设计的思考中，对环境条件缺乏认真深入的分析，导致建筑设计方案违背了许多环境条件的限定，最终使单体建筑本身失去了环境特色和个性，变成放在任何地方似乎都可以说得过去的通用设计。这是初学设计者容易犯的通病。

再比如说立意验证。就是看最终设计是否很好地贯彻了设计师的意图，是否实现了立意构思。任何一个立意构思，或多或少都会有一些缺点，有待于我们在推敲阶段进行弥补。然而初学者经常面临的一个问题是：在方案的调整过程中缺点是改正了，但是立意也没有了。方案失去立意就等于失去特色和优势，变成一个平庸的作品。

3）设计方案形成是设计从粗略到精确的过程

推敲与验证之后，设计方案基本成形。成形的设计方案有具体量化的标准，所有的设计尺寸，包括家具的尺寸都要求准确无误地反映在设计中。另一个对设计方案的成形有很重要意义的就是细部表现的能力，包括材质、色彩、线脚、构造设计等，以确保获得理想的建筑形象。

4）表达是设计不可分割的另一面

从历史上看，表达和设计一直是紧密联系在一起的，预先看到方案实现的可能程度和大致效果，对每个人都是不可抗拒的诱惑。建筑师要用自己的绘图手段及模型等来传达设计方案的观点和优点。当然这里的表达不仅仅是指建筑画，还包括其他图纸及实体模型、虚拟模型及交流等。这些表达综合在一起，不但要给人全面的认识，还应该突出方案的创造性以及特征，甚至很多表现的风格都要与立意相一致。

以图纸方式的表达应注意以下几点：

（1）表达应完整、准确、能够传达出所有建筑设计的信息。每一种图示语言都有自己的表达内容，我们的任务是把它们组织起来，通过这些组织好的图示语言，阅读者可以了解我们需要让他们知道的一切信息。

（2）要选择适当的表达方式。设计与表达是一个统一的过程，不同的设计特点决定了表达形式、风格也不相同，表达要为设计而服务。

（3）要注意表达中图示语言对设计的促进作用。表达并不是设计的终点，而是设计循环中的一个过程，要善于从表达中发现问题，协助思考。

以实体模型方式的表达在第1章第2节建筑表现中已有阐述。电脑虚拟形象等新媒体的表达都必须熟练掌握相关的应用软件，可以根据研究分析及设计需要适当应用。在电脑及传媒技术日益更新发展的今天，这一表达方式会有很好的应用前景。

设计交流中还包括书面报告及口头汇报，这也是作为一名建筑师非常重要的一项技能。在学校期间需要与老师同学交流，执业之后将与业主、承包商、工程师、同事、普通居民等进行不同方式的汇报讨论。所以采用清晰有效的图示以及流畅熟练、精确的口头论述解释设计构思，设计过程以及最后的设计成果是极其重要的，然而这些可能被初学者忽视，但是在学习期间以及以后的职业训练中都要加强训练（见图3–182）。

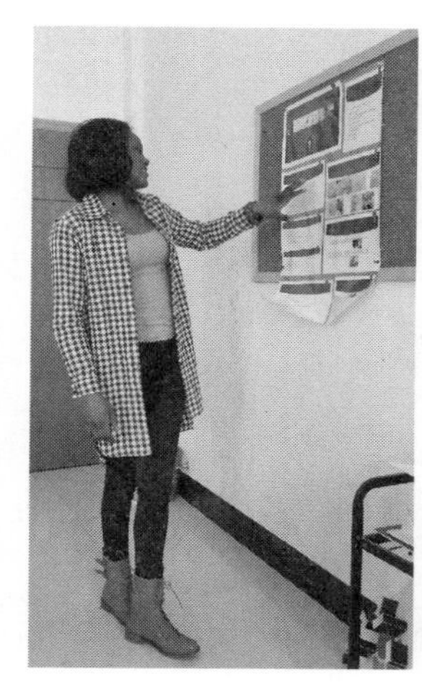

（a）汇报研究结果

（b）应用多种表达方式进行的设计讨论（宁波大学2013级国际班课题讨论现场）

图3–182

参考文献

[1] 田学哲，郭逊（主编）.建筑初步（第三版）[M].北京：中国建筑工业出版社，2010.

[2] 亓萌，田铁威.建筑设计基础[M].杭州：浙江大学出版社，2009.

[3] 同济大学建筑设计基础教研室.建筑形态设计基础[M].北京：中国建筑工业出版社，2008.

[4] 〔意〕布鲁诺·塞维（著），张似赞（译）.建筑空间论[M].北京：中国建筑工业出版社，1988.

[5] 〔英〕洛兰·法雷利（著），姜珉，肖彦（译）.建筑设计基础教程[M].大连：大连理工大学出版社，2009.

[6] 齐康（主编）.城市环境规划设计与方法[M].北京：中国建筑工业出版社，2000.

[7] 〔日〕芦原义信（著），尹培桐（译）.街道的美学[M].天津：百花文艺出版社，2006.

[8] 何斌，陈锦昌，陈炽坤.建筑制图[M].北京：高等教育出版社，2001.

[9] 〔日〕芦原义信，尹培桐（译）.外部空间设计[M].北京：中国建筑工业出版社，1985.

[10] 陈伟.马克笔的景观世界[M].南京：东南大学出版社，2005.

[11] 吕琦.建筑与景观的设计表达—麦克笔手绘技法与实例[M].北京：中国计划出版社，2005.

[12] 建筑设计资料集编委会.建筑设计资料集1[M].北京：中国建筑工业出版社，2005.

[13] 黄源.实验教程建筑设计初步与教学实例[M].北京：中国建筑工业出

版社，2007.
[14]〔美〕程大锦.刘丛红（译）.建筑：形式、空间、和秩序（第三版）[M].天津：天津大学出版社，2013.
[15]〔瑞士〕安德烈.德普拉泽斯编.材料.过程.结构 建构建筑手册[M].大连：大连理工大学出版社，2007.
[16] 田学哲，俞靖芝，郭逊，卢向东（著）.形态构成解析[M].北京：中国建筑工业出版社，2004.
[17]〔英〕昂温著，伍江译.解析建筑[M].北京：知识产权出版社，2002.
[18] 全国高等学校建筑学专业指导委员会编.全国建筑院系建筑学优秀教案集[M].北京：中国建筑工业出版社，2011.
[19] 彭一刚.建筑空间组合论（第三版）[M].北京：中国建筑工业出版社，2008.
[20] 杨静.建筑材料与人居环境[M].北京：清华大学出版社，2001.
[21]〔西〕迪米切斯·考斯特.建筑设计师材料语言：混凝土[M].北京：电子工业出版社，2012.
[22]〔西〕迪米切斯·考斯特.建筑设计师材料语言：金属[M].北京：电子工业出版社，2012.
[23]〔西〕迪米切斯·考斯特.建筑设计师材料语言：木材[M].北京：电子工业出版社，2012.
[24]〔西〕迪米切斯·考斯特.建筑设计师材料语言：玻璃[M].北京：电子工业出版社，2012.
[25]〔荷〕赫曼·赫茨伯格（著），仲德昆（译）.建筑学教程1：设计原理[M].天津：天津大学出版社，2003.
[26]〔荷〕赫曼·赫茨伯格（著），刘大馨（译）.建筑学教程2：空间与建筑师[M].天津：天津大学出版社，2003.
[27] 顾大庆，柏庭卫（著）.空间、建构与设计[M].北京：中国建筑工业出版社，2011.
[28] 东京大学工学部建筑学科 安藤忠雄研究室（编），王静，王建国，费移山（译）.建筑师的20岁[M].北京：清华大学出版社，2005.

[29]〔美〕保罗·拉索（著），邱贤丰等（译）.图解思考——建筑表现技法（第三版）[M].北京：北京建筑工业大学出版社，2002.
[30] Geoffrey Makstutis. Architecture [M]. London UK: Laurence King Publishing Ltd, 2010.
[31] 梁雪，肖连望（著）.城市空间设计[M].天津：天津大学出版社，2000.
[32] 程大锦（著）.创意建筑绘画[M].天津：天津大学出版社，2011.
[33]〔美〕爱德华·T·怀特（著），林敏哲，林明毅（译）.建筑语汇[M].大连：大连理工大学出版社，2001.
[34] 田云庆，胡新辉，程雪松（编著）.建筑设计基础[M].上海：上海人民美术出版社，2006.
[35] 徐纯一（著）.光在建筑中的安居[M].北京：清华大学出版社，2010.

附录一　设计任务书

训练单元一　建筑表现基础

作业一：字体练习

教学目的：工程书写体是建筑师的基本功之一，设计工程图中都有大量的字体运用，字体训练主要侧重于汉字字体结构及基本笔画、英文字母、阿拉伯数字的书写。

作业内容：按范图格式用铅笔作各类字体练习。

作业要求：按等线体、黑体、仿宋体、宋体、及字母、数字六类，分大小两种尺寸，写满纸幅。要做到间架匀称、笔画工整、图面整洁。

图纸要求：A3复印纸一张。

作业时间：2周。

作业二：线条练习

教学目的：线条绘制是建筑师的基本功之一，建筑设计的构思设想最终都将由各种形式的线条表达出来，从绘制角度分徒手与用器两种，按工具分铅笔、钢笔等。

作业内容：参照给定的网格，用中软铅笔（B或2B）作各种方向的徒手直线练习。

作业要求：水平、垂直、斜向线条（45°）线条数量各不少于20根，线宽0.3～1.0 mm。线条尽量挺直流畅，线宽（浓淡）均匀。

图纸要求：A3复印纸一张。

作业时间：2周。

作业三：配景练习

教学目的：配景和线条、字体同是建筑从业人员的基本功之一，画好配景有助于增强图面的表现力和感染力。

作业内容：用铅笔作人、车、树木的配景练习。对于树木可多练习平面、立面和透视图等多种表现方式。

作业要求：下笔流畅、描绘熟练。

图纸要求：A3复印纸。人一张，车一张，树一张，共3张。

作业时间：2周。

训练单元二 （一）人体尺度

教学目的：从自身出发，开始体验设计尺度。人体尺度是认识建筑空间的一个最基本工具。

作业内容：以人体为对象，分别量取并表示出手，身体及其常规动作（站立，坐，蹲，伸展等）的4个以上的尺寸。

作业要求：用钢笔徒手表达，并注明尺寸，图例可以描画，但比例必须准确。

图纸要求：A3复印纸一张。

作业进度：2周。

（1）集中授课，布置作业——2课时；

（2）人体尺度测量，作业版面设计——4课时；

（3）课内完成人体尺度作业——4课时。

训练单元二 （二）寝室空间改造设计

训练要点

1. 作业目的

（1）通过资料查阅和实物测量，了解并熟悉人体活动的基本尺度和常用家具的基本尺寸。

（2）在分析功能需求的前提下，学习单一功能空间、多功能空间和多个空间的设计与组织，掌握空间的划分限定、空间的组合和交通流线组织等基本方法。

（3）学习运用模型进行方案构思的方法与步骤。

（4）学习并掌握简单模型的制作方法。

2. 作业要求

（1）查阅《建筑设计资料集》等有关人体尺度的相关资料，实地测量寝室空间尺寸并调研2～3个相关实例，简单测绘空间及内部家具陈设具体尺寸。

（2）在深入分析题目的功能要求基础上，借助模型完成3个方案构思。

（3）对多个方案进行系统分析、比较，确定发展方案，并进行必要的修改调整。

（4）深化、细化设计，包括落实家具的轮廓尺寸、使用方式，位置关系，以及墙面、地面的细部划分处理和材料、色彩的选择、运用。

（5）最后设计成果要求：

① 模型：1∶20～1∶30，材料不限，色彩不多于3种。

② 设计文本整理（或称设计日志）：A3复印纸，记录从构思到设计发展的各阶段草图及模型照片，及简要说明。

3. 学时进度

作业总计50学时，其中课内20学时，课外30学时。

第一周：理论讲授，分析题目，测绘学生寝室，收集资料。

第二周：多方案构思，完成三个构思方案。草图及草模表达。

第三周：确定发展方案，并进行方案的调整和细化设计。

第四周：完成正式方案模型及设计文本。

4. 参考文献

（1）田学哲.建筑初步（第三版）[M].北京：中国建筑工业出版社，2010.

（2）建筑设计资料集 I（第二版）——人体尺度部分[M].北京：中国建筑工业出版社，1994.

（3）张绮曼等.室内设计资料集[M].北京：中国建筑工业出版社，1991.

（4）郭逊等.清华大学建筑学院设计系列课教案与学生作业选——一年级建筑设计[M].北京：清华大学出版社，2006.

（5）顾大庆等.建筑设计入门［M］.北京：中国建筑工业出版社，2010.

题目要求

寝室空间改造设计

学校拟为建筑系新生每2人提供一间寝室，为了最大限度地满足学生多样的居住要求，学校希望同学依据各自的生活习惯和兴趣爱好，对房间布局进行设计。为了保证方案的可行性和适用性，须满足以下要求：

（1）房间的布置应充分满足学习、休息、交往会客及储藏等基本功能需求。如：学习空间要有良好的自然光照条件并满足绘图及制作模型的要求，休息空间要相对安静，尽量避免外部视线及噪声干扰，交往会客空间要相对独立、完整等。

（2）房间尺寸（包括长、宽、高）已确定，墙面、地面和楼面（或屋顶）不可改动。门窗的尺寸（长、宽）也确定，但其具体位置可以在可行范围内调整。

（3）可以考虑利用房间高度适度扩大使用面积（例如局部加建二层），但新增面积不应大于10 m^2（楼梯面积不计）。

（4）室内家具、陈设的样式可以根据个人需求进行设计，其尺寸大小应符合人体尺度要求，无须进行细部设计。

（5）合理安排卫生洗漱设施。

训练单元三　小建筑测绘

教学目的：

通过测绘，学习如何利用工具将建筑的信息测量下来，并且用建筑的语言绘制到图纸上。在这个单元的学习之后，我们就应该能够看懂专业的建筑图纸，并且能够按照建筑制图的要求绘制专业的建筑图纸。

作业内容：测量校内一座小型建筑，绘制其平、立、剖面图及轴测图，并制作小比例模型。

作业要求：

（1）熟悉各种绘画工具的使用。

（2）了解建筑图的规范表达方法。
（3）熟悉各种建筑图例的画法。
（4）初步了解基本的建筑构造、建筑结构知识。
（5）基本掌握模型的制作方法。
最终成果包括：
（1）总平面图1∶300；
（2）平面图1∶100；
（3）立面图1∶100；
（4）剖面图1∶100；
（5）屋顶平面图1∶100；
（6）模型1∶100。
图纸要求：铅笔工具线条。
A2绘图纸1～2张。
作业进度：4周。
（1）集中讲授工程图的识读、绘制及建筑的表达——2课时；
（2）实地测量——4课时；
（3）绘制平、立、剖铅笔线草图——2课时；
（4）绘制平、立、剖铅笔线正图——4课时；
（5）制作模型，完成建筑模型及测绘图纸——4课时。

训练单元四　建筑先例分析

教学目的：

训练学生通过认识建筑先例的平、立、剖面图纸，正确理解各视图之间的对位关系，把握建筑的形象和空间关系，并在亲手制作模型的过程中掌握熟练的手工技巧，锻炼运用不同材料的能力。

作业要求：

（1）学习如何收集资料，读图；
（2）深入分析范例建筑物在功能、结构、形式、材料、空间等各个方面的特点，并以相应的方式（草图/分析图）表达出来；

（3）深入理解建筑制图的要求，并练习轴测图表达建筑方案的技巧；

（4）掌握建筑模型的制作方法。

最终成果包括：

（1）总平面图　比例自定

（2）各层平面图　比例自定

（3）立面图　比例自定

（4）剖面图　比例自定

（5）轴测图　比例自定

（6）分析图　3～5个

（7）模型照片　3～5张

（8）模型　1∶100

图纸要求：墨线工具线条图，

A1绘图纸1～2张。

作业进度：5周。

（1）集中授课，布置作业——2课时；

（2）查阅并收集相关资料及信息，并做分析——4课时；

（3）教师辅导学生从功能、形体等方面分析经典建筑——4课时；

（4）画出功能、形体、空间、流线等分析图，整理平立剖面图——2课时；

（5）版面设计，绘制正图——4课时；

（6）版面设计，绘制正图——4课时；

（7）制作模型——2课时；

（8）制作模型——4课时。

训练单元五　校园认知及场地分析

教学目的：现实的空间环境是纷繁复杂的，作为建筑师应具备以理性的眼光从中概括出其主要特征的能力。通过对我们所熟知校园环境的观察与分析，可在其中发现许多原本没留意到的设计现象。

作业内容：借助所给的校园总平面，在现场踏勘与认读图纸的基础上，对校园空间环境作一系列认知分析。如空间组成，道路结构，绿化体系等。并在此基础上，针对老师指定地块进行场地分析。

作业要求：

（1）用钢笔徒手作黑白抽象分析图二组，分析内容可自定。图纸应按一定比例绘制。

（2）针对老师指定地块进行场地分析，分析内容可以包括：交通、景观、地形、气候、行为等方面。

图纸要求：A2绘图纸2～3张，针管笔墨线绘制，可以辅以彩色铅笔或马克笔表现。

作业进度：4周

（1）集中讲解，布置作业——4课时；

（2）教师带领校园踏勘——4课时；

（3）教师辅导，学生课上练习——12课时。

训练单元六　外部空间设计

教学目的：

建筑空间的限定是一个有目的的行为，是将空间意图视觉化、具体化的操作过程，也就是凭借一定的物质手段对空间加以限定以支持特定的行为活动要求。在本练习中，我们将探讨设计从想法到具形的过程，以及建筑设计问题的结构模型。我们将初试运用建筑的语言——形式与空间来表达建筑要求的方法。

作业内容：

空间环境设计的基本条件：

一个关于行为及活动的计划（program）；

一块可供建造的基地（site）；

一些基本的建造构件（construction elements）。

本练习的内容是在本校园内选取一块27 m×27 m的正方形基地上设计

一供人们穿行、休息及举行小型聚会的外部空间环境。凭借给定的设计要素及基地环境，发展一个既满足人们的活动要求，又具明确空间形式的构思。将已产生的空间构思具体化，即转换为更加具体、合理的空间形式。在此基础上发展该空间环境的平面图、立面图与轴测图。

作业要求：

1. 阶段一

1）制作构件

根据附图的标注尺寸，用纸板及白卡纸制作以下几个构件，比例均为1∶100；

（1）基地底板27 m×27 m，打上淡淡的网格，边长为3 m，纸板；

（2）空间容积3 m×3 m×3 m，8个，白卡纸；

（3）标志柱1 m×1 m×5 m，4个，白卡纸；

（4）墙体长15～24 m，高2 m、1 m，白卡纸；

（5）树　基地上有一棵树需保留，用普通白色制作。

2）空间构思

用已制作好的限定构件在基地上布置出一个明确限定的、积极的形式，并表达三种不同空间使用的意向。将其组织在一块基地内。

穿行——从基地的一端穿越该基地，从另一边（对边或邻边）出去。

休息——在基地上休息、阅读、交谈及其他较私密性的活动。

聚会——在基地上举行20～30人的小型聚会所需要的空间。

基地上原有的树木也应该作为限定的一部分考虑进去。

为获取一个较理想的方案，你需要反复进行尝试。要求空间形式、流线及活动分区明确。

制图要求：墨线，A2图幅。

2. 阶段二

1）模型研究

准备好模型制作材料和工具，按1∶100的比例尺制作模型。在制作过程中解决以下问题：

（1）根据人们在行为活动要求及空间的性质（开放的、半开敞的、私密性的）将空间构思具体化。墙体成为主要的限定手段，不仅仅在于其围合的方式，而且还取决于墙体的高度。此外，地平面作为水平要素也要考虑进去。

（2）场地的环境及地形条件：朝向因素对该空间中发生的诸活动的影响，或诸活动对朝向的要求（如接受朝阳或晚霞）。高差因素，选取的基地中可有标高差，也可以假设在基地的边沿设挡土墙，而将基地保持平整。将植树作为空间限定的补充手段。

（3）建筑构件：墙体和柱子承受水平的主梁和次梁。在不考虑屋面结构的条件下，实际产生的结构类似“花架”。

2）作图

取A3纸一张，绘制1∶100比例尺的基地平面图，图纸应表达如下内容：

（1）重新调整之后的建筑和环境布局。

（2）墙体限定的形式，墙体厚度为24 cm，一砖墙。

（3）划分硬地面（铺地——供人们活动和行走）和软地面（草地——基本上不考虑人在上面活动）。

（1）植树，将其考虑为限定空间的要素之一。

（2）明确该场地的道路系统，即如何进入，在哪儿停留，又从何处出去。

最终的结果必须是简单明确，合理运用的。

在上述过程中，只要时间允许，任何修改和调整，以至于重新构思都应该受到鼓励。

3. 最终成果包括：

（1）投影分析图　1∶100　一个；

（2）平面图　1∶100　一个；

（3）立面图　1∶100　四个；

（4）轴测图　1∶100　一个。

图纸要求：墨线工具线条图，A2绘图纸3张。

作业进度：4周。

（1）集中授课，布置作业——2课时；

（2）搜集资料，空间容积体模型制作——2课时；

（3）完成2～3个构思方案——2课时；

（4）实地体验、观察测量——4课时；

（5）通过分析比较确定发展方案——4课时；

（6）修改完善——2课时；

（7）完成墨线正图——4课时。

附图：

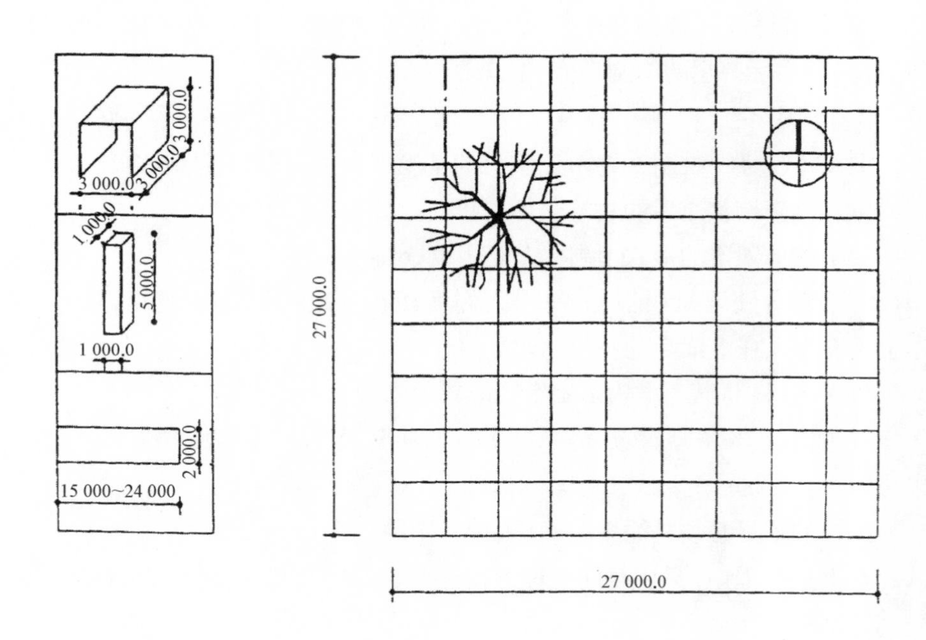

训练单元七 （一）建筑光影设计 1∶1建造实验

阶段一 建筑光影设计

教学目的：

建筑设计中的材料、色彩、材质、阴影是建筑空间构成的主要元素，利用光和阴影来表达建筑的性格特征是很多建筑师的重要设计手法，我们可以通过对建筑在不同朝向、不同季节、不同时辰的自然光下的特点进行分析，根据建筑的不同需求，学会通过光影的设计来表达建筑的不同性格特征（如神秘、清新、宁静、欢快、明朗、运动等），熟悉和了解不同光源条件下的光影特点，掌握利用光影进行建筑立面、内部空间的设计方法，加强对不同建筑设计元素的理解。

作业要求：

在校园范围内选择基地做若干个建筑小品，要求主体结构限制在3 000×3 000×3 000 mm范围内，必须注重立面的光影变化和空间光环境设计，并能反映一定的建筑表情及性格特征。

小品主题：儿童空间、老人空间、展示空间、阅读空间、情侣空间、创作空间、娱乐空间等任选一个。

制作1∶10的模型，适当表达环境，要求一侧或两侧能打开，以便拍摄内部空间；

分别绘出方案的平立剖面图（1∶50）和轴侧图，要求有阴影（可以用水墨渲染），成果图为2#图一张；

使用日照分析仪完成模拟日照光影分析，每个方案要求有至少3张不同效果的光影照片（如：中午、傍晚，夏天、冬天，白天、晚上等）；

要求有简短的设计说明。

图纸要求：墨线工具线条图，A2绘图纸　一张。

作业进度：2周。

（1）集中授课，布置作业——2课时；

（2）分组讨论方案，确定功能和初步形式——4课时；

（3）做光照实验，并确定结构所需的材料改造方法——4课时。

阶段二　1∶1建造实验

教学目的：

通过1∶1建造实验，获得对材料性能、建造方式及过程的感性及理性认识，理解建筑的物理特性。通过在自己建造的建筑空间中进行的活动体验，初步把握建筑使用功能、人体尺度、空间形态以及建筑物理、技术等方面的基本要求。

作业要求：

选择规定的建筑材料——纸板，收集相关资料。

运用建筑构造一般原理，建造一栋纸建筑。

建造实验中，需关注如下方面：

（1）材料性能方面：材料的视觉与触觉效果，物理性质、加工方法、表皮肌理；

（2）结构构造方面：结构稳定性、构造功能性、节点表现性；

（3）建筑物理方面：防雨、防潮，通风、自然光照；

（4）使用功能方面：活动时的聚合要求；

（5）空间尺度方面：最多容纳可10～15人集中活动的站、坐尺度要求。

作业进度：2周。

（1）将材料进行改造，反复实验，确定其结构稳定性——6课时；

（2）实体建造——4课时。

训练单元七　（二）纸板空间的构筑

教学目标：

建筑搭建是训练学生体会“材料·结构·空间”之间关系的一个重要手段。课题组织学生用瓦楞纸板对1～2个3 m×3 m×3 m的空间体在校园真实的场地里进行设计及建造，学生将通过团队的合作，得到从构思到亲手实践、最后在自己搭建的空间里体验的一系列训练。

设计内容：

在“外部空间设计”作业中选取一个3 m×3 m×3 m的空间体进行搭建。需要赋予空间一定的功能，如阅读、展示、休息和等候等。搭建材料以7层厚瓦楞纸板为主，其他材料主要为螺帽和麻绳，不允许使用胶水以及透明封箱带。

设计要求：

（1）课题以团队形式展开，要求组员发挥团队合作精神，共同参与设计；

（2）赋予空间体一定的使用功能，并结合当地气候考虑空间的采光和通风；

（3）在结构设计上合理、创新，满足力学性能的要求，尤其是在构造节点上考虑空间整体的稳固性；

（4）在搭建过程中充分发挥瓦楞纸板自身的特性；

（5）整体造型要求创新美观，比例尺度宜人；

（6）组员在搭建过程中要求用照片、影像和其他方式记录下课题完成的过程。

作业的进度：7周。

第1周：设计相关内容的调研与方案的构思；

第2周：草模1的制作（1∶10），尝试纸板的各种搭接方式和受力特点，直观表达出结构逻辑与空间逻辑之间的关系，与地面的关系；

第3周：草模2的制作（1∶10），对草模1进行调整与改进，基本确定结构体系与空间的形式，以及纸板搭接的方法；

第4周：3草模的制作（1∶3），重点研究结构节点的搭接方式以及整体的稳固性，以及实体搭接的步骤与秩序；

第5周：搭建材料的准备，以及最后成果的推敲与改进；

第6周：实体搭建，实体的展示与评分；

第7周：完成图纸以及PPT展示。

作业要求：

（1）实体模型（1∶1）。

（2）图纸（1号图纸，墨线尺规）：

a. 总平面图、平面图、立面、剖面图，比例1∶20；

b. 至少三个构造节点的详图，比例1∶2；

c. 至少一个透视，表达方式不限；

d. 设计过程以及设计说明，需附有模型照片，形式与字数不限。

（3）PPT展示：每组10 min，展示设计的过程与心得。

训练单元七 （三）小型建筑设计

教学目的：

该作业是对本课程所学内容的综合性训练。

（1）进一步加强设计过程与设计方法的学习与训练，包括场地勘察、实例调查、资料搜集、多方案构思、优化选择、修改调整及深入完善的过程与方法，并加深理解它们之间的因果关系以及在设计中的意义和作用；

（2）加深理解建筑的环境体系、功能体系、空间体系、造型体系、交通体系、结构体系和围护体系的内在关系；

（3）学习并掌握方案设计的基本处理方法与技巧；

（4）进一步学习如何把形态构成的方法技巧灵活运用于建筑设计中去；

（5）进一步掌握方案设计的基本表现方法，包括草图、草模和正式模型的制作技法，并重点训练工具墨线制图。

作业要求：

通过茶室的建筑方案设计，熟悉并初步掌握建筑设计的基本方法。

学校拟在校园风景优美的地段新建一小茶室，满足师生休闲、交流的需求。并要求茶室密切结合环境，室内外空间相互交融，建筑本身体现一定的艺术性，成为优美景观的一部分。建筑主要功能以及具体面积指标如下，建筑层数不限。关注建筑本身的趣味性和艺术表达力。

主要功能及面积指标：

门厅：20 m^2；

大营业厅：80 m^2；

小包间3～4间：共60 m^2；

制作间：20 m^2；

储藏室：12 m^2；

小卖：15 m^2；

管理办公室：12 m^2；

男女卫生间各12 m^2，共24 m^2；

其他功能可以根据设计者的构思灵活确定。

交通面积酌情考虑，可以考虑部分室外茶座。总建筑面积不超过300 m^2。

作业进度：7周。

1）一草阶段（第1～2周）：

（1）分组布置作业、讲解题目——2课时；

（2）进行场地勘察、实例调查和相关资料搜集等前期准备工作，并完成调查报告——4课时；

（3）完成3个构思方案，每个方案应包括总图（1∶200）、平面图（1∶200）、透视图或1∶200草模——4课时；

2）二草阶段（第3～4周）：

（1）多方案比较，确定发展方案——6课时；

（2）针对方案存在的主要问题进行修改调整——4课时；

该阶段的设计成果为A1草图＋1∶200草模。具体内容包括总图（1∶200）、平面图1～2个（1∶100）、立面图2～3个（1∶100）、剖面图2～3个（1∶100）以及面积指标核算。

3）三草阶段（第5周）：

（1）在评图的基础上对二草方案进一步修正——2课时；

（2）推敲完善，深入细化方案，并为上板阶段的工作做好准备——4课时。

该阶段的设计成果为A1草图＋1∶200草模。具体内容包括总图（1∶200）、平面图1～2个（1∶100）、立面图2～3个（1∶100）、剖面图2～3个（1∶100）、透视草图及经济技术指标。

4）上板阶段（第6～7周）：

（1）对三草方案进行局部修改——2课时；

（2）进行构图处理，并完成正式图纸及设计说明——4课时；

（3）选定模型材料及颜色方案，完成正式模型——4课时。

最终方案的表现形式为A1工具墨线图纸＋1∶100正式模型，图纸内容同三草。

备注：

总图可选比例：1∶200、1∶250、1∶300、1∶500。

平立剖面图可选比例：1∶75、1∶100、1∶150。

附图：

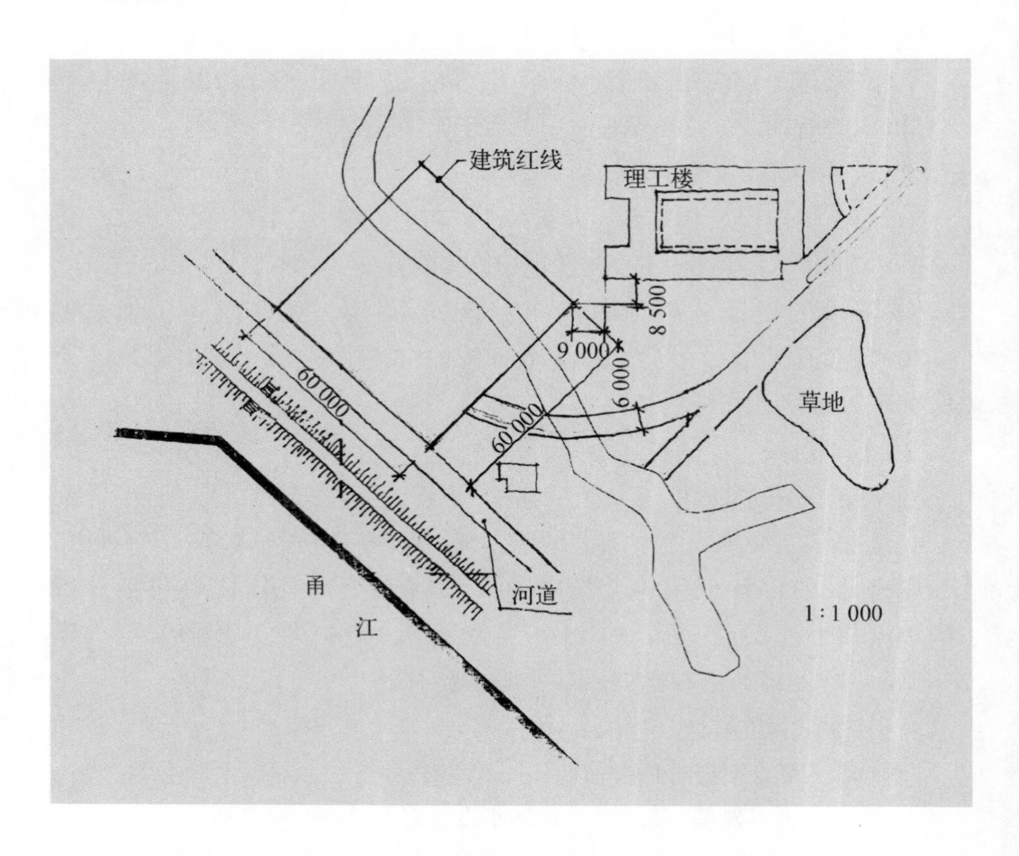

附录二　优秀学生作业

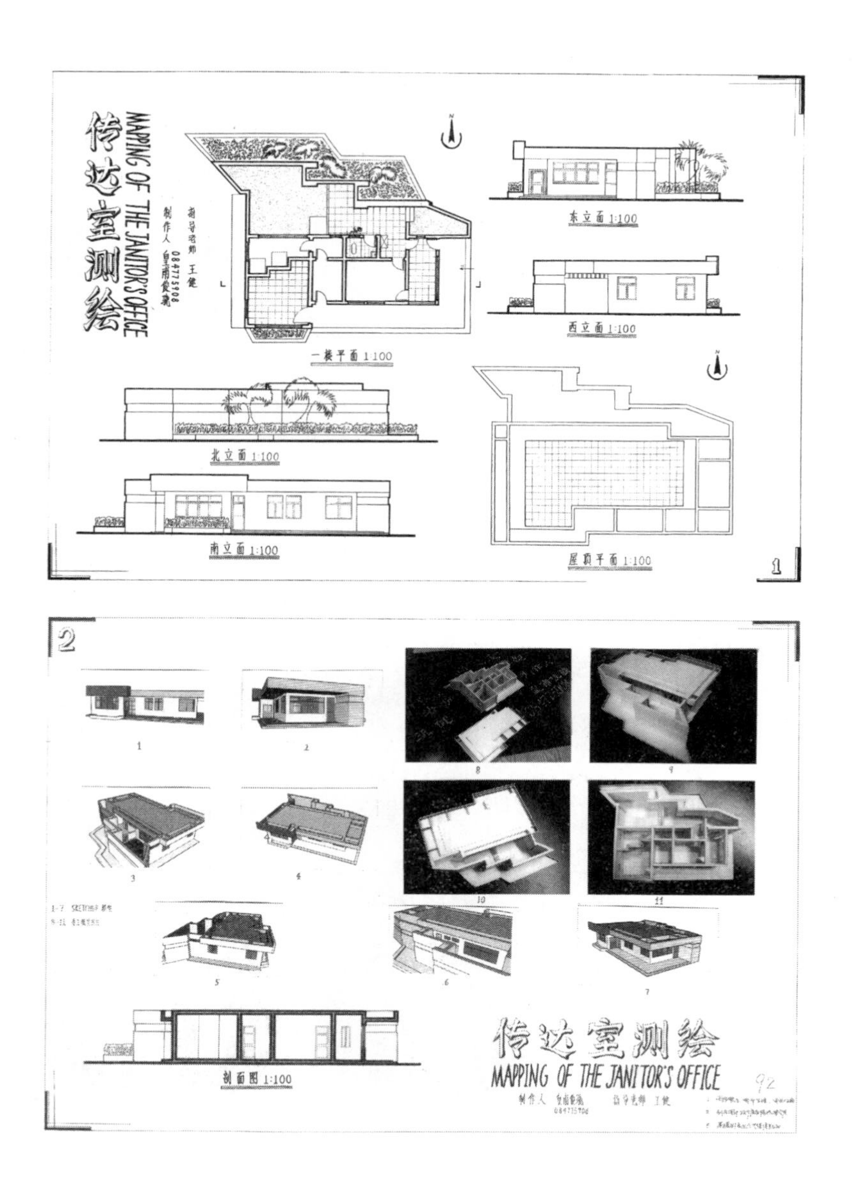
传达室测绘
MAPPING OF THE JANITOR'S OFFICE
一楼平面 1:100
东立面 1:100
西立面 1:100
北立面 1:100
南立面 1:100
屋顶平面 1:100
剖面图 1:100
传达室测绘
MAPPING OF THE JANITOR'S OFFICE

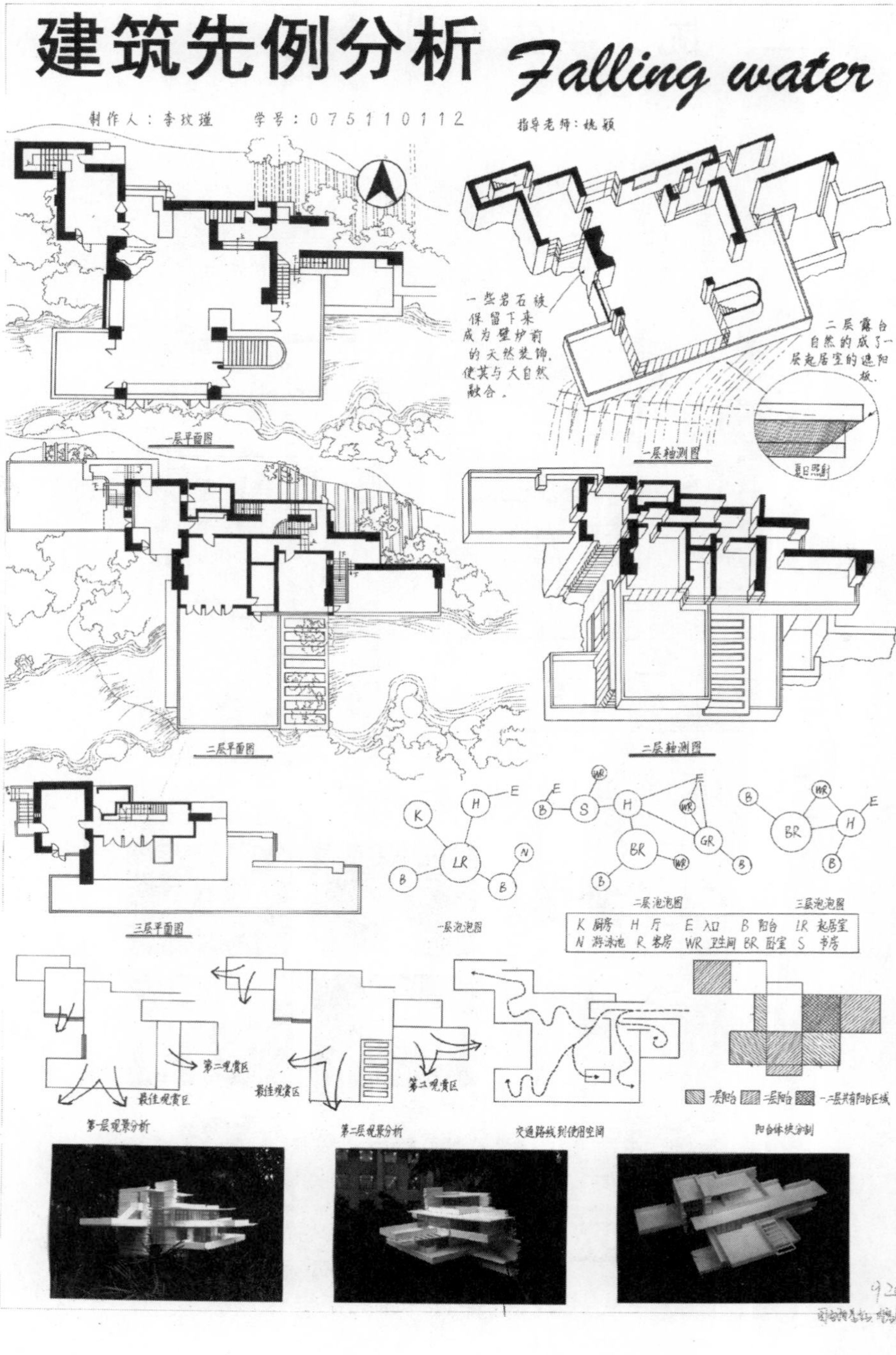

建筑先例分析 Falling water

制作人：李玟瑾　学号：075110112　指导老师：姚颖

一些岩石被保留下来成为壁炉前的天然装饰，使其与大自然融合。

二层露台自然的成了一层起居室的遮阳板。

夏日照射

一层平面图

一层轴测图

二层平面图

二层轴测图

三层平面图

一层泡泡图

二层泡泡图

三层泡泡图

K 厨房　H 厅　E 入口　B 阳台　LR 起居室
N 游泳池　R 客房　WR 卫生间　BR 卧室　S 书房

最佳观赏区　第二观赏区

第一层观景分析

第二层观景分析

交通路线到使用空间

一层阳台　二层阳台　一二层共有阳台区域

阳台体块分割

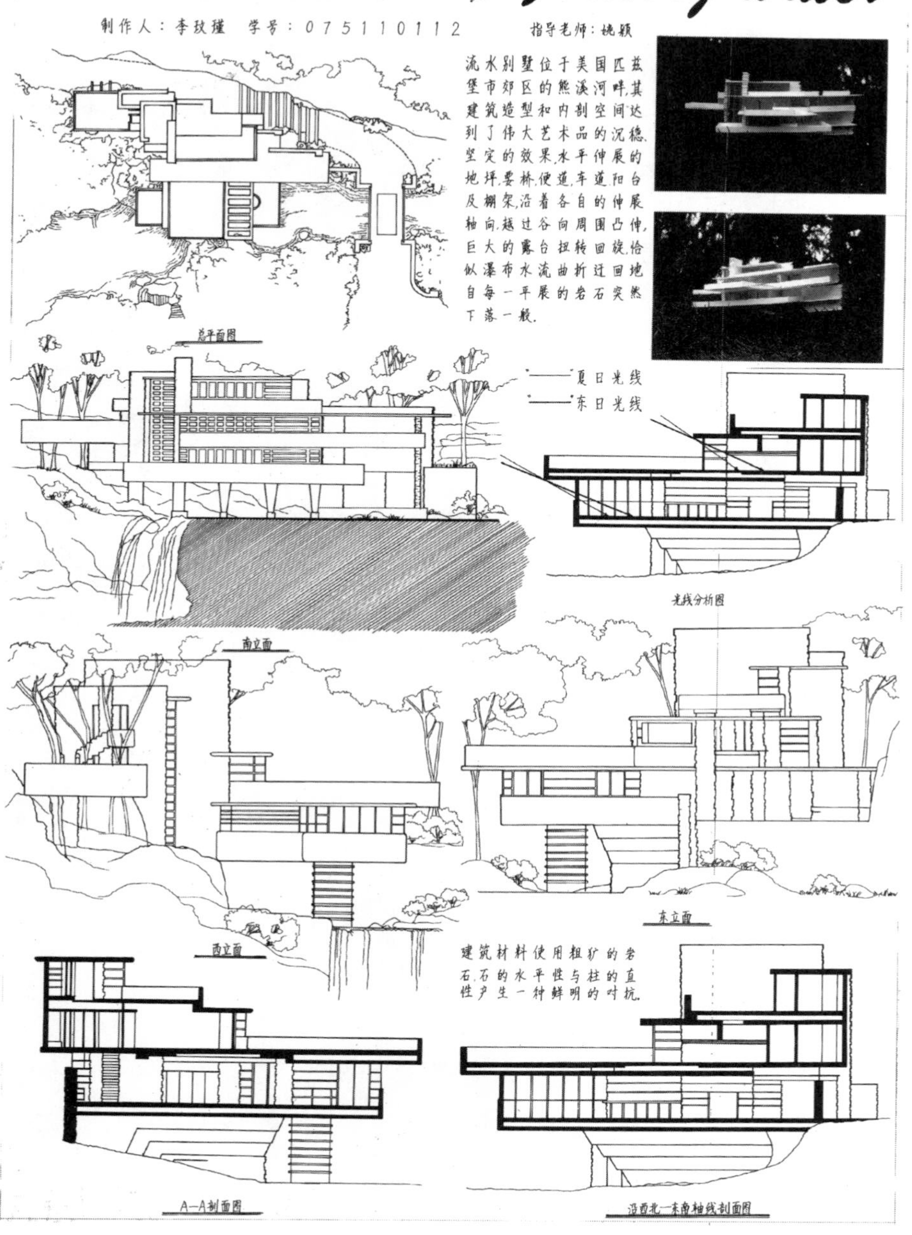
建筑先例分析 Falling water
制作人：李玟瑾 学号：075110112 指导老师：姚颖
流水别墅位于美国匹兹堡市郊区的熊溪河畔,其建筑造型和内部空间达到了伟大艺术品的沉稳坚实的效果,水平伸展的地坪,要桥,便道,车道阳台及棚架,沿着各自的伸展轴向,越过谷向周围凸伸,巨大的露台扭转回旋,恰似瀑布水流曲折迂回地自每一平展的岩石突然下落一般。
总平面图
夏日光线
东日光线
光线分析图
南立面
西立面
东立面
建筑材料使用粗犷的岩石,石的水平性与柱的直性产生一种鲜明的对抗。
A—A剖面图
沿西北—东南轴线剖面图

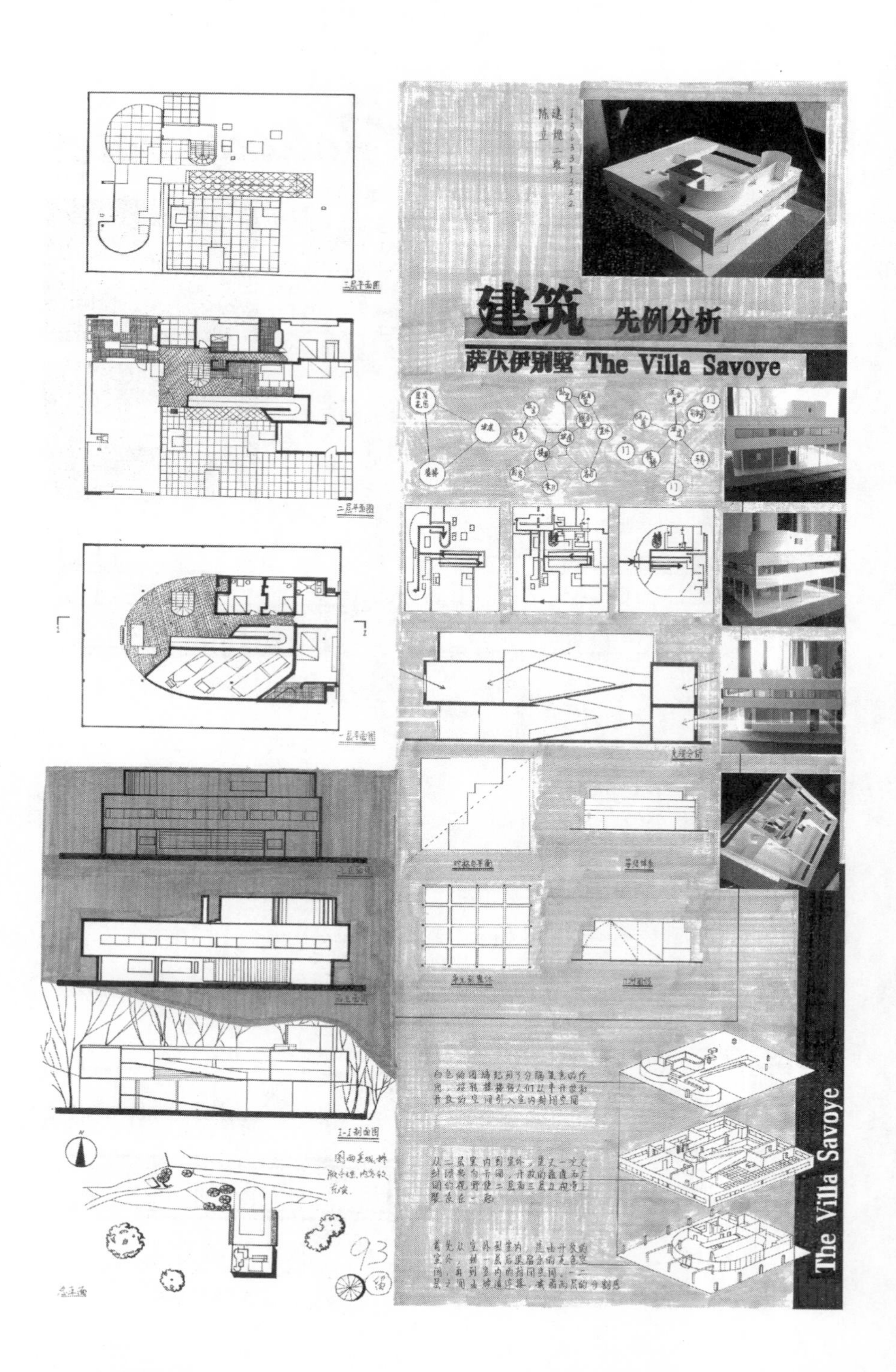
建筑 先例分析
萨伏伊别墅 The Villa Savoye
The Villa Savoye

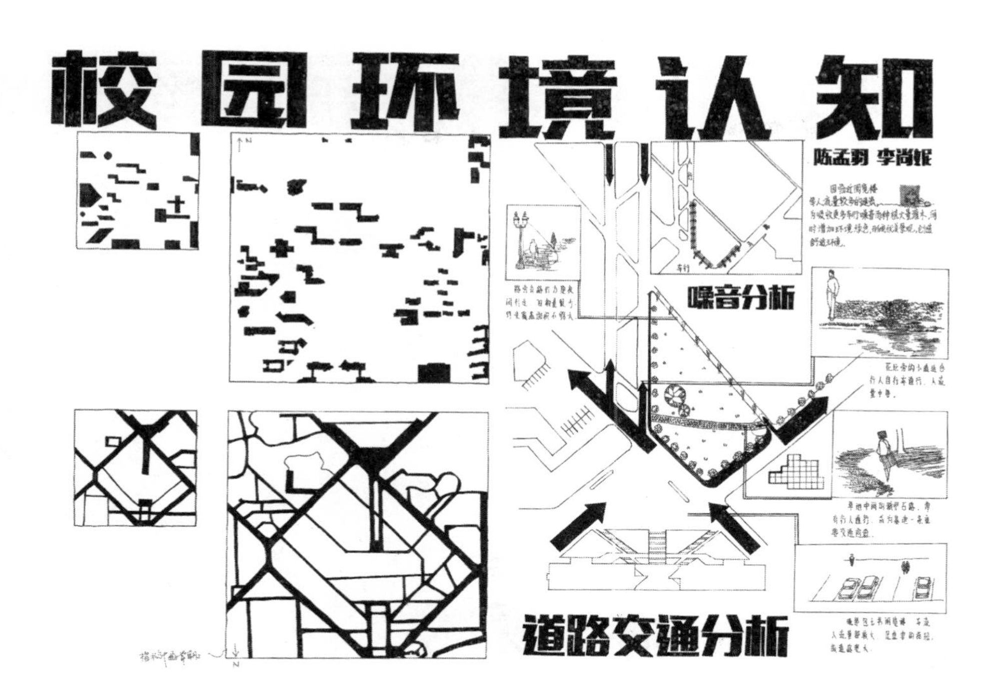
校园环境认知
陈孟羽 李尚妮
噪音分析
道路交通分析

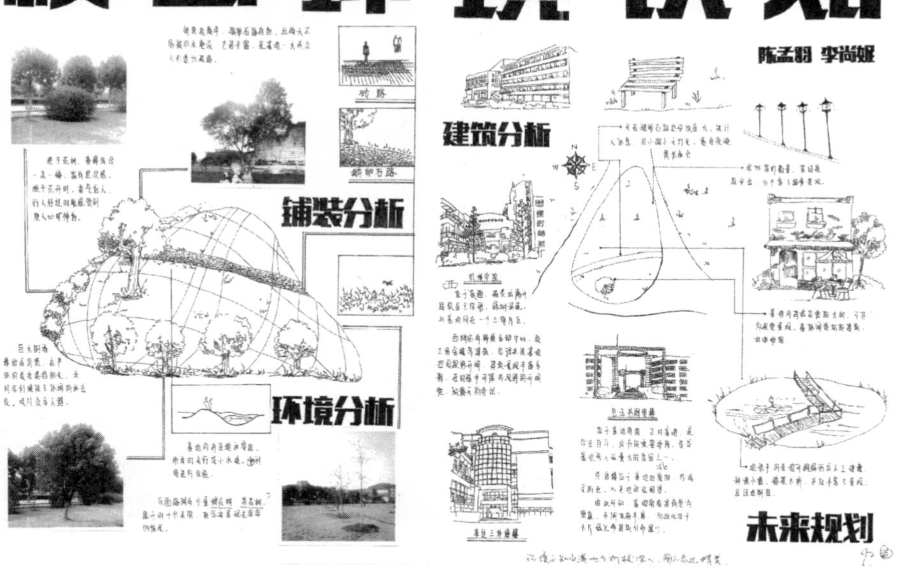
校园环境认知
陈孟羽 李尚妮
建筑分析
铺装分析
环境分析
未来规划

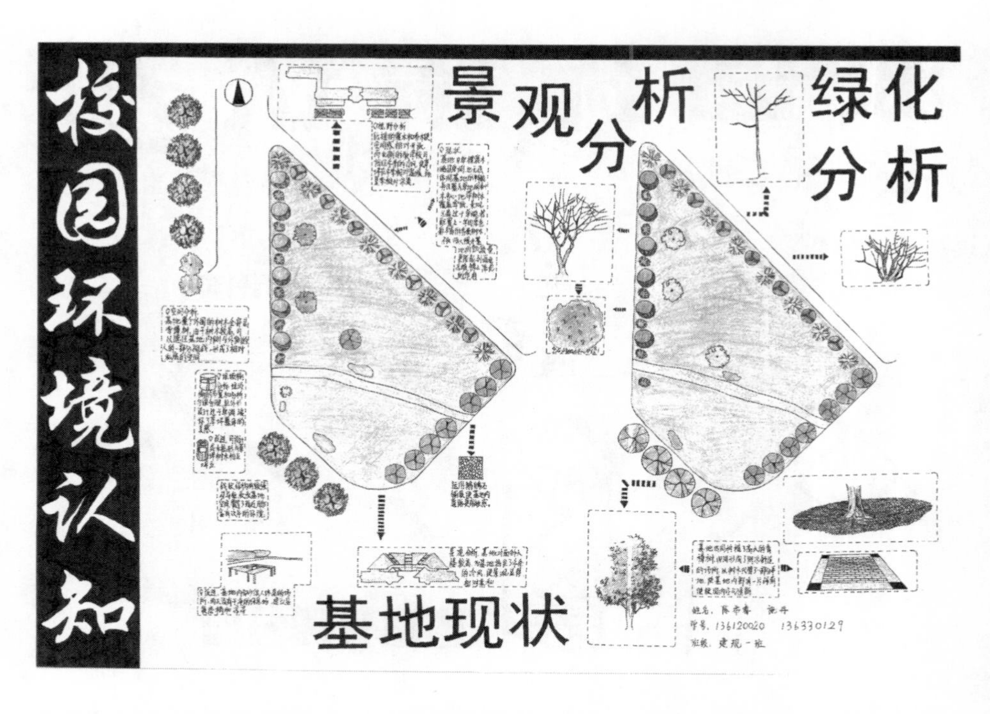
校园环境认知
景观分析
绿化分析
基地现状
姓名：陈希睿 施丹
学号：136120020 136330129
班级：建规一班

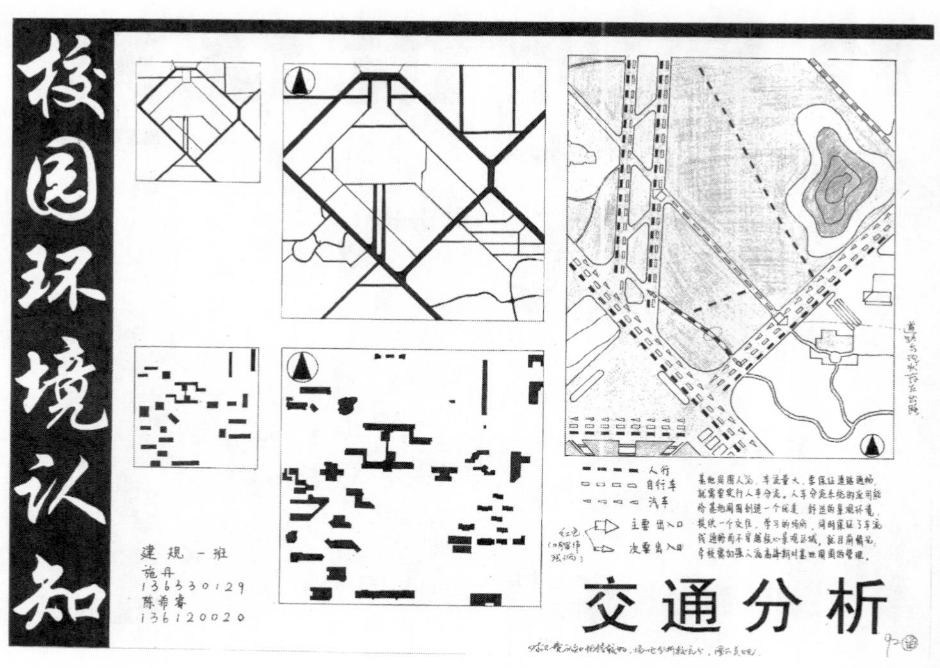
校园环境认知
建规一班
施丹
136330129
陈希睿
136120020
人行
自行车
汽车
主要出入口
次要出入口
交通分析

外部空间设计

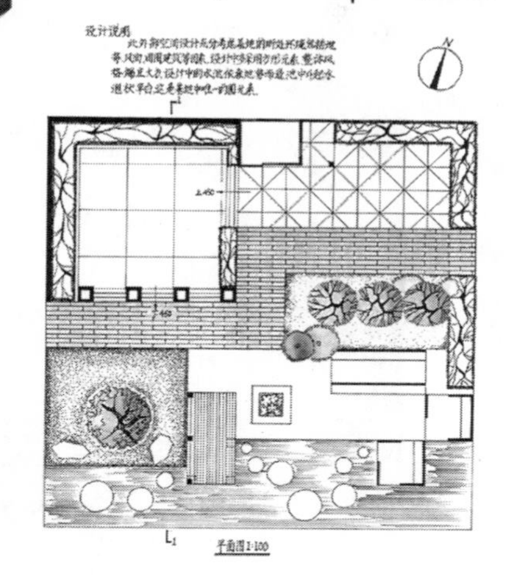

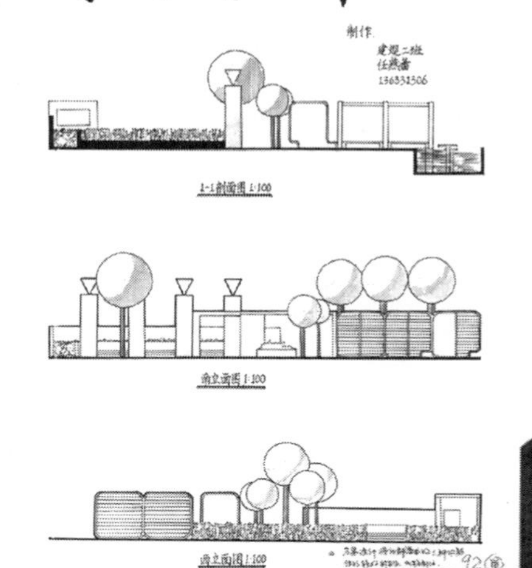

外部空间设计

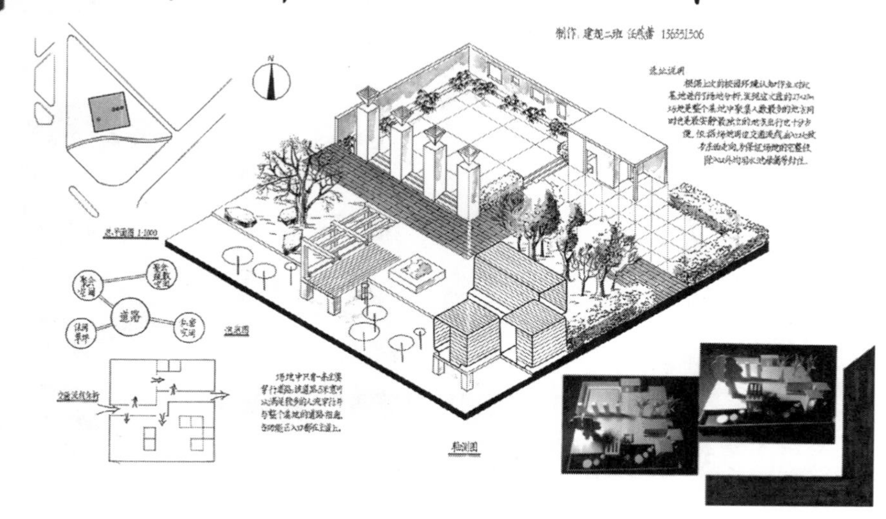

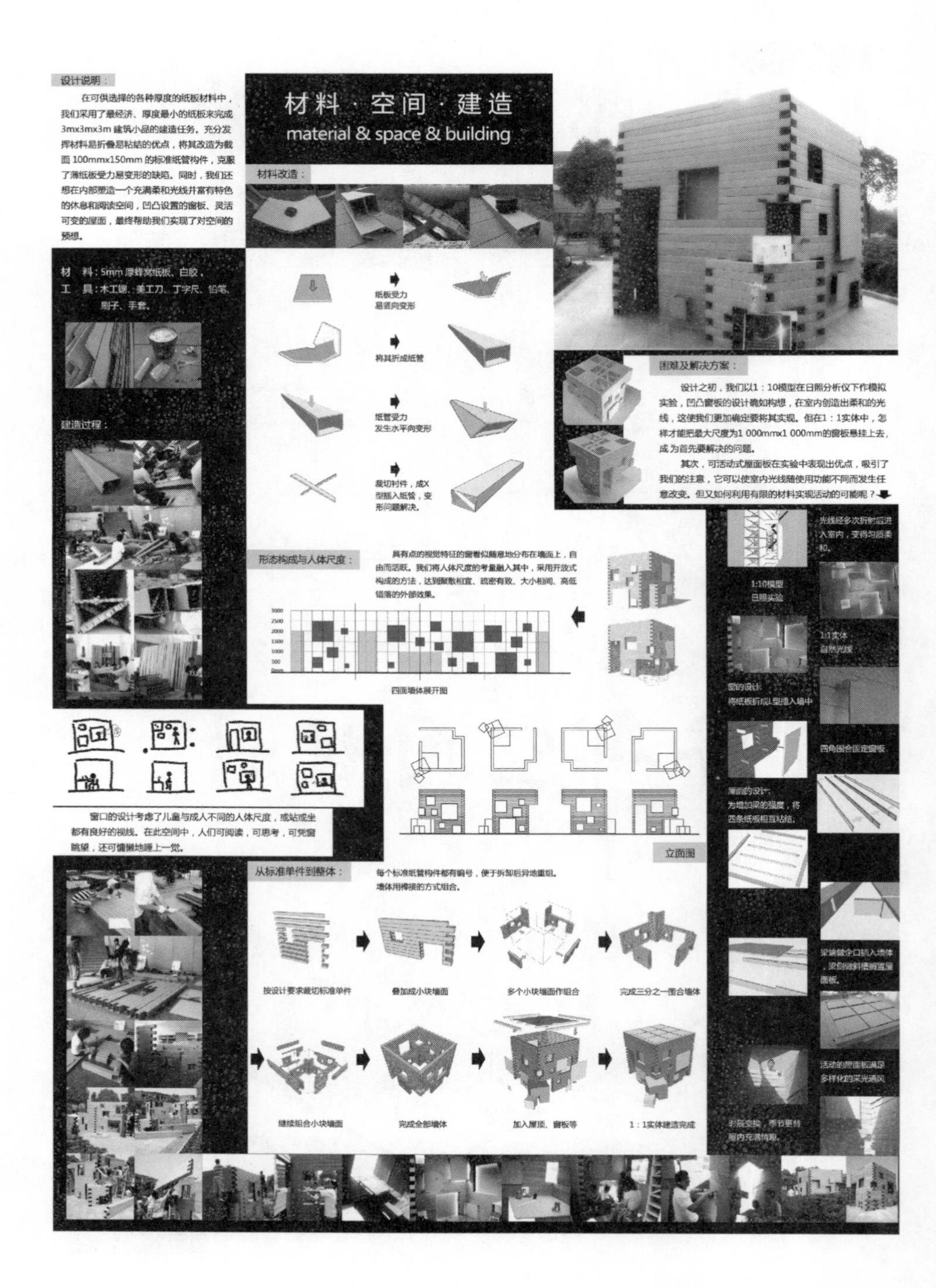

设计说明：
在可供选择的各种厚度的纸板材料中，我们采用了最经济、厚度最小的纸板来完成3mx3mx3m 建筑小品的建造任务。充分发挥材料易折叠易粘结的优点，将其改造为截面 100mmx150mm 的标准纸管构件，克服了薄纸板受力易变形的缺陷。同时，我们还想在内部塑造一个充满柔和光线并富有特色的休息和阅读空间，凹凸设置的窗板、灵活可变的屋面，最终帮助我们实现了对空间的预想。
材料·空间·建造
material & space & building
材料改造：
纸板受力易竖向变形
将其折成纸管
纸管受力发生水平向变形
裁切衬件，成X型插入纸管，变形问题解决。
材 料：5mm 厚蜂窝纸板、白胶，
工 具：木工锯、美工刀、丁字尺、铅笔、刷子、手套。
建造过程：
困难及解决方案：
设计之初，我们以1：10模型在日照分析仪下作模拟实验，凹凸窗板的设计确如构想，在室内创造出柔和的光线，这使我们更加确定要将其实现。但在1：1实体中，怎样才能把最大尺度为1 000mmx1 000mm的窗板悬挂上去，成为首先要解决的问题。
其次，可活动式屋面板在实验中表现出优点，吸引了我们的注意，它可以使室内光线随使用功能不同而发生任意改变。但又如何利用有限的材料实现活动的可能呢？
光线经多次折射后进入室内，变得均匀柔和。
1:10模型
日照实验
1:1实体
自然光线
窗的设计：
将纸板折成L型插入墙中
四角围合固定窗板
屋面的设计：
为增加梁的强度，将四条纸板相互粘结。
梁端做企口插入墙体，梁间做斜槽嵌置屋面板。
活动的屋面板满足多样化的采光通风
形态构成与人体尺度：
具有点的视觉特征的窗看似随意地分布在墙面上，自由而活跃。我们将人体尺度的考量融入其中，采用开放式构成的方法，达到聚散相宜、疏密有致、大小相间、高低错落的外部效果。
3000
2500
2000
1500
1000
500
四面墙体展开图
窗口的设计考虑了儿童与成人不同的人体尺度，或站或坐都有良好的视线。在此空间中，人们可阅读，可思考，可凭窗眺望，还可慵懒地睡上一觉。
立面图
从标准单件到整体：
每个标准纸管构件都有编号，便于拆卸后异地重组。
墙体用榫接的方式组合。
按设计要求裁切标准单件
叠加成小块墙面
多个小块墙面作组合
完成三分之一围合墙体
继续组合小块墙面
完成全部墙体
加入屋顶、窗板等
1：1实体建造完成
时辰变换，季节更替
屋内充满情趣。

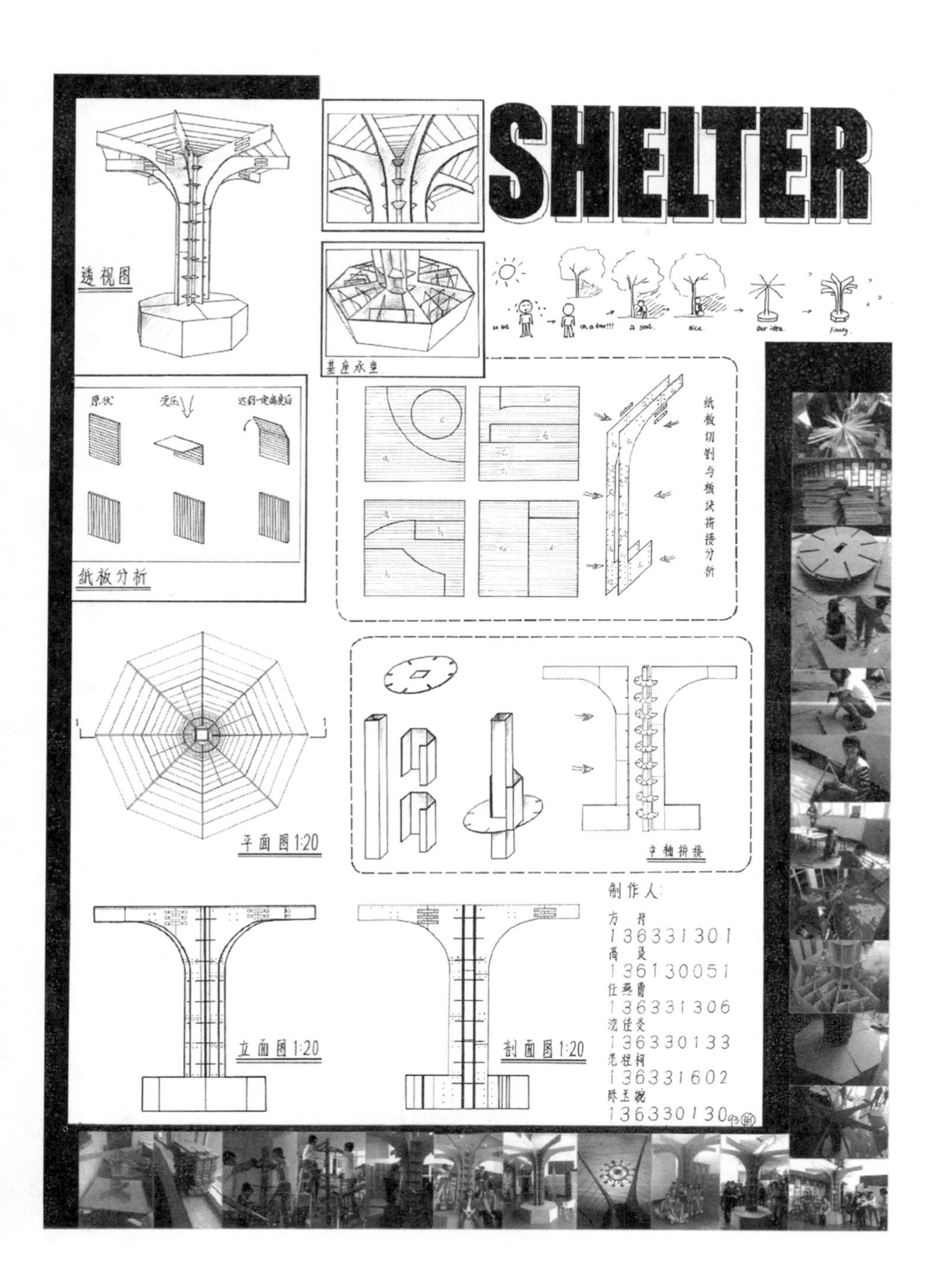
SHELTER
透视图
基座承重
纸板分析
原状
受压
达到一定高度后
纸板切割与板块搭接分析
平面图1:20
中轴拆接
立面图1:20
剖面图1:20
制作人:
136331301
136130051
136331306
136330133
136331602
136330130

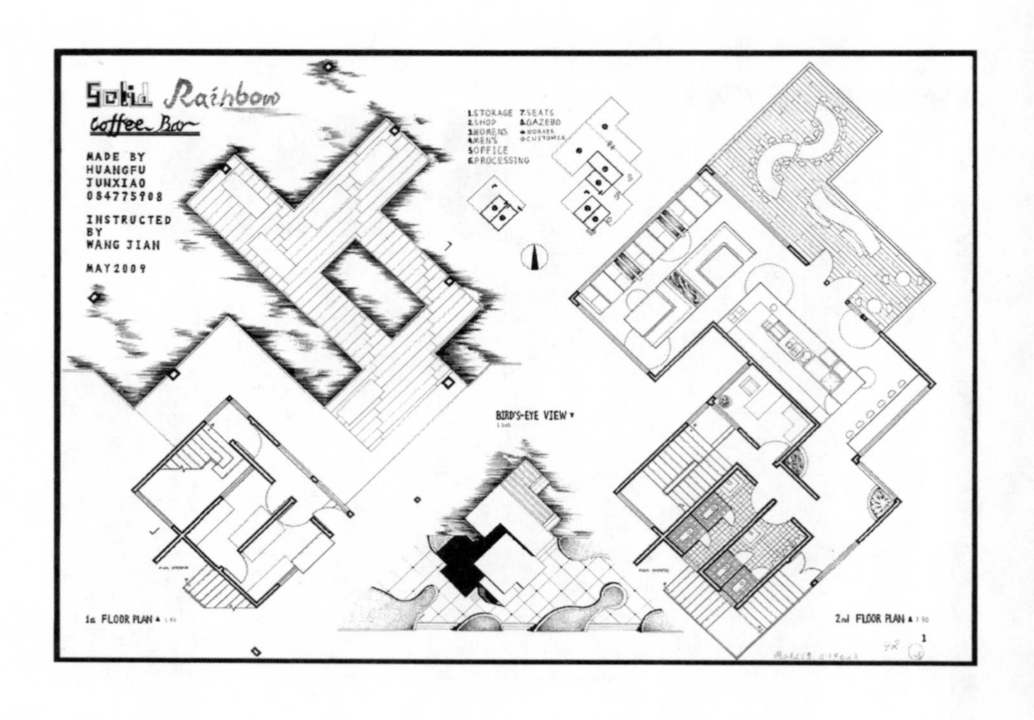
Solid Rainbow
Coffee Bar
MADE BY
HUANGFU
JUNXIAO
084775908
INSTRUCTED
BY
WANG JIAN
MAY2009
1.STORAGE 7.SEATS
2.SHOP 8.GAZEBO
3.WOMENS
4.MENS
5.OFFICE
6.PROCESSING
BIRD'S-EYE VIEW
1st FLOOR PLAN
2nd FLOOR PLAN
1

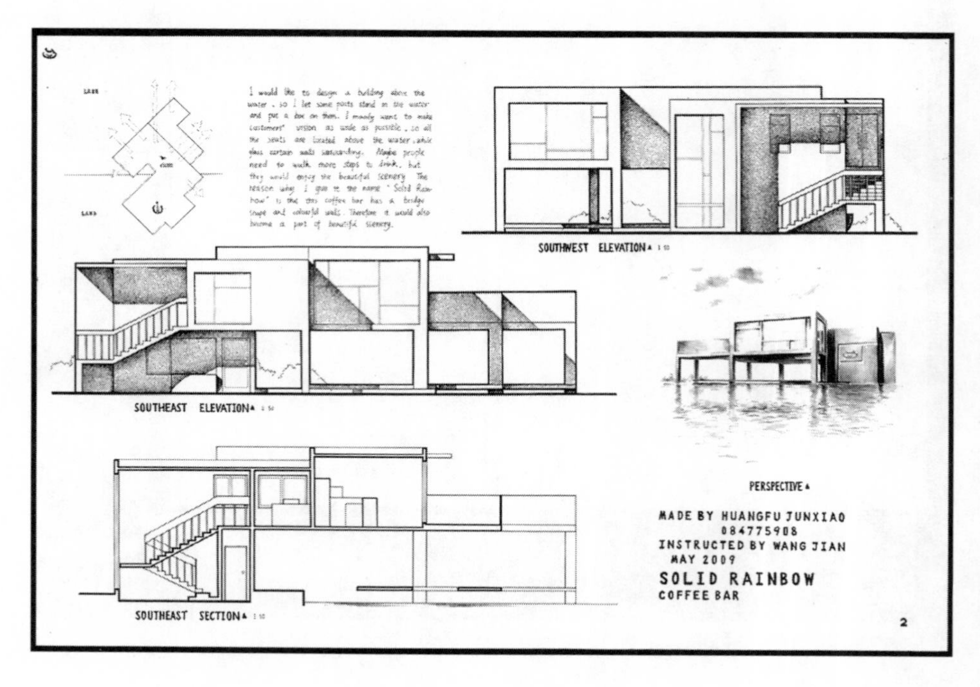
LAKE
LAND
I would like to design a building above the water. so I let some posts stand in the water and put a box on them. I mainly want to make customers' vision as wide as possible, so all the seats are located above the water, while glass curtain walls surrounding. Maybe people need to walk more steps to drink, but they would enjoy the beautiful scenery. The reason why I gave it the name "Solid Rainbow" is that this coffee bar has a bridge shape and colourful walls. Therefore it would also become a part of beautiful scenery.
SOUTHWEST ELEVATION
SOUTHEAST ELEVATION
PERSPECTIVE
SOUTHEAST SECTION
MADE BY HUANGFU JUNXIAO
084775908
INSTRUCTED BY WANG JIAN
MAY 2009
SOLID RAINBOW
COFFEE BAR
2

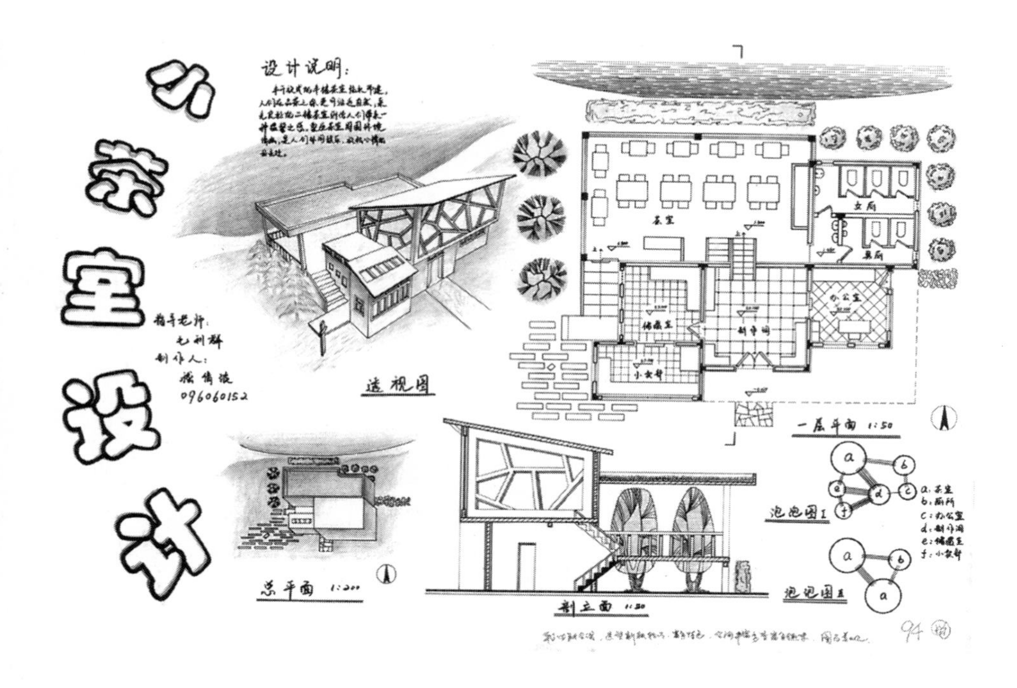
小茶室设计
设计说明：
指导老师：
毛利群
制作人：
096060152
透视图
一层平面 1:50
总平面 1:200
剖立面 1:50
泡泡图Ⅰ
泡泡图Ⅱ
a.茶室
b.厕所
c.办公室
d.制作间
e.储藏室
f.小卖部
茶室
女厕
男厕
办公室
储藏室
制作间
小卖部

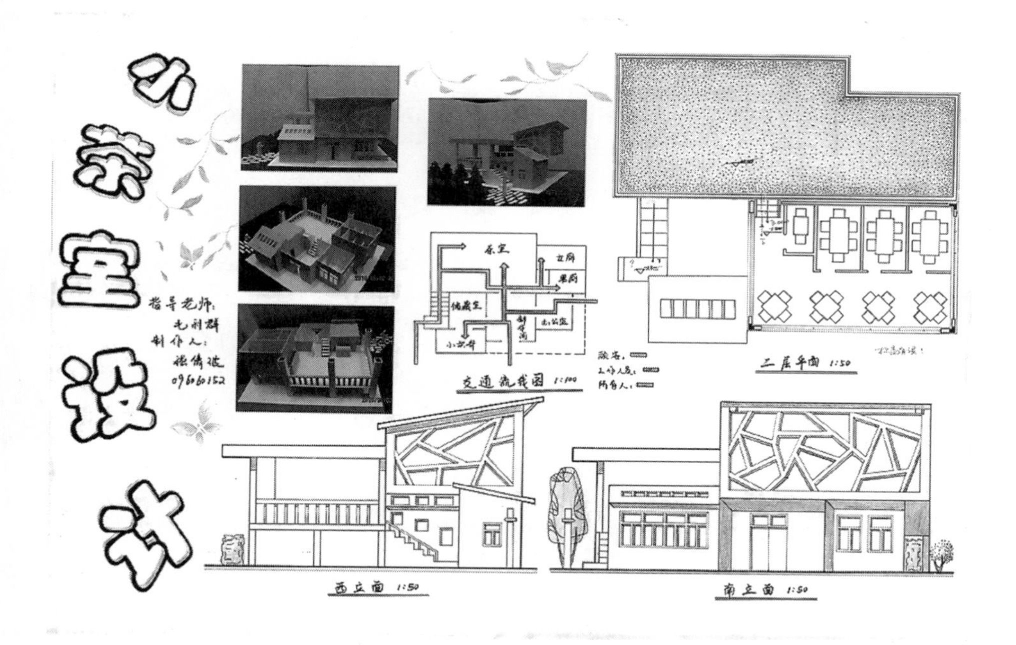
小茶室设计
指导老师：
毛利群
制作人：
交通流线图 1:100
茶室
女厕
男厕
储藏室
办公室
小卖部
二层平面 1:50
西立面 1:50
南立面 1:50

后　记

从课题立项开始，历时两年的教材编写工作终于告一段落，看到团队努力的结果即将付诸出版的快乐是难以形容的。两年来我们共同努力，辛苦快乐历历在目，在此对两位合作者王健、姚颖深表谢意。同时也要特别感谢系主任陆海、邱枫在教材编写过程中给予的帮助和指点。

对于从事建筑设计基础教学二十多年的我来说，这本教材也是一个总结。尽管自己天资有限、努力有限，但始终坚持在教初入建筑学门槛的学生们，也努力使每年的教学有所更新及提升。每每看到他们高涨的学习热情及一个个课题所取得的进步，内心非常欣慰。在此感谢可爱及充满活力的学生们，教材的出版离不开你们的共同努力。还要感谢好朋友徐佳，常常为我提供有价值的参考资料以及困难时及时的鼓励和支持。出版社的钱方针老师及陈艳、王珍两位编辑所付出的努力让我感动。要感谢的人实在太多，不一一列出，在此一并致谢。

最后把这本教材作为一份礼物献给我的家人及母校。

毛利群

2015年9月13日

图1-56　水彩渲染

图1-73　编者设计项目

图2-58　“module originale”保留了原初设施、家具陈设及颜色配置

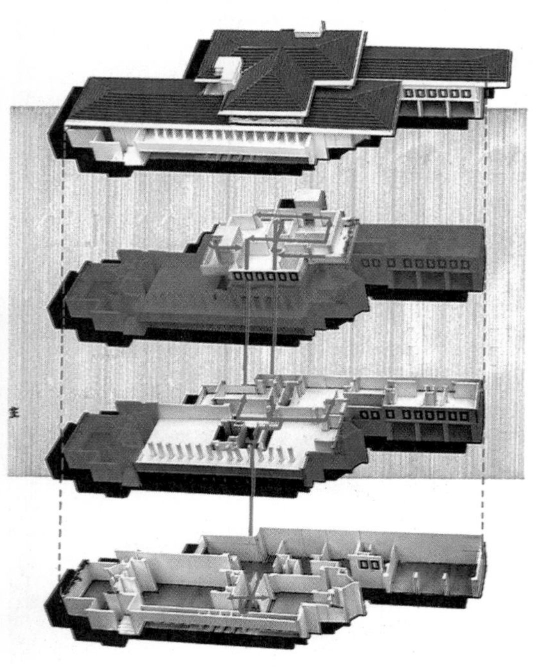

图2-130　交通流线与空间的关系

图3-54　石梁与石柱

图3-55　承重墙与木梁

图3-72　清华大学校园中的红砖建筑

图3-73　王澍　宁波博物馆

图3-118　麻省理工学院小教堂　Eero Saarinen设计

图3-119　长城脚下的公社竹屋　隈研吾设计

图3-120　爱丁堡圣吉尔斯主教堂

图3-121　乌镇民居院落

图3-162　昆迪希设计的假日小木屋，“小房子，大景观” 尊重自然环境

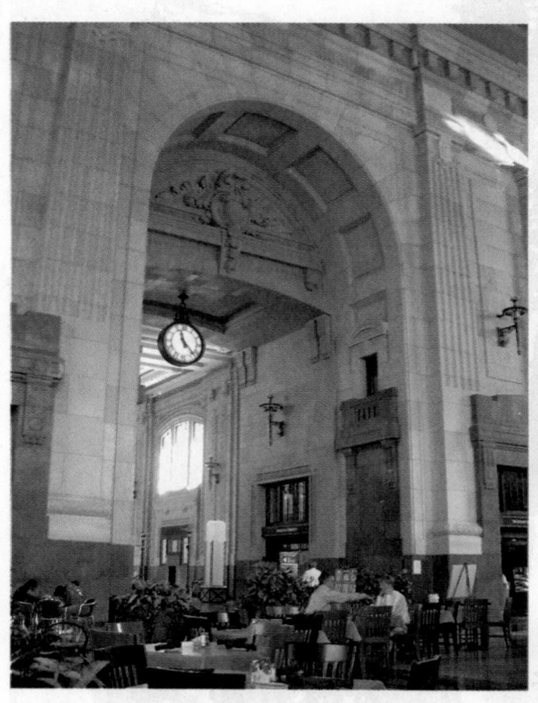

图3-145　KANSAS CITY原火车站，美国

图3-170　1967年国际和环球博览会或世博会，加拿大蒙特利尔，费雷·奥托（德国）

图3-171　1972年慕尼黑奥林匹克体育场屋顶，德国慕尼黑，费雷·奥托（德国）

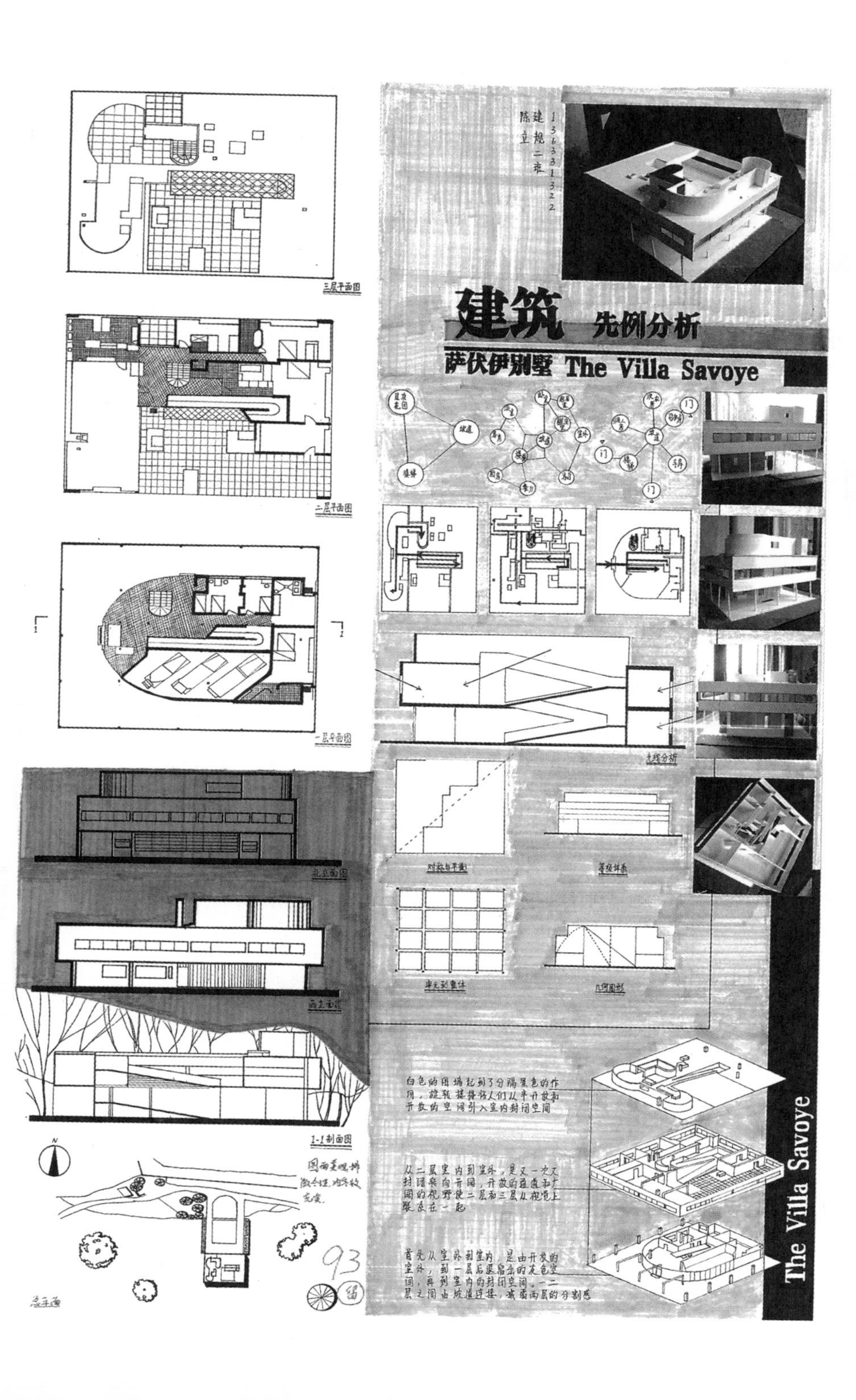
建筑 先例分析
萨伏伊别墅 The Villa Savoye
1363331322
建规二班
陈立
三层平面图
二层平面图
一层平面图
北立面图
1-1剖面图
白色的围墙起到了分隔景色的作用，旋转楼梯将人们从半开放和开放的空间引入室内封闭空间
从二层室内到室外，是又一次又封闭来向开阔，开放的通道和广阔的视野使二层和三层从视觉上联系在一起
首先从室外到室内，是由开放的室外，到一层后退留出的灰色空间，再到室内的封闭空间。一二层之间由坡道连接，减弱两层的分割感
The Villa Savoye
93

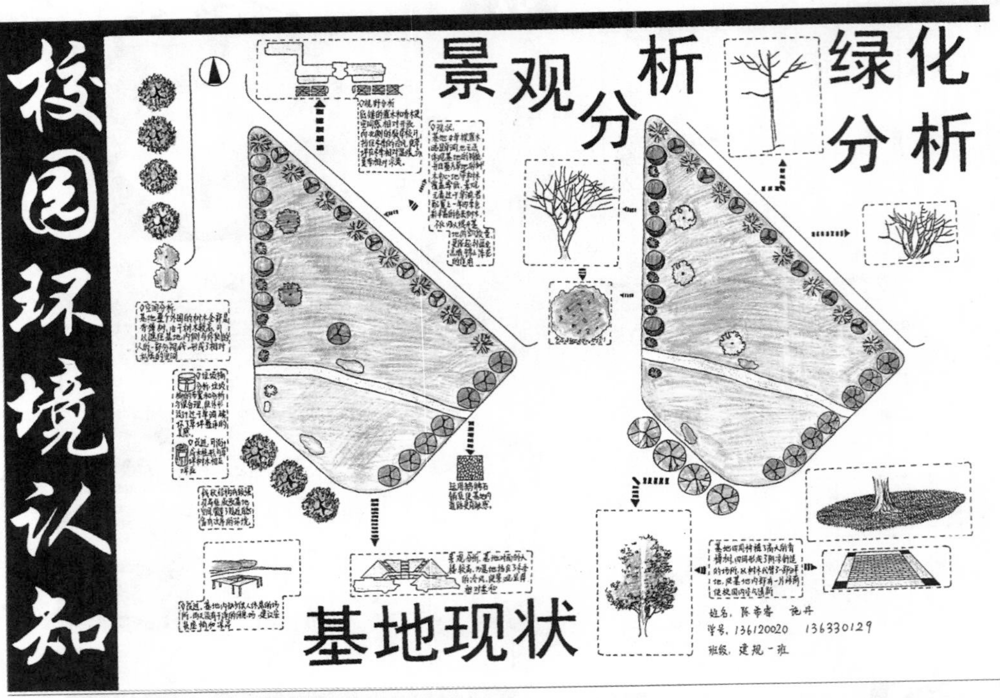
校园环境认知
景观分析
绿化分析
基地现状
姓名：陈希睿 施丹
学号：136120020 136330129
班级：建规一班

校园环境认知
人行
自行车
汽车
主要出入口
次要出入口
基地周围人流、车流量大，要保证道路通畅，就需要实行人车分流。人车分流系统的应用能给基地周围创造一个优美、舒适的景观环境，提供一个交往、学习的场所，同时保证了车流线通畅而不穿越核心景观区域。就目前情况，学校需加强人流高峰期对基地周围的管理。
交通分析
建规一班
施丹
136330129
陈希睿
136120020

设计说明：

在可供选择的各种厚度的纸板材料中，我们采用了最经济、厚度最小的纸板来完成3mx3mx3m 建筑小品的建造任务。充分发挥材料易折叠易粘结的优点，将其改造为截面 100mmx150mm 的标准纸管构件，克服了薄纸板受力易变形的缺陷。同时，我们还想在内部塑造一个充满柔和光线并富有特色的休息和阅读空间，凹凸设置的窗板、灵活可变的屋面，最终帮助我们实现了对空间的预想。

材料改造：

材　料：5mm 厚蜂窝纸板、白胶。

工　具：木工锯、美工刀、丁字尺、铅笔、刷子、手套。

建造过程：

困难及解决方案：

设计之初，我们以1：10模型在日照分析仪下作模拟实验，凹凸窗板的设计确如构想，在室内创造出柔和的光线，这使我们更加确定要将其实现。但在1：1实体中，怎样才能把最大尺度为1000x1000mm的窗板悬挂上去，成为首先要解决的问题。

其次，可活动式屋面板在实验中表现出优点，吸引了我们的注意，它可以使室内光线随使用功能不同而发生任意改变。但又如何利用有限的材料实现活动的可能呢？

光线经多次折射后进入室内，变得匀质柔和。

1:10模型
日照实验

1:1实体
自然光线

窗的设计：
将纸板折成L型插入墙中

四角围合固定窗板

屋面的设计：
为增加梁的强度，将四条纸板相互粘结。

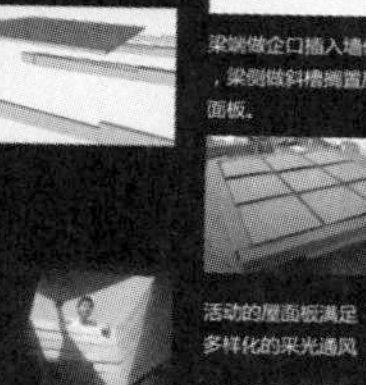

梁端做企口插入墙体，梁侧做斜槽搁置屋面板。

活动的屋面板满足多样化的采光通风

时辰变换，季节更替屋内充满情趣。

形态构成与人体尺度：

具有点的视觉特征的窗看似随意地分布在墙面上，自由而活跃。我们将人体尺度的考量融入其中，采用开放式构成的方法，达到聚散相宜、疏密有致、大小相间、高低错落的外部效果。

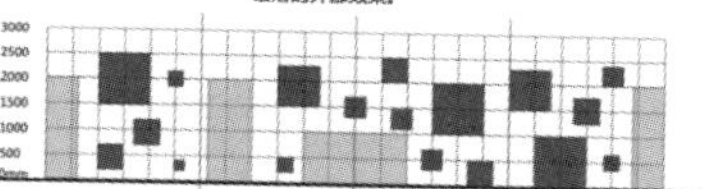

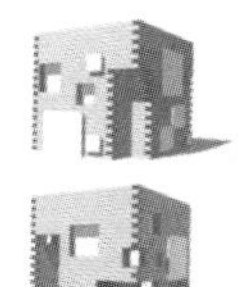

四面墙体展开图

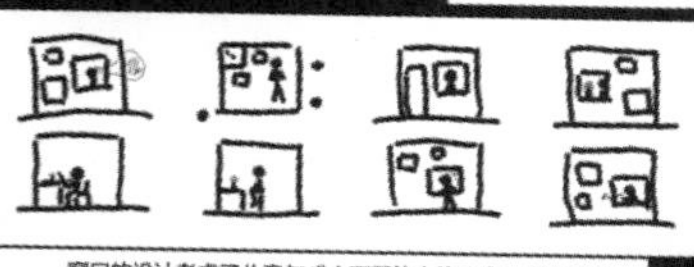

窗口的设计考虑了儿童与成人不同的人体尺度，或站或坐都有良好的视线。在此空间中，人们可阅读，可思考，可凭窗眺望，还可慵懒地睡上一觉。

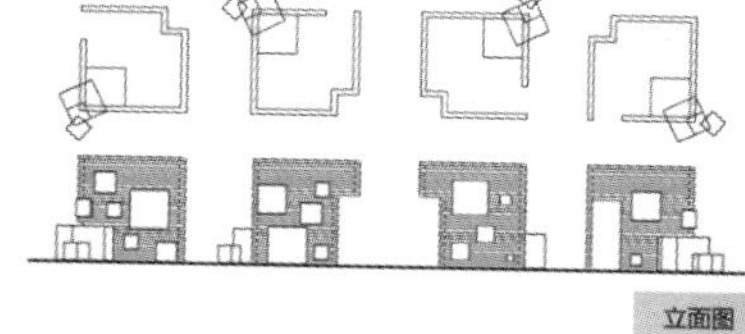

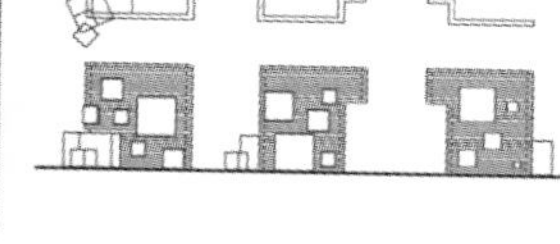

立面图

从标准单件到整体：

每个标准纸管构件都有编号，便于拆卸后异地重组。墙体用榫接的方式组合。

按设计要求裁切标准单件

叠加成小块墙面

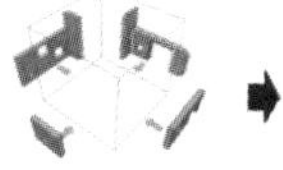
多个小块墙面作组合

完成三分之一围合墙体

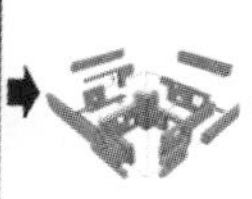

继续组合小块墙面

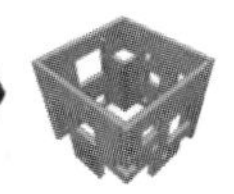

完成全部墙体

加入屋顶、窗板等

1：1实体建造完成

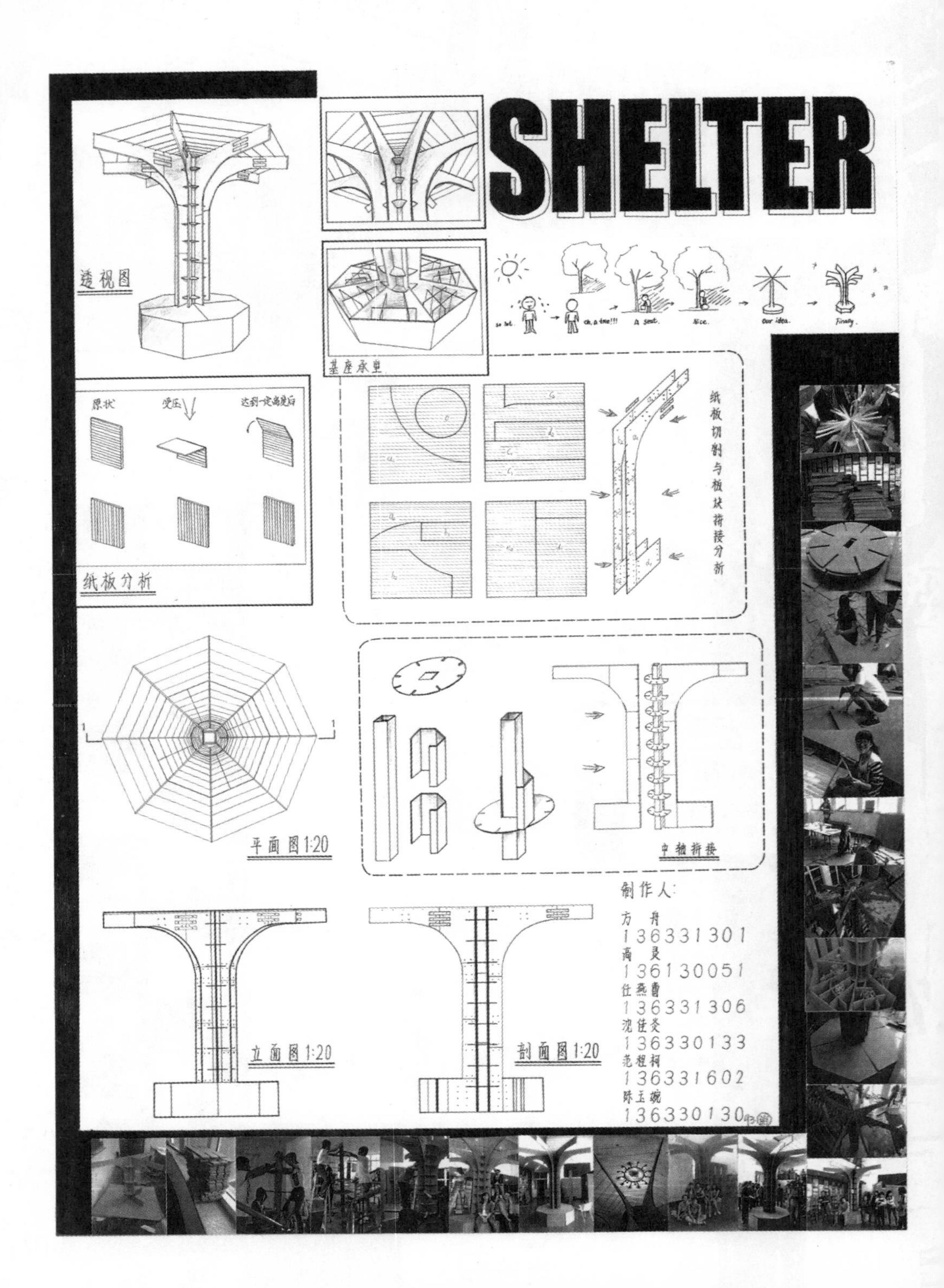
SHELTER
透视图
基座承重
Our idea.
Finally.
原状
受压
纸板分析
纸板切割与板块搭接分析
平面图1:20
中轴搭接
立面图1:20
剖面图1:20
制作人:
方 舟
136331301
高 灵
136130051
任燕曹
136331306
沈佳炎
136330133
范程柯
136331602
陈玉婉
136330130